高职高专建筑工程技术专业系列规划教材

建筑设备安装工艺与识图

（第二版）

JIANZHU SHEBEI ANZHUANG GONGYI YU SHITU

主　编　马金忠　展妍婷
副主编　崔　莉　陈　波

重庆大学出版社

内容提要

本书系统介绍了建筑设备的基本理论以及施工图的基本知识、识读方法及安装工艺。全书共分 7 个项目,主要内容包括建筑给排水工程、采暖工程、通风空调工程、建筑电气基础、建筑电气工程、建筑智能化工程、建筑设备安装及施工工艺三维虚拟仿真。

本书可作为工程造价类专业的教材,也可作为建筑工程技术、建设工程管理、建筑装饰、建筑设计、工程监理等专业的教材,还可供工程技术人员参考。

图书在版编目(CIP)数据

建筑设备安装工艺与识图/马金忠,展妍婷主编.--2 版.--重庆:重庆大学出版社,2019.7(2022.1 重印)
高职高专建筑工程技术专业系列教材
ISBN 978-7-5624-9264-1

Ⅰ.①建… Ⅱ.①马…②展… Ⅲ.①房屋建筑设备—设备安装—工程施工—高等职业教育—教材②房屋建筑设备—工程制图—识图—高等职业教育—教材 Ⅳ.①TU8

中国版本图书馆 CIP 数据核字(2019)第 145427 号

建筑设备安装工艺与识图(第二版)

主 编 马金忠 展妍婷
副主编 崔 莉 陈 波
策划编辑:鲁 黎
责任编辑:李定群 版式设计:鲁 黎
责任校对:关德强 责任印制:张 策

＊

重庆大学出版社出版发行
出版人:饶帮华
社址:重庆市沙坪坝区大学城西路 21 号
邮编:401331
电话:(023)88617190 88617185(中小学)
传真:(023)88617186 88617166
网址:http://www.cqup.com.cn
邮箱:fxk@cqup.com.cn(营销中心)
全国新华书店经销
重庆天旭印务有限责任公司印刷

＊

开本:787mm×1092mm 1/16 印张:21.5 字数:523 千
2019 年 7 月第 2 版 2022 年 1 月第 4 次印刷
印数:5 501—7 500
ISBN 978-7-5624-9264-1 定价:49.80 元

第二版 前言

　　本书自 2016 年出版以来，至今已经过去三年了，我们根据使用者的反馈和当前新规范、新工艺、新技术的要求进行了内容的更新和修订。本教材紧紧围绕职业岗位对学生职业能力的需求，以施工图为载体，以职业能力培养为目标，对课程内容进行了项目化划分。全书共分为 7 个项目，主要内容包括建筑给排水工程、采暖工程、通风空调工程，建筑电气基础、建筑电气工程、建筑智能化工程、建筑设备安装及施工工艺三维虚拟仿真。全书每一个项目包括若干任务，每一个任务分为任务导入、任务引领、任务实施和任务拓展 4 个内容，以任务驱动方式进行教学内容编排。在任务拓展中我们设计了知识和技能的拓展内容，方便学生更好地理解知识和应用知识。教材编写内容贴近行业、内容繁简恰当、难度适中，适合高职学生使用。

　　本书由宁夏建设职业技术学院马金忠和展妍婷任主编，崔莉、陈波任副主编。全书由马金忠制订编写大纲，撰写前言，编写项目 5 至项目 7，并对全书进行了统稿。展妍婷编写项目 1 和项目 3；崔莉编写项目 4；陈波编写项目 2。

　　为方便广大教师教学，我们制作了与教材内容互为补充的教学课件。教学课件及本书使用的电子资料请到重庆大学出版社教育资源网站下载(http://www.cqup.com.cn)。

本书在编写过程中参考了大量的文献资料,在此向各文献的编著者表示感谢。由于编者水平有限,书中疏漏和不妥在所难免,恳请各位读者批评指正。

编　者

2019 年 1 月

目录

项目 **1**
建筑给排水工程

建筑给水排水系统是研究和解决以给人们提供卫生舒适、实用经济、安全可靠的生活与工作环境为目的,以合理利用与节约水资源、系统合理、造型美观和注重环境保护为约束条件的关于建筑给水、热水和饮用水供应、消防给水、建筑排水、建筑中水、居住小区给水排水和建筑水处理的综合性技术学科。

任务 1 建筑给水系统

任务导入

任务 1:建筑给水系统的分类和组成有哪些?

任务 2:建筑给水系统的给水方式有哪些? 这些给水方式各适用于哪些情况?

任务 3:室内给水系统常用的管材、附件有哪些? 其性能、适用范围、连接方法有哪些?

任务 4:室内给水管道的布置形式与敷设方式有哪些?

任务 5:建筑内部给水系统的安装有何要求?

任务引领

1.建筑给水系统的分类与组成

建筑给水系统的任务是将水由城镇给水管网或自备水源安全可靠、经济合理地输送到建筑物内部的生活用水设备、生产用水设备和消防用水设备,并满足用水点对水质、水量、水压等方面的要求。

（1）**给水系统的分类**

建筑给水系统按照其用途可分为生活给水系统、生产给水系统和消防给水系统三类基本给水系统。

1)生活给水系统

供人们日常生活中饮用、烹饪、盥洗、淋浴、洗涤用水。水质须达到国家规定的生活饮用水卫生标准。

2）生产给水系统

供工业生产过程中生产用水，如冷却用水、锅炉用水等。由于生产工艺过程和生产设备的不同，这类用水的水质要求有较大的差异，有的低于生活用水标准，有的远远高于生活用水的标准。

3）消防给水系统

提供建筑物火灾扑救用水。它主要包括消火栓、自动喷水灭火系统等设施用水。消防用水对水质要求不高，但必须满足建筑防火规范要求，保证供给足够的水量和水压。

上述三种基本的给水系统可独立设置，也可根据实际情况予以合并使用，组成生活-生产给水系统、生活-消防给水系统、生产-消防给水系统、生活-生产-消防给水系统。

（2）**给水系统的组成**

建筑给水系统通常由水源、引入管、水表节点、给水管网、配水装置和附件、增压和储水设备、给水局部处理设备等组成，如图1.1所示。

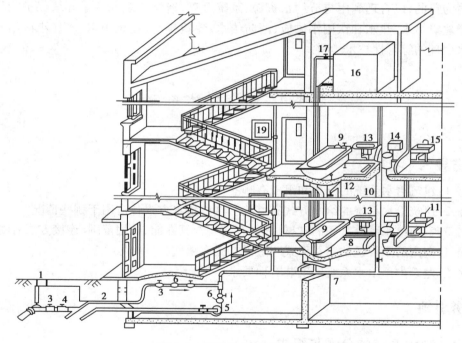

图1.1　建筑给水系统示意图

1—阀门井；2—引入管；3—闸阀；4—水表；5—水泵；6—止回阀；7—干管；
8—支管；9—浴盆；10—立管；11—水嘴；12—淋浴器；13—洗脸盆；14—大便器；
15—洗涤盆；16—水箱；17—进水管；18—出水管；19—消火栓

1）水源

水源是指市政给水管网或自备储水池。

2）引入管

引入管是由室外给水管网引入建筑物内的管段。引入管通常采用埋地暗装方式敷设，并布置在建筑物用水量最大处。

3）水表节点

水表节点是安装在引入管上的水表及其前后设置的阀门和泄水装置的总称。为了计量建筑物的用水量，在引入管上应安装水表，并在其前后装设阀门、旁通管和泄水阀门等管路附件，水表及其附件一般安装在水表井中。

4）给水管网

给水管道包括干管、立管、横支管，用于输送和分配用水。

①给水干管

给水干管是引入管到各立管间的水平管段。

②给水立管

给水立管又称立管，是将水从干管沿垂直方向输送至各层楼、各不同标高处的管段。

③横支管

横支管又称配水支管，是将水从立管输送到各房间并至各用水点处的管段。

5）配水装置和附件

配水装置和附件主要是指各式配水龙头、消火栓、喷头及各类阀门。其作用是便于取水，调节水量、水压，控制水流方向，关断水流。

6）增压和储水设备

当室外给水管网的水量、水压不能满足建筑内部用水要求时，需要设置水泵、气压给水装置、水池、水箱等升压和储水设备。升压设备用于增大管内水压，使管内水流能到达相应位置，并保证足够的流出水量、水压；储水设备用于储存用水量。

7）给水局部处理设备

当用户对给水水质的要求超出我国现行《生活饮用水卫生标准》或者其他原因造成水质不能满足要求时，就需要设置一些设备、构筑物进行给水深度处理。例如，压力锅炉用水需设软化处理设备对自来水进行软化处理后才能使用。

2.建筑给水系统的给水方式

建筑给水方式是指建筑内部给水系统的供水方案。它是根据建筑物的性质、高度、配水点的布置情况以及室内所需水压、室外管网水压和水量等因素决定的。

（1）利用外网水压直接给水方式

1）直接给水方式

直接给水方式是指室内给水管网通过引入管直接与室外给水管网连接，利用室外给水管网压力直接供水，如图1.2所示。

这种给水方式充分利用了室外给水管网的水压，构造简单、经济，水质不易被二次污染，供水安全可靠。这种给水方式适用于当室外给水管网提供的水量、水压在任何时候均能满足建筑用水要求的场合。

2）单设水箱的给水方式

单设水箱的给水方式是在屋顶设有水箱，水箱与室内外的管道连接，用水低峰期时（一般在晚上），可利用室外给水管网水压直接给配水点供水并向水箱进水，水箱储备水量；用水高峰期时（一般在白天），室外管网水压不足，则由水箱向建筑内部供水，如图1.3所示。这种方式适用于当室外给水管网提供的水压只是在用水高峰时段出现不足时，或者建筑内要求水压稳定，并且该建筑具备设置高位水箱的条件。

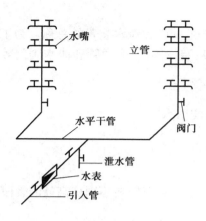

图 1.2 直接给水方式

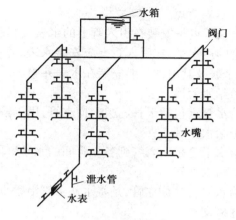

图 1.3 单设水箱的给水方式

（2）设有增压与储水设备的给水方式

1）单设水泵的给水方式

当室外给水管网的水压经常不足时，可采用这种方式。当建筑内用水量大且较均匀时，可采用恒速水泵供水，如图 1.4 所示。当建筑内部用水不均匀时，宜采用多台水泵联合运行供水。

值得注意的是，因水泵直接从室外管网抽水，有可能使外网压力降低，影响外网上其他用户用水，严重时还可能形成外网负压，在管道接口不严密处，其周围的渗水会吸入管内，造成水质污染。因此，采用这种方式必须征得供水部门的同意，并在管道连接处采取必要的防护措施，以防污染。

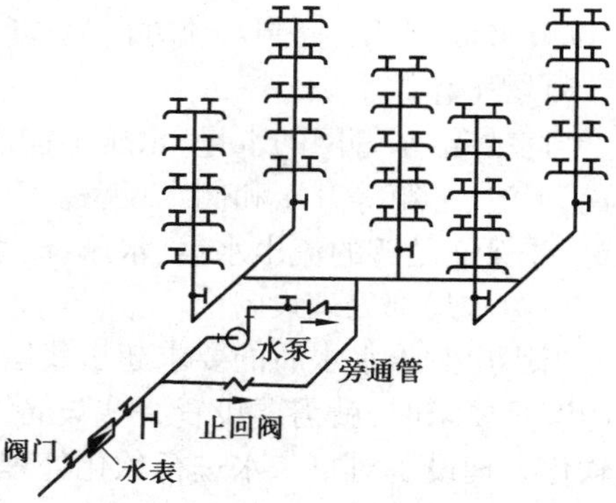

2）设水池、水泵的给水方式

图 1.4 设水泵给水方式

设水池、水泵的给水方式是指在建筑物一楼或地下室设水池和水泵，水泵从水池中吸水直接送至用户配水点。此种给水方式的特点是不用设水箱，减小了建筑物荷载，适用于室外管网水压经常不足，且建筑内部用水较均匀时。

由于变频技术的应用，使水泵能变负荷运行，能随时满足室内给水管网对水压和水量的要求，减少能量浪费，使得此种给水方式越来越受到人们的青睐。

3）设水池、水泵和水箱联合的给水方式

设水池、水泵和水箱联合的给水方式是指在建筑物底部设储水池和水泵，屋顶设水箱，将室外给水管网的水引到水池内，水泵从水池吸水，加压送至用户，当水泵的供水量大于室内用水量时，多余的水进入水箱储存；当水泵供水量小于用户用水量时则由水箱补充供水，以满足室内用水要求。此种给水方式的一种布置形式是水泵直接抽水送至水箱，再由水箱分别给配水点供水，如图 1.5 所示。

4）气压给水方式

气压给水方式是指在给水系统中设置气压给水设备，利用该设备气压水罐内气体的可压缩性，升压供水，如图 1.6 所示。

气压给水的工作过程是：水泵启动时，水泵向室内用户供水，当水泵供水量大于室内用

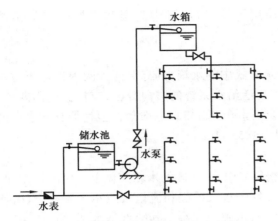

图1.5　设水池、水泵和水箱给水方式

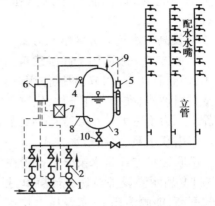

图1.6　气压给水方式

水量时,多余的水进入气压罐,使罐内空气压力升高,当罐内空气压力达到设计最大压力值时,水泵在控制装置控制下自动停泵。此时,用户的用水由罐内压缩空气作用下被送到配水点,随着水量的减少,水位下降,罐内空气的体积增大,压力减小,当压力降到最小设计值时,水泵在压力控制装置作用下自动启动,如此往复地工作。

5)设变频调速给水装置的给水方式

当室外供水管网水压经常不足,建筑内部用水量较大且不均匀,要求可靠性较高、水压恒定时,或者建筑物顶部不宜设置高位水箱时,可以采用变频调速给水装置进行供水,如图1.7所示。这种供水方式可省去屋顶水箱,水泵效率较高,但一次性投资较大。

(3)分区给水方式

分区给水方式适用于多层和高层建筑。

1)利用外网水压的分区给水方式

为了充分利用室外管网水压,可将建筑物分成上下两个或两个以上的供水区,低区直接在城市管网压力下供水,往上各区由水泵加压供水,如图1.8所示。这种给水方式的特

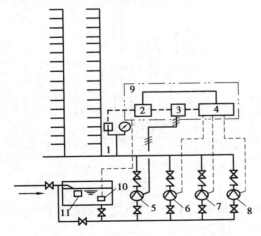

图1.7　设变频调速给水装置的给水方式
1—压力传感器;2—微机控制器;3—变频调速器;
4—恒速泵控制器;5—变频调速泵;6、7、8—恒速泵;
9—电控柜;10—水位传感器;11—液位自动控制阀

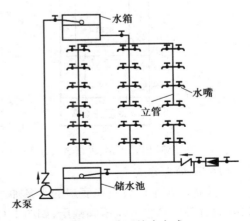

图1.8　分区给水方式

点是节省能量,防止低层配水点压力过大使用不便,适用于中高层和高层建筑的给水系统。

2)设高位水箱的分区给水方式

此种方式一般适用于高层建筑。这种给水方式中的水箱,具有保证管网中正常压力的作用,还兼有储存、调节、减压作用。高层建筑生活给水系统的竖向分区,应根据使用要求、设备材料性能、维护管理条件、建筑高度等综合因素合理确定。一般最低卫生器具配水点处的静水压力不宜大于 0.45 MPa,且最大不得大于 0.55 MPa。

①串联水泵、水箱给水方式

串联给水方式是水泵分散设置在各区的楼层之中,下一区的水箱兼做上一区的储水池,如图 1.9 所示。设备与管道较简单,投资较省,各区水泵扬程和流量按照本区需要设计,使用效率高,能源消耗少,水泵压力均衡,扬程较小,水锤影响小。其缺点是水泵设在楼层中,对防振、防噪声和防漏水等施工技术要求高,水泵分散布置,管理维护不便,水泵、水箱占用建筑面积。若下区发生事故,上部各区供水都会受到影响,供水可靠性不高。

②并联水泵、水箱给水方式

并联水泵、水箱给水方式是每一分区分别设置一套独立的水泵和高位水箱,向各区供水。其水泵一般集中设置在建筑的地下室或底层,如图 1.10 所示。各区独立运行,互不影响,某区发生事故,不影响其他分区,安全性好;水泵集中布置,管理维护方便,运行效率高、能源消耗少;各区水箱容积小,利于结构设计。缺点是水泵型号、台数较多,管材耗用较多,设备费用偏高,分区水箱占用楼层的使用面积。

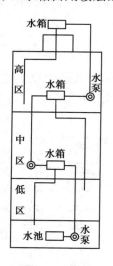

图 1.9 串联水泵、水箱给水方式

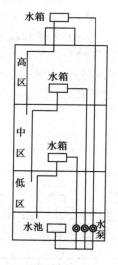

图 1.10 并联水泵、水箱给水方式

3)减压给水方式

建筑物的用水由设置在底层的水泵加压,输送至最高层水箱,再由此水箱依次向各区供水,并通过各区水箱或减压阀减压,如图 1.11 和图 1.12 所示。

减压给水方式的水泵台数少,设备布置集中,便于管理。减压水箱容积小,如果设减压阀减压,各区可不设减压水箱。设水箱减压的缺点是:总水箱容积大,增加结构荷载,下区供水受上区限制,下区供水压力损失大,能耗大,运行费用高。

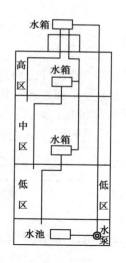
图 1.11   减压水箱给水方式

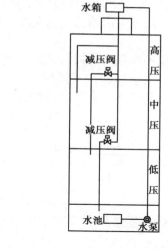
图 1.12   减压阀给水方式

（4）分质给水方式

分质供水的给水方式是根据建筑所需的水质不同,分别设置单独的给水系统。如旅游设施建筑中,有生活用水、直接饮用水、消防用水等,各给水系统要求的水质不同,水源可以是同一市政给水管网,但直接饮用水须处理达到国家直接饮用水标准后,经独立的管网系统输送至各饮水点;一般情况下,消防给水与生活水管网系统各自分开设置,避免消防管网或设备中的水因长期未流动而造成生活水管网中的水质被污染。

3.建筑给水系统常用管材、管件及附件

（1）常用管材

1）金属管

①无缝钢管

无缝钢管常用普通碳素钢、优质碳素钢或低合金钢经热轧或冷轧制造而成。根据不同的压力要求,无缝钢管在同一直径下往往有几种壁厚,因此,其规格用"管径×壁厚"表示,符号为 $D×δ$,单位为 mm,如 $D20×4.0$,表示外径为 20 mm,壁厚为 4.0 mm。

无缝钢管的连接方式有焊接连接和法兰连接。

②焊接钢管

焊接钢管又称有缝钢管,通常用普通碳素钢中钢号 Q215、Q235、Q255 的软钢造成的。按其表面是否镀锌,可分为镀锌钢管(白铁管)和非镀锌钢管(黑铁管)。焊接钢管的规格用公称直径"DN"表示,单位为 mm,如 DN25,表示该管的公称直径为 25 mm。

焊接钢管的连接方式有焊接、螺纹、法兰、卡箍连接,如图 1.13 和图 1.14 所示。镀锌钢

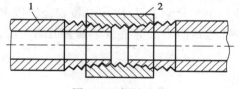
图 1.13   螺纹连接
1—管子;2—管箍

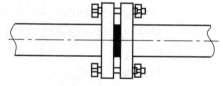
图 1.14   法兰连接

管应避免焊接连接,以防焊接时破坏镀锌保护层。

普通焊接钢管常用于室内给排水和采暖工程管道。

③铸铁管

给水铸铁管常用的有灰口铸铁管和球墨铸铁管,多用于给水管道埋地敷设的给水排水工程中。接口形式分为承插和法兰两种。如图 1.15 所示为承插连接。铸铁管的优点是耐腐蚀性强,经久耐用;其缺点是质脆、质量大、加工和安装难度大。

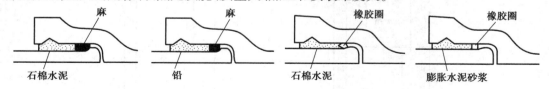

图 1.15　承插连接

给水铸铁管规格以公称直径"DN"表示,单位为 mm。例如,DN200 表示该管的公称直径为 200 mm。

④铜管

建筑给排水工程中,常用的铜管有紫铜管和黄铜管。铜管可采用螺纹连接、焊接及法兰连接,其公称压力是 2.0 MPa,常用于高纯水制备、输送饮用水、热水和民用天然气、煤气、氧气及对铜无腐蚀的介质,一般在高档宾馆等建筑中使用。

⑤薄壁不锈钢管

薄壁不锈钢管具有安全卫生、强度高、耐蚀性好、坚固耐用、寿命长、免维护、美观等特点,已大量应用于建筑给水直饮水管道。其缺点是管材及管配件价格贵、造价高,弯头配件与其他管材配件相比尺寸较大,占用空间多。薄壁不锈钢管多采用卡压连接。

2)复合管

①钢塑复合管

钢塑复合管由普通镀锌钢管和管件以及工程塑料管(ABS)、硬聚氯乙烯塑料管(PVC)、聚乙烯管(PE)等塑料管道复合而成,兼具镀锌钢管和普通塑料管的优点。钢塑复合管一般采用螺纹连接。

②铜塑复合管

铜塑复合管是以外层为热导率小的塑料、内层为稳定性极高的铜管复合而成。该管综合了铜管和塑料管的优点,具有良好的保温性能和耐腐蚀性能,由于有配套的铜制管件,连接快捷方便,但价格较高,主要用于星级宾馆的室内热水供应系统。

③铝塑复合管

铝塑复合管是以焊接铝管为中间层,内外层均为聚乙烯塑料,采用专用热熔胶,通过挤压成型的方法复合而成的管材,可分为冷、热水用塑料复合管和燃气用复合管,广泛用于民用建筑室内冷热水、空调水、采暖系统及室内煤气、天然气管道系统。

④钢骨架塑料复合管

钢骨架塑料复合管使用高强度钢丝左右缠绕成的钢丝骨架为基体,内外覆盖高密度 PE 的一种复合管材。它具有耐冲击、耐腐蚀和内壁光滑、输送阻力小等特点。其管道的连接方式一般为热熔连接。

3)塑料给水管

①硬聚氯乙烯塑料管(PVC-U 管)

该管材常用于输送温度不超过 45 ℃的水,其连接方式一般采用承插黏结,与阀门、水表或设备连接时可采用螺纹或法兰连接。

②PE 塑料管

PE 管又称聚乙烯管,常用于室内外埋地或架空敷设的燃气管道和给水管道中,一般采用电熔焊、对接焊、热熔承插等方式连接。

③工程塑料管

该管材强度高、耐冲击,使用温度为−40~80 ℃,常用于建筑室内生活冷、热水供应系统及空调水系统中。工程塑料采用承插黏结,与阀门、水表或设备连接时可采用螺纹或法兰连接。

④PP-R 管

PP-R 塑料管的特点是耐腐蚀、不结垢;耐高温(95 ℃)、高压;质量轻、安装方便。其主要用于室内生活冷、热水供应系统及空调水系统中,连接方式为热熔连接。

塑料给水管道规格常用"外径 d_e×壁厚 e"表示,单位为 mm。

(2)常用管件

管道在接长、转弯、变径、分支等处必须用相应的连接件,即管件。根据管材与连接方式不同,常用的管件有钢管件、铸铁管件和塑料管件。

1)钢管件

钢管件分为焊接钢管件、无缝钢管件和螺纹管件三类。

①焊接钢管件

常用的焊接钢管件有焊接弯头、焊接等径三通和焊接异径三通等,如图 1.16 所示。

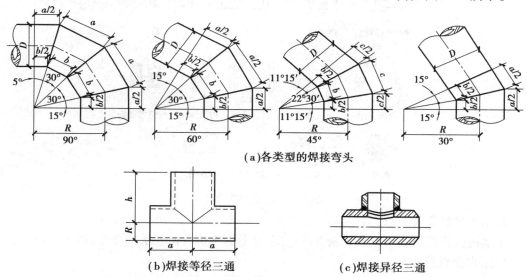

(a)各类型的焊接弯头

(b)焊接等径三通　　　　　(c)焊接异径三通

图 1.16　焊接钢管件

②无缝钢管件

常用的无缝钢管件有弯头、三通、四通、异径管及管帽等,如图 1.17 所示。

2)可锻铸铁管件

常用的可锻铸铁管件有镀锌和非镀锌管件两类,可在室内给水、供暖、燃气等工程中应用广泛,配件规格为 DN6~150 mm,与管子的连接均采用螺纹连接,如图 1.18 所示。

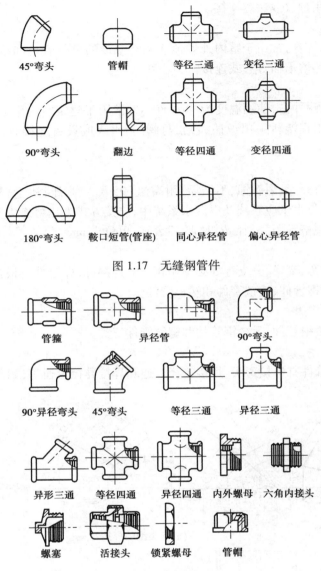

图 1.17   无缝钢管件

图 1.18   可锻铸铁管件

3）给水铸铁管件

给水铸铁管件适用于给水铸铁管的连接，可分为承插管件和法兰管件，如图 1.19 所示。

4）给水塑料管件

给水塑料管件用于给水塑料管的连接，可分为带内螺纹和外螺纹，如图 1.20 所示。

（3）**常用给水附件**

建筑给水排水工程中的给水附件主要用以调节、分配流量和压力、关断水流、控制水流方向，可分为配水附件和控制附件。

1）配水附件

配水附件用于调节和分配流量，通常指各种冷、热水龙头（水嘴），常用的配水附件如图 1.21所示。

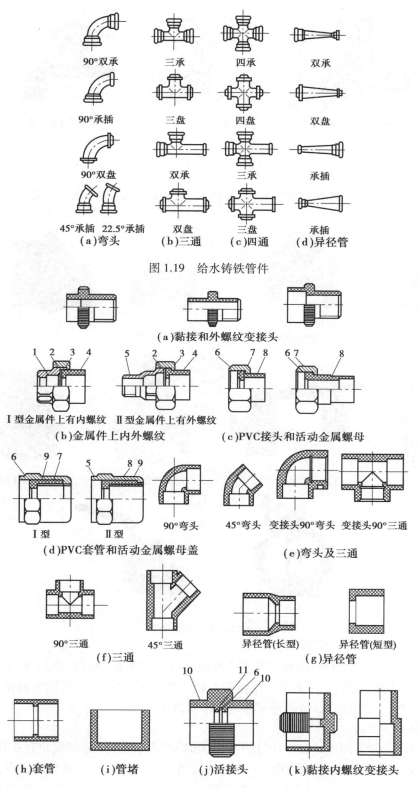

图 1.19 给水铸铁管件

图 1.20 给水用硬聚氯乙烯管件

旋启式水龙头　　　　旋塞式水龙头　　　　陶瓷芯片水龙头

图 1.21　各类配水龙头

2)控制附件

控制附件是指用来调节水量与水压、关断水流、控制水流方向和水位的各式阀门,如图 1.22 所示。

闸阀　　　　升降止回阀　　　　旋启止回阀　　　　浮球阀

弹簧式安全阀　　　杠杆式安全阀　　　可调式减压阀　　　比例式减压阀

蝶阀　　　　　　　　球阀

图 1.22　各类控制附件

①截止阀

截止阀是关闭件(阀瓣)沿阀座轴线作升降运动而切断或开启的阀门。截止阀在管路中的主要作用是切断水流,也可调节一定流量。截止阀密封性好,耐磨且便于修复。其缺点是水流损失较大,一般安装在管径 DN≤50 mm 的管路上。

②闸阀

闸阀的启闭件为闸板,闸板由阀杆带动沿阀座密封面作升降运动而切断或开启管路,如图 1.22 所示。闸阀安装在直径 DN>50 mm 且启闭较少的管路上。闸阀的特点是全开时水流呈直线通过,阻力小,介质的流向不受限制,但若水中杂质沉积阀座时,阀板将不容易关严,易产生漏水,外形尺寸较大,安装所需空间较大,开启过程中密封面容易擦伤。

③蝶阀

蝶阀是蝶板在阀体内绕固定轴旋转的阀门。它具有开启方便,结构紧凑,占用面积小的特点,可在设备安装空间较小时采用,如图 1.22 所示。

④止回阀

止回阀是利用介质本身的流动而自动开、闭阀瓣的阀门,它只允许介质朝一个方向流动,防止倒流。止回阀按结构形式分为升降式和旋启式两大类,如图 1.22 所示。

⑤减压阀

减压阀的作用是降低阀门出口(下游管道)压力。它是通过启闭件(阀瓣)的节流来达到降低介质压力的作用目的。常用于高层建筑生活给水系统和消防给水系统,常见的类型有弹簧式减压阀和比例式减压阀,如图 1.22 所示。

减压阀安装时,一般在其前后均安装压力表和检修阀门,并在减压阀前端安装过滤器,以防止杂物堵塞减压阀。

⑥安全阀

安全阀的作用是当管道或设备内的介质超过设定值时,启闭件(阀瓣)自动开启排放介质泄压,低于设定值时自动关闭,防止管网或设备压力过大而损坏。安全阀按构造形式分为杠杆式、弹簧式和脉冲式。弹簧式和杠杆式安全阀如图 1.22 所示。

⑦液位控制阀

液位控制阀是一种自动控制水箱、水池液面高度的水力控制阀。图 1.22 中浮球阀为目前常用的液位控制阀中的一种。它由浮球阀和液压阀组成,当水面下降低于预设值时,浮球阀打开,液压阀的活塞上腔室压力降低,活塞上下形成压差,在此压差作用下阀瓣开启供水;当水位上升到预设值时,浮球阀关闭,活塞上腔室压力不断增大使阀瓣关闭停止供水。此种阀门可将液压阀安装在池外,浮球阀安装在池内,实现所谓的遥控控制,安装检修方便。

⑧疏水阀

疏水阀又名疏水器,用于蒸汽加热设备、蒸汽管网和凝结水回收系统。其作用是排除凝结水、阻止蒸汽泄漏。疏水阀按工作原理,可分为浮筒式、吊桶式、热动力式、脉冲式等多种类型。

⑨排气阀

排气阀作用是排除管道中积存的空气,一般安装在管路的最高处。目前,广泛采用自动排气阀。

4.室内给水管道的布置与敷设

(1)室内给水管道的布置形式

建筑内部给水管道按其水平干管的位置可分为以下 3 种形式:

1)下行上给式

水平干管布置在底层或地下室顶棚下,水平干管向上接出立管和支管,自下而上供水。

2)上行下给式

水平干管布置在顶棚、吊顶内,或设备层、屋面,立管由干管向下分出,自上而下供水。

3)环状式

环状式可分水平干管环状和立管环状两种,分别形成水平环状和立管环状。此形式多用于大型公共建筑及不允许断水的场所。

（2）**室内给水管道的敷设方式**

建筑内部给水管道的敷设方式分为明装和暗装两种。

1）明装

建筑内部给水管道在建筑物内明露敷设。明装管道施工维修方便、造价低，但影响美观，管道表面易积灰、结露等，影响卫生。

2）暗装

建筑内部给水管道敷设在天花板或吊顶中，或在墙体管槽、管道井或管沟内隐蔽敷设。管道暗装卫生条件好，房间整洁、美观，但施工复杂，维修管理不便，工程造价高。

（3）**建筑内部给水管道安装基本要求**

①给水埋地管道应避免布置在可能受重物压坏处，不得穿过生产设备的基础。穿过建筑物承重墙或基础时，应预留孔洞或预埋钢套管。管顶距孔洞顶或套管顶的净空不得小于建筑物的沉降量，一般不小于 0.1 m。

②管道穿过地下室、地下构筑物外墙、钢筋混凝土水池壁及屋面时，应采取防水措施，对于严格要求的建筑物，必须采用柔性防水套管。

③给水管道不宜穿过伸缩缝、沉降缝和防震缝，必须穿过时，应采取措施。常用的措施如下：

A.螺纹弯头法

建筑物的沉降可由螺纹弯头的旋转补偿，适用于小管径的管道，如图 1.23（a）所示。

B.软管接头法

用橡胶软管或金属波纹管连接沉降缝、伸缩缝两边的管道，如图 1.23（b）所示。

C.活动支架法

沉降缝两侧的支架使管道能垂直位移而不能水平横向位移，以适应沉降伸缩之应力，如

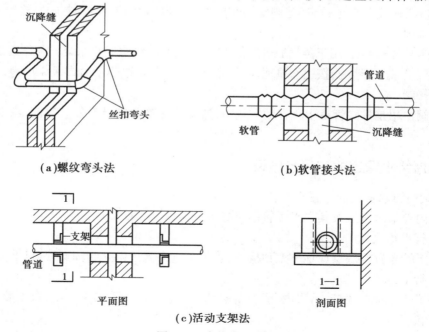

（a）螺纹弯头法　　　　　　　　　（b）软管接头法

（c）活动支架法

图 1.23　穿越变形缝

图 1.23(c)所示。

④给水管道穿过楼板时,应预埋套管,套管顶部应该高出装修完成面 20 mm。安装在卫生间及厨房内的套管,其顶部高出装修完成面 50 mm,底部应与楼板底面相平。套管与管道之间的间隙应用阻燃密实材料和防水油膏填实,端面光滑。管道接头不得设在套管内。

⑤冷、热水管道上、下平行安装时,热水管应在冷水管上方,垂直平行安装时,热水管应在冷水管左侧。

⑥给水支管和装有 3 个及 3 个以上配水点的支管始端,均应安装可拆卸连接件。

⑦管道支、吊、托架安装位置应正确,平整牢固,与管道接触紧密。

(4)建筑内部给水管道安装程序

建筑内部给水管道安装程序为:施工准备→引入管→水平干管→立管→横支管→支管。

1)引入管的安装

引入管敷设时,应尽量与建筑物外墙轴线相垂直,这样穿过基础或外墙的管段最短。在穿过建筑物基础时,应预留孔洞或预埋钢套管。预留孔洞的尺寸或钢套管的直径应比引入管直径大 100~200 mm,引入管管顶距孔洞或套管顶应大于 100 mm,预留孔与管道间的间隙应用黏土填实,两端用 1:2 水泥砂浆封口。

敷设引入管时,其坡度应不小于 0.003,坡向室外。采用直埋敷设时,埋设应符合设计要求,当设计无要求时,其埋深应大于当地冬季冻土深度。

2)干管的安装

干管的安装标高必须符合设计要求,并与支架固定。当干管布置在不采暖房间,并可能冻结时,应进行保温。

为便于维修时放空,给水干管宜设 0.002~0.005 的坡度,坡向泄水装置。

3)立管的安装

为便于检修时不影响其他立管的正常供水,每根立管的始端应安装阀门,阀门后面应安装可拆卸件,立管应用管卡固定。

4)横支管的安装

横支管的始端应安装阀门,阀门后还应安装可拆卸件。还应设有 0.2%~0.5% 的坡度,坡向立管或配水点,支管应用托钩或管卡固定。

(5)建筑内部给水管道的试压与清洗

建筑内部给水管道的水压试验必须符合设计要求。当设计未注明时,各种管材的试验压力均为工作压力的 1.5 倍,但不得小于 0.6 MPa。

检验方法:金属管道及复合管道在试验压力下观察 10 min,压力降不应大于 0.02 MPa,然后降到工作压力进行检查,不渗不漏为合格。塑料给水管道在试验压力下稳定 1 h,压力降不得超过 0.05 MPa,然后在工作压力的 1.15 倍状态下稳定 2 h,压力降不得超过 0.03 MPa,同时检查各连接处不得渗漏。

生活给水管道在交付使用前必须冲洗和消毒,并经有关部门取样检验,符合国家《生活饮用水卫生标准》方可使用。

任务实施

任务导入的问题已经在任务引领中阐述,此处不再赘述。

任务拓展

一、填空题

1.建筑给水系统的任务是_____。

2.建筑给水方式有_____、_____、_____及_____等。

3.常用给水附件分为_____和_____。

4.管道的布置形式有_____、_____和_____。

5.管道的敷设方式有_____和_____。

6.D20×4.0 表示_____。

7.N20 表示_____。

8.给水管道穿过楼板时,应预埋套管,套管顶部应高出装修完成面 mm,安装在卫生间及厨房内的套管,其顶部高出装修完成面_____ mm,底部应与楼板底面相平。

9.冷、热水管道上下平行安装时,热水管应在冷水管_____方;垂直平行安装时,热水管应在冷水管_____侧。

二、拓展题

1.查阅资料,确定常用水表有哪两类? 安装时有什么要求?

2.查阅资料,学习水泵的分类及作用。

3.查阅资料,学习室外给水管网安装要求。

4.查阅资料,学习建筑热水及直饮水供应系统。

5.查阅资料,学习建筑中水系统。

6.查阅资料,学习现行国家规范《建筑给水排水及采暖施工质量验收规范》中关于给水部分条文内容。

任务2　建筑排水系统

任务导入

任务1:建筑排水系统的分类和组成有哪些?

任务2:建筑屋面雨水排水系统分类有哪些? 各适用于哪些场合?

任务3:如何选择、运用排水管材与附件?

任务4:建筑排水系统布置与敷设的原则是什么?

任务引领

1.建筑排水系统的分类和组成

建筑内部排水系统的任务就是迅速畅通地将建筑物内卫生器具和生产设备产生的污

水,以及屋面上的雨、雪水加以收集后排出室外,保证排水管道系统气压稳定,防止水封被破坏,防止有毒有害气体进入室内,保持室内环境卫生。

(1)建筑内部排水系统的分类

按照污废水的来源不同,建筑排水系统一般可分为以下 3 类:

1)生活排水系统

生活排水系统排除民用住宅建筑、公共建筑以及工业企业生活间的生活污水和生活废水,包括盥洗、洗涤等生活废水,以及称为生活污水的粪便冲洗水。

2)工业废水排水系统

工业废水排水系统用于排除工业生产过程中产生的工业废水。工业废水根据受污染的程度,可分为生产废水和生产污水两类。一般称受污染严重的工业废水为生产污水,常含有对人体、环境有害的化学物质。

3)屋面雨水排水系统

屋面雨水排水系统排除屋面雨水和融化的雪水。雨水、雪水较清洁,可直接排入水体或城市雨水系统。建筑物屋面雨水排水系统应单独设置。

在上述 3 类排水系统中,排水体制又分为分流制和合流制两种。分流制就是针对各类污废水水质分别设单独的管道系统输送和排放的排水体制,合流制是在同一排水管道系统中输送和排放两种或两种以上污水的排水体制。

(2)建筑内部排水系统的组成

一个完整的建筑内部排水系统由以下 7 部分组成(图 1.24)。

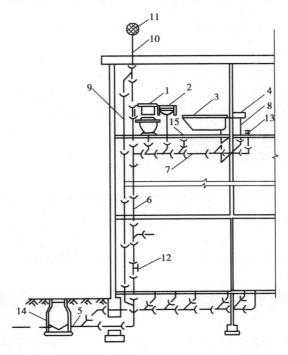

图 1.24　建筑内部排水系统的组成

1—大便器;2—洗脸盆;3—浴盆;4—洗涤盆;5—排出管;6—立管;7—横支管;8—支管;
9—专用通气立管;10—伸顶通气管;11—网罩;12—检查口;13—清扫口;14—检查井;15—地漏

1）污废水收集器

污废水收集器是排水系统的起点，包括各种卫生器具、生产设备上的受水器、地漏、雨水斗等。

2）水封装置

为了保证室内卫生，需要在污水、废水收集器的排水口下方设置存水弯，或器具本身构造设置有存水弯。存水弯的类型一般

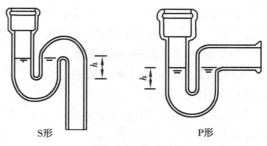

图 1.25　存水弯

有 S 形和 P 形两种，如图 1.25 所示。存水弯的作用是在其内形成一定高度的水封，通常为 50～100 mm。利用水封阻挡排水管道中的臭气和其他有害、易燃气体及虫类进入室内造成危害。

S 形存水弯常用在排水支管与排水横支管垂直的连接部位；P 形存水弯常用在排水支管与排水横管和排水立管不在同一平面位置而需要连接的部位。

3）排水管道

排水管道包括存水弯、器具排水支管、排水横支管、排水立管、排出管，如图 1.26 所示。

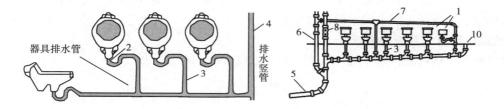

图 1.26　室内排水系统图

1—卫生器具；2—存水弯；3—排水支管；4—排水立管；5—排出管；
6—专用通气立管；7—环形通气立管；8—检查口；9、10—清扫口

①器具排水支管

连接卫生器具与后续管道排水横支管的短管。

②排水横支管

汇集各器具排水支管的来水，并作水平方向输送将水排至立管的管道。排水横支管应有一定的坡度坡向立管。

③排水立管

收集各排水横管、支管的来水，并从垂直方向将水排至排出管。

④排出管

收集排水立管的污废水，并从水平方向将水排至室外污水检查井的管段，又称出户管。

4）通气管道

绝大多数排水管道内部流动是重力流，即管道中的污、废水是依靠重力作用排出室外，因此排水管道系统必须和大气相通。

通气管系统的第一个作用是保证管道排水畅通，减小气压波动，防止卫生器具水封破坏；另一个作用是将排水管道内的有毒有害气体排放到大气中去，补充新鲜空气，减缓金属

管道的腐蚀。对于层次不高,卫生器具不多的建筑物,可将排水立管上端延伸出屋顶,这一段称为伸顶通气管。对于层次较高、卫生器具较多的建筑物,需将排水管与通气管分开,设专用通气管或特殊的单立管排水系统,如图 1.32 所示。

5)清通设备与附件

清通设备的作用是疏通建筑内部排水管道,保障排水通畅。包括检查口、清扫口和检查井,如图 1.27 所示。附件包括存水弯和地漏。

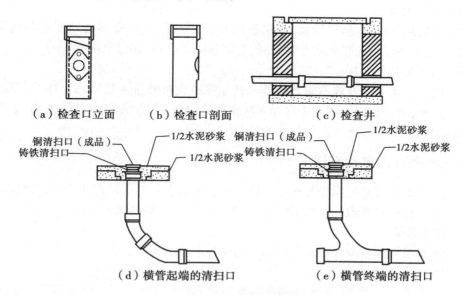

　（a）检查口立面　　（b）检查口剖面　　　（c）检查井

　（d）横管起端的清扫口　　　　（e）横管终端的清扫口

图 1.27　清通设备

①清扫口

清扫口一般装在排水横支管上,用于清扫排水横管的附件。清扫口设置在楼板或地坪上,且与地面相平,也可用带清扫口的弯头配件或在排水管起点设置堵头代替清扫口。

②检查口

检查口设在排水立管以及较长的水平管段上,是一个带盖板的开口短管,清通时将盖板打开。

③检查井

检查井是小区排水管道系统的附属构筑物。常见的有方形和圆形两种。它一般采用砖砌筑而成,有统一的标准可供选择。其作用是便于检查和清通管道,同时又起到连接管沟的作用。常设置在管线改变方向、坡度、高程及管沟交汇处。对于较长的直线管沟,应按要求每隔一定距离进行设置。检查井中心至建筑物外墙的距离不宜小于 3.0 m。

④地漏

地漏是一种特殊的排水装置,一般设置在经常有水溅落的地面、有水需要排除的地面和经常需要清洁的地面(如淋浴间、盥洗室、厕所、卫生间等)。材质有铜和塑料。形状有方形和圆形。地漏应设置在易溅水的卫生器具附近的最低处,其地漏箅子应低于地面 5~10 mm,带有水封的地漏,其水封深度不得小于 50 mm,直通式地漏下必须设置存水弯,严禁采用钟罩式(扣碗式)地漏,如图 1.28 所示。

图1.28　常用各种地漏

6）污水提升设备

民用建筑的地下室、人防建筑物、高层建筑地下技术层，工厂车间的地下室和地铁等地下建筑的污、废水不能自流排到室外管网时，常需设提升设备，如污水泵。

7）污水局部处理构筑物

当建筑内部污水未经处理不能直接排入其他管道或市政排水管网和水体时，须设污水局部处理构筑物，如去除生活污水中悬浮有机物的化粪池、去除污水中植物、动物、矿物油的隔油池、降低高于40 ℃废水水温的降温池等。

2.建筑屋面雨水排水系统

屋面雨水排水系统是汇集降落在建筑物屋面上的雨水和雪水并将其沿一定路线排至指定地点的系统。按雨水管道的位置不同，可分为外排水系统与内排水系统。

（1）外排水系统

屋面外排水系统由檐沟外排水方式和天沟外排水方式两种。

1）檐沟外排水系统

檐沟外排水系统由檐沟、雨水斗和水落管组成，如图1.29所示。降落到屋面的雨水沿屋面流到檐沟，然后经雨水斗流入沿外墙设置的水落管排至地面或雨水口。它适用于普通住宅、一般公共建筑和小型单跨厂房。

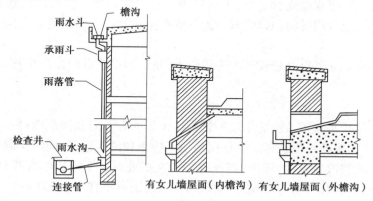

图1.29　檐沟外排水系统

2）天沟外排水系统

天沟外排水系统由天沟、雨水斗和排水立管组成，如图1.30所示。降落到屋面上的雨水沿坡向天沟的屋面汇集到天沟，沿天沟流至建筑物两端（山墙、女儿墙），入雨水斗，经立管排至地面或雨水井。这种系统适用于长度不超过100 m的多跨工业厂房。

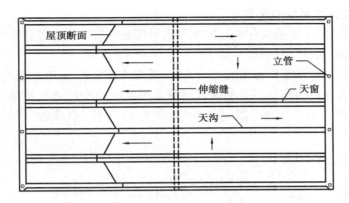

图 1.30　天沟外排水系统

（2）内排水系统

　　屋面雨水内排水系统是指屋面设雨水斗,建筑物内部设有雨水管道的雨水排水系统。它由雨水斗、连接管、悬吊管、立管、排出管、埋地干管及检查井组成,如图 1.31 所示。降落到屋面上的雨水沿屋面流入雨水斗,经连接管、悬吊管进入排水立管,再经排出管流入雨水检查井,或经埋地干管排至室外雨水管道。该系统适用于跨度大、较长的多跨工业厂房及屋面设天沟有困难的锯齿形屋面、壳形屋面、有天窗的厂房。

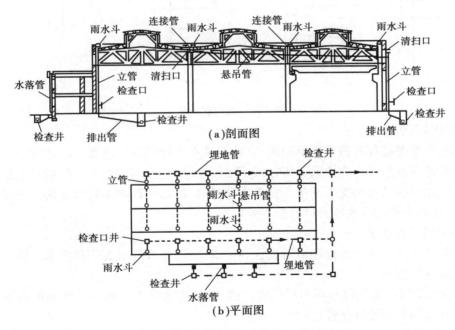

图 1.31　内排水系统

3.高层建筑排水系统

　　高层建筑排水立管长,排水量大、流速高,立管内气压波动大。排水系统功能的好坏取决于排水管道布置的通气系统是否合理。这是高层建筑排水系统的特点。

（1）高层建筑排水系统的类型

目前,高层建筑排水系统常用的形式主要有设置通气管系统和特殊单立管排水系统。

1）通气管系统

通气管系统是与排水管相连通的一个系统,其内部无流水,具有加强排水管内部气流循环流动和控制压力变化的作用。高层建筑通气管系统分为专用通气系统和辅助通气系统。辅助通气系统包括主通气立管、副通气立管、环形通气管、器具通气管、结合通气管,如图1.32所示。

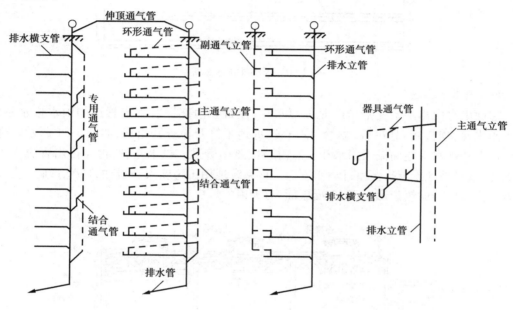

图 1.32　通气管系统

①专用通气管系统

专用通气管是指仅与排水立管相连,为确保排水立管内空气流通而设置的垂直通气管道。当立管总负荷超过允许排水负荷时,起平衡立管内的正负压作用。实践证明,这种做法对于高层民用建筑的排水支管承接少量卫生器具时,能起到保护水封的作用。采用专用通气立管后,排水立管的排水能力可增加1倍。

②辅助通气管系统

a.主通气立管。是指连接环形通气管和排水立管,并为排水支管和排水立管内空气流通而设置的垂直管道。

b.副通气立管。是指仅与环形通气管连接,为使排水横支管内空气流通而设置的通气管道。其作用同专用通气立管。

c.环形通气管。是指从最始端卫生器具的下游端接至通气立管的一段通气管段。它适用于排水横支管较长、连接的卫生器具较多时。

d.器具通气管。是指设在卫生器具存水弯出口端,在高于卫生器具一定高度处与主通气立管连接的通气管段。它可防止卫生器具产生自虹吸现象和噪声。

e.结合通气管。是指排水立管与通气立管的连接管段。其作用是当上部横支管排水水流沿立管向下流动,水流前方空气被压缩,通过它释放被压缩的空气至通气立管。

2）特殊单立管排水系统

新型的单立管排水系统包括苏维托立管排水系统、旋流单立管排水系统、心型排水系统及 UPVC 螺旋排水系统。本任务只简单阐述前两种方式。

①苏维托立管排水系统

特殊单立管排水系统适用于高层、超高层建筑内部排水系统，能有效解决高层建筑内部排水系统中由于排水横支管多，卫生器具多排水量大而形成的水舌和水塞现象，克服了排水立管和排出管或横干管连接处的强烈冲激流形成的水跃，保持整个排水系统气压稳定，有效地防止了水封破坏，提高了排水能力，如图 1.33 所示。

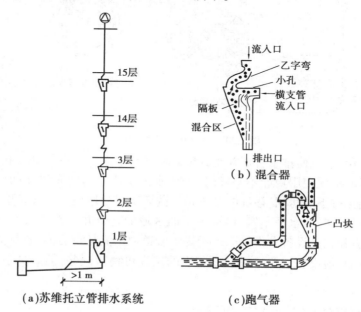

图 1.33　苏维托立管排水系统

苏维托立管系统有两种特殊管件：一是混合器；二是跑气器。混合器设在楼层排水横支管与立管相连接的地方，跑气器设在立管的底部。

②旋流单立管排水系统

旋流单立管排水系统，也是由两种管件起作用：一是安装于横支管与立管相接处的旋流器；二是立管底部与排出管相接处的大曲率导向弯头，如图 1.34 所示。

（2）**高层建筑排水系统的管道布置**

高层建筑的特点是层数多，建筑总体高度大、建筑面积大、使用功能多、设备多、标准高、管线多，且建筑、结构、设备在布置中的矛盾也多，设计时必须密切配合，协调工作。为使众多的管道整齐有序地敷设，建筑和结构设计布置除满足正常使用空间要求外，还必须根据结构、设备需要合理安排建筑设备、管道布置所需空间。

高层建筑中常将排水立管和给水管道设在管道井中。一般管道井应设置在用水房间旁边，建筑设计常采用"标准层"。为保证管道安装间距和检修用的空间，增设一层设备层，设备层的层高可稍微低些，但要具备通风、排水和照明功能。

高层建筑中，即使使用要求单一，但由于楼层太多，其结构布置和结构尺寸往往也会因

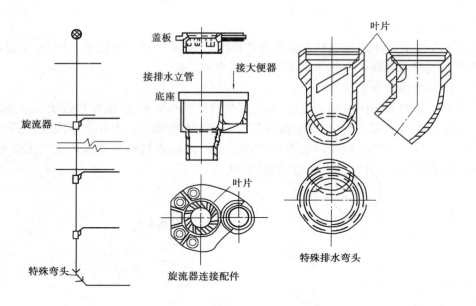

图 1.34　旋流单立管排水系统

层高不同而有变化,这就使排水管道井受其影响而导致平面位置有局部变化。另外,当高层建筑中上下两区的房屋使用功能不一样时,若要求上下用水房间布置在同一位置上会有困难。管道井不能穿过下层房间,最好的办法是在两区交界处增设一个设备层。

立管通过设备层时做水平布置,再进入下面区域的管道井。设备层不仅有排水管道布设,还有给水管道和相关设备布设等。由于排水管道内水流是重力流,宜优先考虑排水管道设置位置,并协调其他设备位置布设。设备层的层高可稍微低些,但要具备通风、排水和照明功能。

4.建筑排水系统的管材和卫生器具

(1)排水系统常用管材

建筑内排水管材可分为金属管材和非金属管材。金属管材多为铸铁管和钢管,非金属管材多采用混凝土管、钢筋混凝土管和塑料管。

1)排水铸铁管

排水铸铁管是建筑内部排水系统常用的管材,因不承受水的压力,管壁较给水铸铁管薄,质量也相对较轻。常见的为承插式直管,管径一般为 50~200 mm。其连接方式多为承插式连接,连接阀门等处也用法兰盘连接。目前,排水铸铁管多用于室内排水系统的排出管。

对于高层和超高层建筑,为了适应各种因素引起的变形,特别是有抗震设防要求的地区,排水铸铁管道应设置柔性接口。

排水铸铁管具有耐腐蚀性强、耐热、耐冷、防火、隔音好、使用寿命长等优点,但缺点是质量大、质脆、长度小。

2)塑料管

常用的塑料管有硬聚氯乙烯(UPVC)管、聚丙烯(PP-R)管、聚丁烯管(PB)、聚乙烯(PE)管和工程塑料管(ABS)等。目前,应用最为广泛的是硬聚氯乙烯管(UPVC)。其常用规格有工程外径 40 mm、50 mm、75 mm、90 mm、110 mm、125 mm、160 mm 等。连接方法有黏结、橡胶圈连接和螺纹连接等。目前,建筑内使用的排水塑料管是硬聚氯乙烯塑料管(PVC-U管)。它具有质量轻、外表美观、内壁光滑、水流阻力小、不易堵塞、耐腐蚀、不结垢、便于安装和节省投资等优点;其缺点是强度低、耐温差(使用温度为 −5 ~ 45 ℃)、线性膨胀大、易老化、有噪声、防火性能差等。排水塑料管通常标注公称直径 D_e,单位是 mm。

塑料管材质较轻,便于搬运、装卸、施工;耐化学腐蚀性优良,塑料对酸、碱、盐均具有良好的耐蚀性能;塑料管内壁相对光滑,容易切割;外表美观,便于安装、造价低等。塑料管也有缺点,如强度低、耐温性能差、线性膨胀大、立管产生噪声、耐久性差等。

3)钢管

当排水管管径小于 50 mm 时,宜采用钢管,主要用于洗脸盆、小便器、浴盆等卫生器具与排水横支管间的连接短管,管径一般为 32 mm、40 mm、50 mm。工厂车间内振动较大的地点也可采用钢管代替铸铁管,但应注意分清其排出的工业废水是否对金属管道有腐蚀性。

4)混凝土管及钢筋混凝土管

混凝土管及钢筋混凝土管多用于室外排水管道及车间内部地下排水管道,一般直径在 400 mm 以下为混凝土管,400 mm 以上者为钢筋混凝土管。长度在 1 m 左右,规格尺寸各地不一。其最大优点是节约金属管材;缺点是内表面不光滑,抗压强度也较差。

(2)排水系统常用管件

1)排水铸铁管管件

排水铸铁管常用的铸铁管件有乙字弯管、管箍、弯头、三通、四通、变径管、存水弯及检查口等。

2)排水塑料管管件

塑料排水管管件为硬聚氯乙烯管件(UPVC),常用的有弯头、三通、变径管、存水弯、检查口、伸缩节等。

(3)卫生器具

1)便溺器具

便溺器具设置在卫生间和公共厕所,用来收集粪便污水,便溺器具包括便器和冲洗设备。

①大便器

大便器是排除粪便的卫生器具,其作用是把粪便快速排入下水道,同时要防臭。常用的大便器有坐式大便器、蹲式大便器和大便槽 3 种。

坐式大便器一般布置在较高级的住宅、医院、宾馆等卫生间内,如图 1.35—图 1.37 所示。

蹲式大便器一般用于普通住宅、集体宿舍、公共建筑物的公共厕所、防止接触传染的医院内厕所,如图 1.38—图 1.40 所示。

大便槽用于学校、火车站、汽车站、游乐场等人员较多的场所,代替成排的蹲式大便器。大便槽造价低,便于采用集中自动冲洗水箱和红外数控冲洗装置,既节水又卫生,如图 1.41 所示。

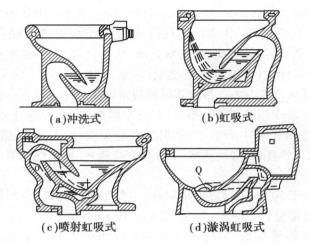

(a)冲洗式　　　　　　(b)虹吸式

(c)喷射虹吸式　　　　(d)漩涡虹吸式

图 1.35　坐式大便器

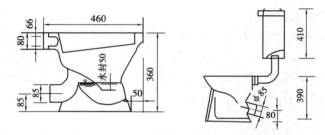

图 1.36　后排式坐式大便器

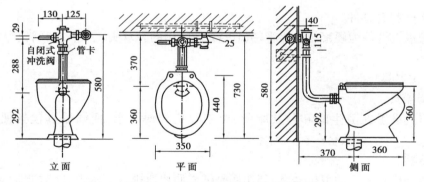

图 1.37　自闭式冲洗阀坐式大便器

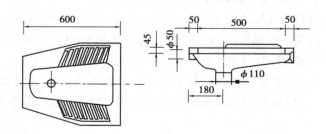

图 1.38　蹲式大便器

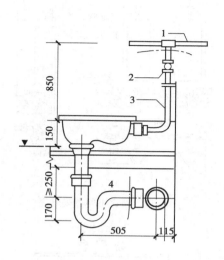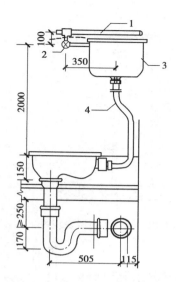

图 1.39　直接冲洗蹲式大便器安装示意图　　　图 1.40　高水箱蹲式大便器安装示意图

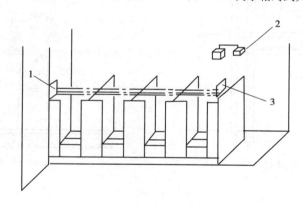

图 1.41　广电数控冲洗装置大便槽
1—发光器;2—接收器;3—控制箱

②小便器

小便器一般用于机关、学校、旅馆等公共建筑的男卫生间内。小便器有挂式、立式和小便槽 3 类。其中,立式小便器用于标准高的建筑,小便槽用于工业企业、公共建筑和集体宿舍等建筑的卫生间。挂式小便器安装图如图 1.42 所示。立式小便器安装图如图 1.43所示。

③冲洗设备

冲洗设备是便溺器具的配套设备,有冲洗水箱和冲洗阀两种。冲洗水箱分高位水箱和低位水箱。高位水箱用于蹲式大便器和大便槽,公共厕所宜用自动式冲洗水箱,住宅和旅馆多用手动式;低位水箱用于坐式大便器,一般为手动式。

2)盥洗、淋浴用卫生器具

①洗脸盆

洗脸盆一般用于洗脸、洗手、洗头,常设置在盥洗室、浴室、卫生间和理发室等场所。洗脸盆有长方形、椭圆形和三角形。其安装方式有墙架式、台式和柱脚式,如图 1.44 所示。

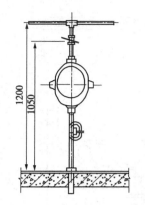

图 1.42 挂式小便器安装图

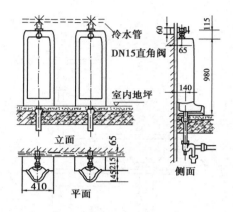

图 1.43 立式小便器安装图

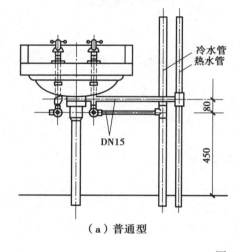

（a）普通型

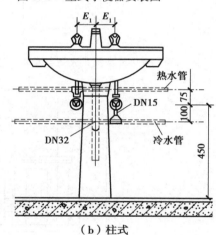

（b）柱式

图 1.44 洗脸盆

②浴盆

浴盆设在住宅、宾馆、医院等卫生间或公共浴室。浴盆配有冷热水或混合龙头,并配有淋浴设备,如图 1.45 所示。

③淋浴器

淋浴器多用于工厂、学校、机关、部队的公共浴室和体育馆内。淋浴器占地面积小,清洁卫生,可避免疾病传染,耗水量小,设备费用低,如图 1.46 所示。

3）洗涤器具

①洗涤盆

洗涤盆(洗菜盆)常设在厨房或公共食堂内,用来洗涤碗碟、蔬菜等。医院的诊室、治疗室等处也需要设置洗涤盆。洗涤盆可分为单格和双格。双格洗涤盆一格洗涤,一格泄水。如图 1.47 所示为双格洗涤盆。

②污水盆

污水盆(污水池)常设在公共建筑的厕所、盥洗室内,供洗涤拖把、打扫卫生或倾倒污水用,如图 1.48 所示。

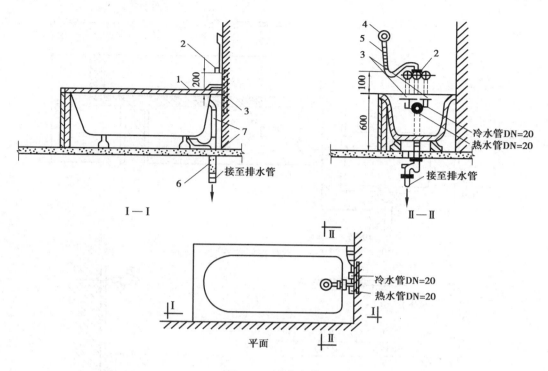

图 1.45 浴盆安装

1—浴盆；2—混合阀门；3—给水管；4—莲蓬头；
5—蛇皮软管；6—存水弯；7—溢水管

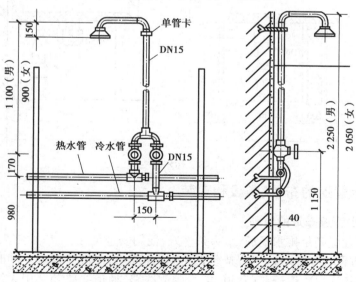

图 1.46 淋浴器安装

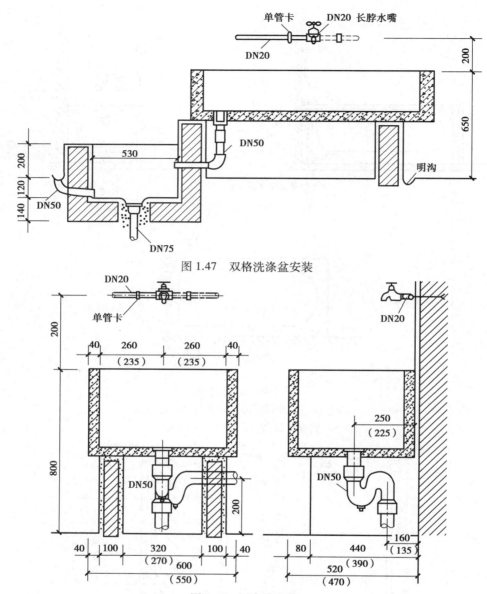

图 1.47　双格洗涤盆安装

图 1.48　污水盆安装

5.建筑排水管道的布置、敷设和安装

（1）室内排水管道布置的原则

排水管道布置应满足排水畅通、水力条件好，使用安全可靠，不影响室内环境卫生；施工安装，维护管理方便；总管线短，工程造价低；占地面积小；美观等要求。同时兼顾到给水管道、热水管道、供热通风管道、燃气管道、电力照明线路、通信线路和共用天线等的布置和敷设要求。建筑物内部排水管道的布置一般应满足以下要求：

①排水立管应设置在最脏、杂质最多及排水量最大的排水点处。

②卫生器具至排出管的距离应最短、管道转弯应最少。

③排水管道不得布置在遇水会引起爆炸、燃烧或损坏的原料、产品和设备的上面。

④排水管不穿越卧室、客厅,不穿行在食品或贵重物品储藏室、变电室、配电室,不穿越烟道,不穿行在生活饮用水池、炉灶上方。

⑤排水管道不宜穿越容易引起自身损坏的地方,如建筑沉降缝、伸缩缝、变形缝、烟道、风道,重载地段和重型设备基础下方、冰冻地段,特殊情况应与有关专业协商处理。

⑥排水塑料管应避免布置在易受机械撞击处,如不能避免,应采取保护措施;同时应避免布置在地热源附近,如不能避免应采取隔热措施。塑料排水立管与家用灶具边净距不得小于 0.4 m。

(2)室内排水管道的布置与敷设

卫生器具的设置位置、高度、数量及选型,应根据使用要求、建筑标准、有关的设计规定并本着节约用水原则等因素确定。

排水横支管一般沿墙布设,注意管道不得穿越建筑大梁,也不挡窗户。横支管是重力流,要求管道有一定坡度通向立管。排水立管一般设在墙角处或沿墙、沿柱垂直布置,宜采用靠近排水量最大的排水点,如采用分流制排水系统的住宅建筑的卫生间,污水立管应设在大便器附近,而废水立管则应设在浴盆附近。

仅设伸顶通气管时,最低排水横支管与立管连接处距离立管底部垂直距离不得小于表 1.1 的规定。

表 1.1 　最低排水横支管与立管连接处距离立管底部最小垂直距离

立管连接卫生器具的层数	垂直距离/m
≤4	0.45
5~6	0.75
7~12	1.2
13~19	3.0
≥20	6.0

最低排水横支管,应与立管管底有一定的高差,以免立管中的水流形成的正压破坏该横支管上所有连接的水封。排水横支管连接在排水立管或横干管上时,连接点距立管底部下游水平距离不宜小于 3.0 m,且不得小于 1.5 m。

横支管接入横干管竖直转向管段时,连接点距离转向处以下不得小于 0.6 m。

管道穿越建筑物基础、墙、楼板时,应预留孔洞,在暗装时管道应配合土建预留墙槽。

(3)室内排水管道的安装

1)建筑内部排水管道安装的基本要求

①隐蔽或埋地的排水管道在隐蔽前必须做灌水试验。

②生活污水管道的坡度应符合设计要求,设计未注明时,排水铸铁管和塑料管的坡度应符合表 1.2 与表 1.3 的规定。

表 1.2 　生活污水铸铁管的坡度/‰

管径/mm	50	75	100	125	150	200
标准坡度	35	25	20	15	10	8
最小坡度	25	15	12	10	7	5

表 1.3　生活污水塑料管道的坡度/‰

管径/mm	50	75	110	125	160
标准坡度	25	15	12	10	7
最小坡度	12	8	6	5	4

③排水塑料管必须按设计要求装伸缩节,如设计无要求时,伸缩节间距不得大于 4 m。

④高层建筑中明设排水塑料管应按设计设置阻火圈或防火套管。

⑤排水立管及水平管管道应做通球实验,通球球径不小于排水管管径的 2/3,通球率必须达到 100%。

⑥应按规范设置检查口或清扫口。铸铁排水立管每隔一层设置一个检查口,塑料排水立管宜每 6 层设置一个检查口,且在建筑物最底层和设有卫生器具的两层以上建筑的最高层必须设检查口。检查口中心高度距操作面 1.0 m,并应高于该层卫生器具上边缘 0.15 m。

在连接两个及以上大便器或 3 个及以上卫生器具的铸铁排水横管上设置清扫口;在连接 4 个及以上的大便器塑料排水横管上宜设置清扫口。在水流偏转角 45°的排水横管上,应设检查口或清扫口。

污水管起点的清扫口与污水横管相垂直的墙面的距离不得小于 0.15 m。污水管起点设置堵头代替清扫口时,堵头与墙面应有不小于 0.4 m 的距离。污水横管的直线管段上检查口或清扫口之间的最大距离,应符合表 1.4 的规定。

表 1.4　污水横管的直线管段上检查口或清扫口之间的最大距离

管道直径 /mm	清扫设备 种类	距离/mm		
		生产废水	生产污水及与生活污水 成分接近的生产污水	含有大量悬浮物和 沉淀物的生产污水
50～75	检查口	15	12	12
	清扫口	10	8	6
100～150	检查口	20	15	12
	清扫口	15	10	3
200	检查口	25	20	15

排出管与室外排水管道连接处,应设检查井。检查井中心至建筑物外墙的距离不宜小于 3.0 m,从污水立管或排出管上的清扫口至室外检查井中心的最大长度,应按表 1.5 的规定。

表 1.5　污水立管或排出管上的清扫口至室外检查井中心的最大长度

管径/mm	50	75	100	100 以上
最大长度/m	10	12	15	20

⑦金属排水管道上的吊钩或卡箍应固定在承重结构上。固定件间距：横管不大于 2 m，立管不大于 3 m。

⑧排水塑料管道支、吊架间距应符合表 1.6 规定。

表 1.6　排水塑料管道支、吊架最大间距

管径/mm	50	75	110	125	160
立管支、吊架最大间距/m	1.2	1.5	2.0	2.0	2.0
横支管、吊架最大间距/m	0.5	0.75	1.10	1.3	1.6

⑨排水通气管不得与风道或烟道连接。

2）建筑内部排水管道的安装顺序

一般室内排水管道的施工安装顺序为：排出管→底层埋地横管→底层器具排出支管→埋地排水管道灌水试验及验收→排水立管→各楼层排水横管及楼层器具排水支管→卫生器具安装→通水试验和验收。

①排出管的安装

排出管是室内排水管道的总管，指由底层排水横管三通至室外第一个排水检查井之间的管道。排出管的室外部分应埋设在冰冻线下，且低于明沟基础，接入检查井时不能低于检查井的流水槽。为了防止管道受机械损坏，排出管的最小埋深为：混凝土、沥青混凝土地面下埋深不小于 0.4 m，其他地面下埋深不小于 0.7 m。

排水立管与排出管端部的连接，宜采用两个 45° 弯头或弯曲半径不小于 4 倍管径的 90° 弯头；排出管穿过承重墙或基础时，应预留孔洞，且管顶上部净空不得小于建筑物的沉降量，一般不小于 0.1 m。排出管穿过地下室外墙或地下建筑物的墙壁处，为达到防水目的可采用刚性防水套管。排出管的安装如图 1.49 所示。

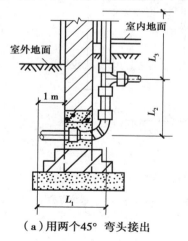
（a）用两个 45° 弯头接出

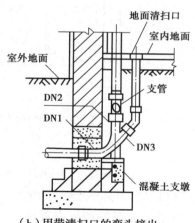
（b）用带清扫口的弯头接出

图 1.49　排出管的安装

②排水立管的安装

排水立管（包括通气管）的安装是从一层立管检查口承口内侧，直到通气管伸出屋面。一般北方地区为屋面上 700 mm，南方地区为屋面上 300 mm。如屋面停留人，应高出屋面

1.8 m。安装应采用分层测量确定楼层管段长度,预制时按每层一组自下而上安装和固定的方法施工。立管安装前要确定安装位置。立管的安装位置要考虑到横支管离墙的距离和不影响卫生器具的使用,一般排水管与墙、柱应有 25～35 mm 的净距。安装立管应从下逐层往上安装,安装时应注意检查口和三通甩口的方向。排出立管的安装如图 1.50 所示。

③排水横管的安装

排水横管不得布置在遇水易引起燃烧、爆炸或损坏生产原料的房间;不得穿越厨房、餐厅、贵重商品仓库、变配电室、通风间等;不得穿越沉降缝、伸缩缝,如必须穿越时,应采取技术措施。

底层排水横管多为直接埋地敷设,或以托、吊架悬吊于地下室顶板下或地沟内。安装时应先进行预制,待达到接口强度后再与排出管整体连接。

排水横管、支管的安装如图 1.51 所示。

④排水支管的安装

从排水横管上接出,与卫生器具排水口相连接的一段垂直短管称为排水支管或器具支管。由于在土层内或楼板下操作不便,一般是在地面做预制。预制横管必须对各卫生器具及附件的水平距离进行实测。对承接大便器及拖布盆、清扫口的横管,根据土建图纸和现场测出它们的中心距及三通口的方向。底层排水横支管的预制示意图如图 1.52 所示。

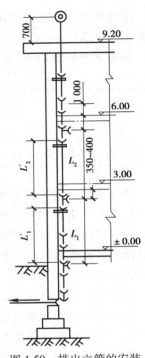

图 1.50 排出立管的安装

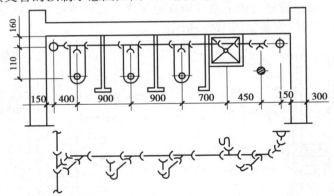

图 1.51 排水横管、支管的安装

排水支管与卫生器具相连时,除坐式大便器和带水封地漏外均应设置存水弯。

靠近排水立管底部的排水支管与立管相连接时,应符合以下要求:

a.排水立管仅设置伸顶通气管时,

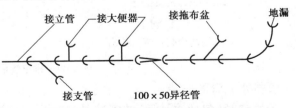

图 1.52 底层排水横支管的预制示意图

最低排水横支管与立管连接处距排水立管管底垂直距离不得小于表 1.1 的规定,当与排出管连接的立管底部放大一号管径或横干管比与之连接的立管大一号管径时,可将表中垂直距离缩小一挡。

b.排水支管连接在排出管或排水横干管上时,连接点距立管底部水平距离不宜小于3.0 m。

当靠近排水立管底部的排水支管的连接不能满足上述 a、b 的要求时,则排水支管应单独排出室外。

⑤底层隐蔽排水管道的灌水试验

排出管、底层排水支管及器具排水支管安装后,可用砖块(或圆木)及水泥砂浆封闭各敞露管口,从一层立管检查口处灌水试漏(灌水水面高度至检查口灌水口处),验收后方可回填。室内排水灌水试验如图 1.53 所示。

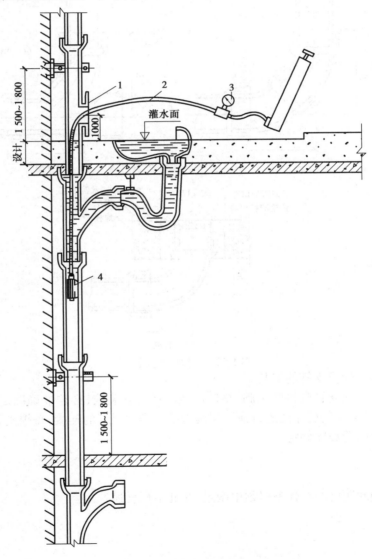

图 1.53　室内排水灌水试验

1—检查口;2—胶管;3—压力表;4—胶囊

⑥清扫口和检查口安装

当污水横管的直线管段较长时,应按规范规定的距离设置检查口或清扫口。连接两个以上大便器或3个及3个以上卫生器具的污水管上与地面相平的地方,转角小于135°的污水横管上通常设置清扫口。清扫口的安装如图1.54所示。

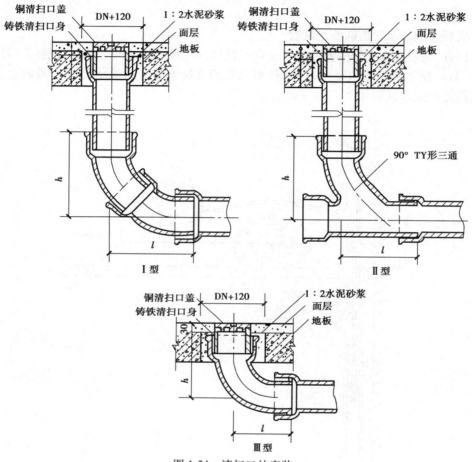

图 1.54　清扫口的安装

⑦楼层排水横管及支管的安装

每一层的排水横支管应整体预制、整体吊装。横管安装前,必须准确确定安装位置,弹画坡度线。支、吊架安装后才能进行横管预制管段与排水立管的连接,每根支管长度应根据楼面安装要求及横管坡度确定。

任务实施

任务导入的问题已经在任务引领中阐述,此处不再赘述。

任务拓展

一、填空题

1.排水系统的任务是＿＿＿＿＿＿＿＿＿＿＿＿＿＿＿＿＿＿＿＿＿＿＿＿＿＿＿。

2.建筑内部排水系统可分为＿＿＿＿＿、＿＿＿＿＿和＿＿＿＿＿。

3.室内排水系统由_____、_____、_____及_____组成。

4.排水体制分为_____和_____。

5.室内排水系统的清通设备有_____和_____。

6.存水弯分为_____和_____。

7.地漏的水封高度不小于_____mm。

8.排水支管与卫生器具相连时,除_____和_____外均应设置存水弯。

9.塑料排水立管与家用灶具边净距不得小于_____m。

二、拓展题

1.查阅资料,学习高层建筑排水系统中的新型排水系统和 UPVC 螺旋排水系统。

2.查阅资料,学习排水通气系统如何安装。

3.查阅资料,学习特殊单立管排水系统如何安装。

任务3　室内消防给水系统

任务导入

任务1:室内消火栓系统的组成有哪些? 布置原则是什么? 消火栓系统如何工作?

任务2:高层建筑消火栓给水系统的形式及布置要求有哪些?

任务3:自动喷水灭火系统有哪些分类? 组成部分有哪些? 又是如何工作?

任务引领

1.建筑消防给水系统的类型及灭火原理

建筑消防系统根据设置的位置与灭火范围可分为室内消防系统与室外消防系统。

室内消防系统根据使用灭火剂的种类和灭火方式,可分为以下3种灭火系统:

①消火栓灭火系统。

②自动喷水灭火系统。

③其他使用非灭火剂的固定灭火系统,如二氧化碳灭火系统、干粉灭火系统、卤代烷灭火系统及泡沫灭火系统等。

灭火剂的灭火原理可分为4种:冷却、窒息、隔离及化学抑制。其中,前3种灭火作用主要是物理过程,化学抑制是一个化学过程。

消火栓灭火系统与自动喷水灭火系统的灭火原理主要为冷却,可用于多种火灾;二氧化碳灭火系统的灭火原理主要是窒息作用,并有少量的冷却降温作用,适用于图书馆的珍藏库、图书楼、档案楼、大型计算机房、电信广播的主要设备机房、贵重设备室和自备发电机房等;干粉灭火系统的灭火原理主要是化学抑制作用,并有少量的冷却降温作用,可扑救可燃气体、易燃与可燃液体和电气设备火灾,具有良好的灭火效果;卤代烷灭火系统的主要灭火原理是化学抑制作用,灭火后不留残渍,不污染,不损坏设备,可用于贵重仪表、档案、总控制室等的火灾;泡沫灭火系统的主要灭火原理是隔离作用,能有效地扑灭烃类液体火焰与油类火灾。

2.建筑消火栓给水系统

（1）室内消火栓给水系统的设置范围及系统的组成

1）设置范围

按照我国现行的《建筑设计防火规范》（GB 50016—2014）的规定,下列建筑应设置消火栓给水系统:

①厂房、库房和科研楼。

②超过800个座位的剧院、电影院和座位超过1 200个的礼堂、体育馆。

③体积超过5 000 m³的车站、码头、门诊楼、机场建筑、展览馆、图书馆等。

④超过7层的单元式住宅和超过6层的塔式住宅、通廊式住宅、底层设有商业网点的单元式住宅。

⑤超过5层或体积超过10 000 m³的教学楼或其他民用建筑。

⑥国家级文物保护单位的重点砖木或木结构的古建筑。

⑦各类高层民用建筑。

2）消火栓给水系统的组成

室内消火栓给水系统由水枪、水龙带、消火栓、消防水喉、消防管道、消防水池、消防水箱、增压设备及水源等组成,如图1.55所示。当室外给水管网的水压不能满足室内消防要求时,应当设置消防水泵和消防水箱。

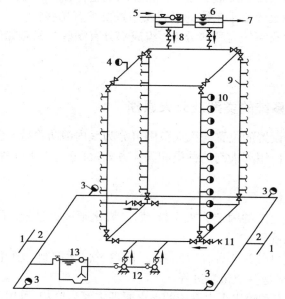

图1.55　建筑消火栓给水系统的组成

1—室外给水管网;2—引入管;3—室外消火栓;4—屋顶消火栓;

5—给水泵;6—水箱;7—生活用水;8—单向阀;9—消防管网;

10—室内消火栓;11—水泵接合器;12—消防泵;13—储水池

①水枪

水枪的作用是产生一定长度击灭火焰的充实水柱,扑灭火焰并防止热辐射烤伤消防人员。一般采用直流式水枪,水枪喷嘴的直径分别为 13 mm、16 mm、19 mm,与水龙带相连接的接口口径有 50 mm 和 65 mm 两种。

②水龙带

水龙带是棉织、麻织和化纤等材料制成的输水软管,两端带铝制水龙带接口。长度有 15 m、20 m、25 m 和 30 m 这 4 种,口径分为 50 mm 和 65 mm 两种。

同一建筑物内应采用统一规格的消火栓、水枪和水带,每根水带长度不应超过 25 m。

③消火栓

消火栓是具有内扣式接口的环形阀式龙头,一端接消防管网,另一端接水龙带。室内消火栓分单出口和双出口。室内消火栓有 50 mm 和 65 mm 两种规格。消火栓如图 1.56 和图 1.57所示。

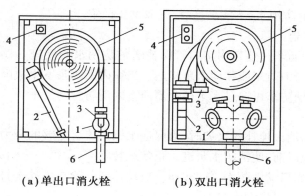

（a）单出口消火栓　　　（b）双出口消火栓

图 1.56　消火栓

1—消火栓;2—水枪;3—水龙带接口;4—按钮;5—水龙带;6—消防管道

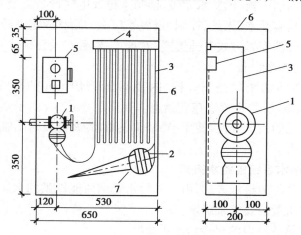

图 1.57　室内消火栓

1—消火栓;2—水龙带接口;3—水龙带;4—柱架;
5—消防水泵按钮;6—消火栓箱;7—水枪

④消防水喉

消防水喉是一种重要的辅助灭火设备。它有自救式小口径消火栓和消防软管卷盘两类。消防水喉操作方便,便于非专职消防人员使用,对及时控制初起火灾有特殊作用。

⑤消防管道

室内消防管道由引入管、干管、立管和支管组成。它的作用是将水供给消火栓,并且必须满足消火栓在消防灭火时所需水量和水压要求。消防管道的直径应不大于 50 mm。管材及阀门的工作压力为 1.0 MPa。

⑥消防水池

当生产和生活用水量达到最大时,如果市政给水管道、进水管或天然水源不能满足室内外消防用水量;或者市政给水管网为枝状或只有一条进水管,且室内外消防用水量之和大于25 L/s 时,应设消防水池。

⑦消防水箱

消防水箱对扑救初期火灾起着重要作用。水箱的设置高度应满足最不利消火栓要求,应储存 10 min 室内消防用水,不能满足时,采取增压措施。

⑧消防水泵接合器

水泵接合器是消防车往建筑物室内管网输送消防用水的接口,一端与室内消火栓给水管网相连,另一端可与消防车或移动水泵相连。当室内消防泵发生故障或发生大火时,室内消防水量不足,室外消防车可通过水泵接合器向室内消防管网供水。

⑨启动按钮

启动按钮是使用消火栓扑救火灾时,为保证水枪射流有足够的压力和流量,在消防水箱内的消防水尚未用完以前,使消防水泵进入正常运转状态,在每一个消火栓箱内或在其附近位置,设置能够远距离启动消防水泵的按钮。启动按钮一般是手动击打型,即使用时应用小锤敲碎按钮的玻璃罩才可启动水泵。

⑩消火栓箱

消火栓箱是将室内消火栓、消防水龙带、消防水枪及电气设备集装于一体,并明装、暗装或半暗装于建筑物内具有给水、灭火、控制、报警等功能的箱状固定消防装置。

消火栓箱按水龙带的安置方式有挂置式、卷盘式、卷置式及托架式 4 种。

⑪消防卷盘(消防水喉设备)

消防卷盘是由 DN25 的小口径消火栓、内径不小于 19 mm 的橡胶胶带和口径不小于6 mm 的消防卷盘喷嘴组成,胶带缠绕在卷盘上。在高层建筑中,由于水压和消防水量较大,对于没有经过专业训练的人员来说,使用 DN65 口径的消火栓较为困难,因此可使用消防卷盘进行有效的自救灭火。

(2)室内消火栓给水系统的给水方式

室内消火栓给水系统的给水方式,由室外给水管网所能提供的水压、水量及室内消火栓给水系统所需水压和水量的要求来确定。

1)无加压泵和水箱的室内消火栓给水系统

无加压泵和水箱的室内消火栓给水系统如图 1.58 所示。建筑物高度不大,而室外给水管网的压力和流量在任何时候均能够满足室内最不利点消火栓所需的设计流量和压力时,宜采用此种方式。

2)设有水箱的室内消火栓给水系统

在室外给水管网中水压变化较大的城市和居住区,当生活、生产用水量达到最大时,室外管网不能保证室内最不利点消火栓的压力和流量;当生活、生产用水量较小时,室内管网的压力又能达到较高,昼夜内间断地满足室内需求。在这种情况下,宜采用此种方式。其系统如图1.59所示。在室外管网水压较大时,室外管网向水箱充水,由水箱储存一定水量,以备消防使用。

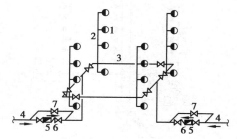

图1.58 无加压泵和水箱的室内消火栓给水系统

1—室内消火栓;2—消防立管;3—干管;
4—进户管;5—水表;6—止回阀;7—阀门

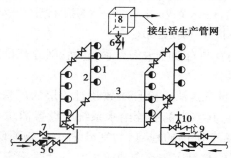

图1.59 设有水箱的室内消火栓给水系统

1—室内消火栓;2—消防立管;3—干管;4—进户管;5—水表;
6—止回阀;7—阀门;8—水箱;9—水泵接合器;10—安全阀

消防水箱的容积按室内10 min消防用水量确定。水箱的设置高度应保证室内最不利点消火栓所需的水压要求。

3)设有消防水泵和水箱的室内消火栓给水系统

当室外管网水压经常不能满足室内消火栓给水系统水压和水量要求时,宜采用此种给水方式。当消防用水与生活、生产用水共用室内给水系统时,其消防水泵应保证供应生活、生产、消防用水的最大秒流量,并应满足室内最不利点消火栓的水压要求。水箱应储存10 min的室内消防用水量,其系统如图1.60所示。

（3）**室内消火栓给水系统的布置**

1)室内消防给水管道要求

①室内消火栓超过10个且室外消防用水量大于15 L/s时,其消防给水管道应连成环状,且至少应有两条进水管与室外管网或消防水泵连接。当其中一条进水管发生事故时,其余的进水管应仍能供应全部消防用水量。对于7层至9层的单元式住宅和不超过9层的通廊式住宅,设置环管有一定困难,允许消防给水管枝状布置和采用一条引入管。高层建筑应设置独立的消火栓给水系统,引入管不应少于两条,室内管网应布置成环状。

②高层厂房(仓库)应设置独立的消防给水系统。室内消防竖管应连成环状。

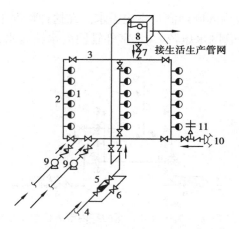

图 1.60 设有消防水泵和水箱的室内消火栓给水系统

1—室内消火栓；2—消防立管；3—干管；4—进户管；5—水表；6—止回阀；

7—阀门；8—水箱；9—水泵；10—水泵接合器；11—安全阀

③室内消防竖管直径不应小于 DN100。

④室内消火栓给水管网宜与自动喷水灭火系统的管网分开设置；当合用消防泵时，供水管路应在报警阀前分开设置。

⑤高层厂房（仓库）、设置室内消火栓且层数超过 4 层的厂房（仓库）、设置室内消火栓且层数超过 5 层的公共建筑，其室内消火栓给水系统应设置消防水泵接合器。消防水泵接合器应设置在室外便于消防车使用的地点，与室外消火栓或消防水池取水口的距离宜为 15～40 m。消防水泵接合器的数量应按室内消防用水量计算确定。每个消防水泵接合器的流量宜按 10～15 L/s 计算。

⑥室内消防给水管道应采用阀门分成若干独立段。对于单层厂房（仓库）和公共建筑，检修停止使用的消火栓不应超过 5 个。对于多层民用建筑和其他厂房（仓库），室内消防给水管道上阀门的布置应保证检修管道时关闭的竖管不超过 1 根，但设置的竖管超过 3 根时，可关闭 2 根。阀门应保持常开，并应有明显的启闭标志或信号。

⑦消防用水与其他用水合用的室内管道，当其他用水达到最大小时流量时，应仍能保证供应全部消防用水量。

⑧允许直接吸水的市政给水管网，当生产、生活用水量达到最大且仍能满足室内外消防用水量时，消防泵宜直接从市政给水管网吸水。

⑨严寒和寒冷地区非采暖的厂房（仓库）及其他建筑的室内消火栓系统，可采用干式系统，但在进水管上应设置快速启闭装置，管道最高处应设置自动排气阀。

2）水枪的充实水柱长度

水枪的充实水柱是指靠近水枪出口的一段密集不分散的射流。由水枪喷嘴起到射流 90% 的水柱水量穿过直径 380 mm 圆孔处的一段射流长度，称为充实水柱长度。这段水柱具有扑灭火灾的能力，为直流水枪灭火时的有效射程。如图 1.61 所示。充实水柱的长度要能保证水枪能射到室内任何地点，也要考虑不能过长；否则，因射流反作用过大而使消防人员体力无法使用。

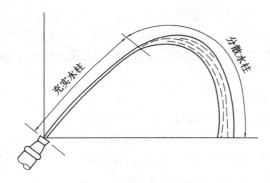

图1.61 水枪的充实水柱

3)室内消火栓布置的规定

①设有消防给水的建筑物,各层(无可燃物的设备层除外)均应设消火栓。室内消火栓的布置,应保证有两支水枪的充实水柱同时到达室内任何部位。

②消防电梯间前室内应设置消火栓。

③室内消火栓应设置在位置明显且易于操作的部位,如楼梯间、走廊、大厅、车间出入口和消防电梯前室等。栓口离地面或操作基面高度宜为1.1 m,其出水方向宜向下或与设置消火栓的墙面成90°角。

④冷库内的消火栓应设置在常温穿堂或楼梯间。

⑤室内消火栓的间距应由计算确定。高层厂房(仓库)、高架仓库和甲、乙类厂房中室内消火栓的间距不应大于30 m;其他单层和多层建筑中室内消火栓的间距不应大于50 m。

⑥同一建筑物内应采用统一规格的消火栓、水枪和水带。每条水带的长度不应大于25 m。

⑦室内消火栓的布置应保证每一个防火分区同层有两支水枪的充实水柱同时到达任何部位。建筑高度小于等于24 m且体积小于等于5 000 m³的多层仓库,可采用1支水枪充实水柱到达室内任何部位。

⑧高层厂房(仓库)和高位消防水箱静压不能满足最不利点消火栓水压要求的其他建筑,应在每个室内消火栓处设置直接启动消防水泵的按钮,并有保护设施。

⑨栓口处的出水压力大于0.5 MPa时,应设置减压设施;静水压力大于1.0 MPa时,应采用分区给水系统。

⑩设有室内消火栓的建筑,如为平屋顶时,宜在平屋顶上设置试验和检查用的消火栓。

3.高层建筑消火栓给水系统

高层建筑中高层部分的火灾扑救因一般消防车的供水能力已达不到,因而立足于自救。其消防用水量与建筑物的类别、高度、使用性质、火灾危险性和扑救难度有关。

(1)高层建筑室内消火栓给水系统的形式

1)按管网的服务范围分类

①独立的室内消火栓给水系统

即每幢高层建筑设置一个室内消防给水系统。这种系统安全性高,但管理比较分散,投资也较大。在地震区要求较高的建筑物及重要建筑物宜采用独立的室内消防给水系统。

②区域集中的室内消火栓给水系统

即数幢高层建筑物共用一个泵房的消防给水系统。这种系统便于集中管理。在有合理规划的高层建筑区,可采用区域集中的高压或临时高压消防给水系统。

2)按建筑高度分类

①不分区室内消火栓给水系统

建筑高度在 50 m 以内或建筑内最低消火栓处静水压力不超过 1.0 MPa 时,整个建筑物组成一个消防给水系统。火灾时,消防队使用消防车,从室外消火栓消防水池取水,通过水泵接合器往室内管网供水,协助室内扑灭火灾。可根据具体条件确定分区高度,并配备一组高压消防水泵向管网系统供水灭火,如图 1.62 所示。

②分区供水的室内消火栓给水系统

建筑高度超过 50 m 的高层建筑或消火栓处静水压力大于 1.0 MPa 时,室内消火栓给水系统,难于得到一般消防车的供水支援,为加强供水安全和保证火场灭火用水,宜采用分区给水系统。

分区供水的室内消火栓给水系统可分为并联分区供水和串联分区供水。

A.分区并联供水

其特点是水泵集中布置,便于管理。适用于建筑高度不超过 100 m 的情况,如图 1.63 所示。

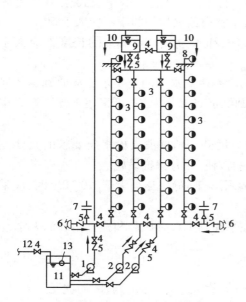

图 1.62　不分区室内消火栓给水系统
1—生活、生产水泵;2—消防水泵;
3—消火栓;4—阀门;5—止回阀;
6—水泵接合器;7—安全阀;
8—屋顶消火栓;9—高位水箱;
10—至生活、生产管网;11—水池;
12—来自城市管网;13—浮球阀

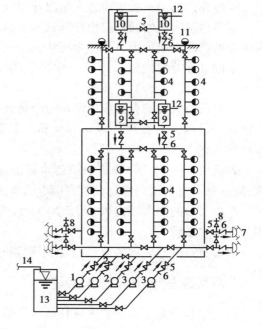

图 1.63　分区供水的室内消火栓给水系统
1—生活、生产水泵;2—二区消防泵;
3——区消防泵;4—消火栓;5—阀门;
6—止回阀;7—水泵接合器;8—安全阀;
9——区水箱;10—二区水箱;11—屋顶水箱;
12—至生活、生产管网;13—水池;
14—来自城市管网

B.分区串联供水

其特点是系统内设中转水箱(池),中转水箱的蓄水由生活给水补给,消防时生活给水补给流量不能满足消防要求,随水箱水位降低,形成的信号使下一区的消防水泵自动开泵补给。

(2)高层建筑室内消火栓给水系统的布置及要求

1)室内消防给水管道

①高层建筑室内消防给水系统,应是独立的高压(或临时高压)给水系统或区域集中的室内高压(或临时高压)消防给水系统,室内消防给水系统不能和其他给水系统合并。

②消防管道宜采用非镀锌钢管。

③室内消防给水管道应布置成环状,室内环网有水平环网,垂直环网和立体环网。

④室内管道的引入管不少于两条,当其中一条发生故障时,其余引入管仍能保障消防用水量和水压的要求,以提高管网供水的可靠性。

⑤室内消火栓给水管网与自动喷水灭火系统应分开设置,其可靠性强。若分开设置有困难时,可合用消防泵,但在自动喷水灭火系统的报警阀前(沿水流方向)必须分开设置,避免互相影响。

⑥室内消防给水管道应该用阀门将室内环状管网分成若干独立段。阀门的布置,应保证检修管道时关闭停用的竖管不超过1条;当竖管超过4条时,检修管道时可关闭不相邻的两条竖管。阀门处应有明显启闭标志。

⑦消防竖管的布置,应保证同层相邻两个消火栓水枪的充实水柱同时到达室内任何部位。竖管的直径应按其流量计算确定,但不应小于 100 mm。如设两条竖管有困难时,可设 1 条,但必须采用双阀双出口的消火栓。

⑧泵站内设有两台或两台以上的消防泵与室内消防管网连接时,应采用单独直接连接法,不宜共用 1 条总的出水管与室内消防管网相连接。

2)消火栓的设置

①高层建筑及其裙房的各层(除无可燃物的设备层外)均应设室内消火栓,消火栓应设在明显易于取用的地方,有明显的红色标志。

②消火栓的出水方向宜向下或与设置消火栓的墙面成 90°,离地 1.1 m。

③消火栓的间距不应大于 30 m,与高层建筑直接相连的裙房不应大于 50 m,以保证由相邻两个消火栓引出的两支水枪的充实水柱同时达到被保护的任何部位,以尽快出水灭火。

④高层民用建筑室内消火栓水枪的充实水柱长度应通过水力计算确定,建筑高度不超过100 m 的高层建筑不应小于 10 m;建筑高度超过 100 m 高层建筑,水枪充实水柱长度不应小于 13 m。

⑤高层建筑室内消火栓栓口直径应采用与消防队通用直径为 65 mm 的水龙带配套,配备的水带长度不应超过 25 m,水枪喷嘴口径不应小于 19 mm。

⑥消火栓栓口的出水压力大于 0.50 MPa 时,消火栓处应设减压装置。

⑦临时高压给水系统,每个消火栓处应设启动消防水泵的按钮,并有保护设施。

⑧消防电梯间前室应设有消火栓,屋顶应设检验用消火栓,在北方寒冷地区,屋顶消火栓应有防冻和泄水装置。

⑨高级旅馆、重要办公楼、一类建筑的商业楼、展览楼、综合楼和建筑高度超过100 m的其他高层建筑应增设消防卷盘,以便于一般工作人员扑灭初期火灾。

3)水泵接合器的设置

①水泵接合器的数量应按室内消防用水量计算确定,每个水泵接合器的流量为10~15 L/s,采用竖向分区给水方式的高层建筑,每个分区应分别设置水泵接合器。

②室内消火栓给水系统和自动喷水灭火系统均应设置水泵接合器。

③水泵接合器与建筑物外墙应有一般不小于5 m的距离;离水源(室外消火栓或消防水池)不宜过远,一般为15~40 m;水泵接合器的间距不宜小于20 m。

④水泵接合器在温暖地区宜采用地上式,寒冷地区采用地下式,应有明显标志。

4)消防水箱的设置

①消防水箱消防储水量为一类公共建筑不应小于18 m³,二类公共建筑和一类居住建筑不应小于12 m³,二类住宅建筑不应小于6 m³,其储水量已包括消火栓和自动喷水两系统的必备用水量。

②高位消防水箱的设置高度应保证最不利点消火栓静水压力。

③消防水箱宜与其他用水的水箱合用,但应有防止消防储水长期不用而水质变坏和确保消防水量不作他用的技术措施。

④除串联消防给水系统外,发生火灾时由消防水泵供给的消防用水不应进入高位消防水箱。

5)消防水泵与消防水泵房

①消防给水系统应设置备用消防水泵,其工作能力不应小于其中最大一台消防工作泵。

②一组消防水泵,吸水管不应少于两条。

③消防泵房应设不少于两条的供水管与环状管网连接。

④消防水泵应采用自灌式吸水,其吸水管应设阀门。供水管上应装设试验和检查用压力表和65 mm的放水阀门。

⑤当市政给水环形干管允许直接吸水时,消防水泵应直接从室外给水管网吸水。

⑥高层建筑消防给水系统应采取防超压措施。

⑦室内消防水泵应按消防时所需的水枪实际出流量进行设计,其扬程应满足消火栓给水系统所需的总压力的需要。室外消防水泵按室内外消防水量之和设计。

4.自动喷水灭火系统

自动喷水灭火系统是一种在发生火灾时,能自动喷水灭火并同时发出火警信号的灭火系统。这种灭火系统具有很高的灵敏度和灭火成功率,是扑灭初期火灾非常有效的一种灭火系统。根据资料统计,自动喷水灭火系统扑灭初期火灾的成功率在97%以上,因此,在火灾频率高、火灾危险等级高的建筑物中设置自动喷水灭火系统是非常必要的。

（1）自动喷水灭火系统的分类

工程中通常根据系统中喷头开闭形式的不同,可分为闭式和开式自动喷水灭火系统两大类。闭式自动喷水灭火系统包括湿式系统、干式系统、干湿两用系统及预作用系统等;开式自动喷水灭火系统包括雨淋系统、水幕系统和水喷雾系统。在所有自动喷水灭火系统中,以湿式系统应用最为广泛,占70%以上。

1)闭式自动喷水灭火系统

闭式自动喷水灭火系统是在火场达到一定温度时,能自动地将喷头打开,扑灭和控制火势并发出火警信号的给水系统。它主要分为湿式自动喷水灭火系统、干式自动喷水灭火系统、干湿两用自动喷水灭火系统及预作用自动喷水灭火系统。

①湿式自动喷水灭火系统

湿式自动喷水灭火系统是由闭式喷头、管道系统、湿式报警阀、报警装置及供水设施等组成,为喷头常闭的灭火系统。由于始终充满水的系统管网会受到环境的限制,湿式自动喷水灭火系统适用于室内温度为4~70 ℃的建筑物,如图1.64所示。

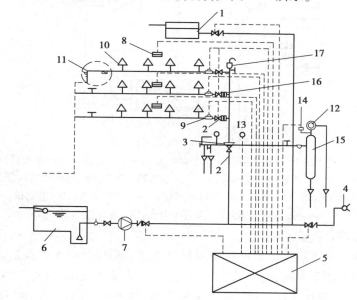

图1.64　湿式自动喷水灭火系统

1—高位水箱;2—消防安全信号阀;3—湿式报警阀;4—水泵接合器;
5—控制箱;6—储水池;7—消防水泵;8—感烟探测器;9—水流指示器;
10—闭式喷头;11—末端试水装置;12—水力警铃;13—压力表;14—压力开关;
15—延迟器;16—节流孔板;17—自动排气阀

②干式自动喷水灭火系统

该系统由闭式喷头、管道系统、干式报警阀、水流指示器、报警装置、充气设备、排气设备及供水设备等组成。管网中平时充满压缩空气,只在报警阀前的管道中充满有压力的水。

干式自动喷水灭火系统由于报警阀后管路中无水,不怕冻结,不怕环境温度高,因而适用于环境在4 ℃以下或70 ℃以上的建筑物和场所,如图1.65所示。

③干湿两用自动喷水灭火系统

干湿式两用自动喷水灭火系统是湿式自动喷水灭火系统与干式自动喷水灭火系统交替使用的系统。由闭式喷头、管网系统、干湿两用报警阀、水流指示器、信号阀、末端试水装置、充气设备及供水设施等组成。这种系统具有湿式和干式喷水灭火系统的性能,安装在冬季采暖期不长的建筑物内,寒冷季节转换为干式系统,温暖季节转换为湿式系统。

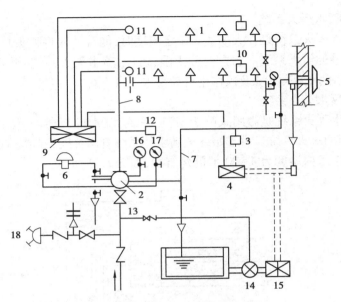

图 1.65 干式自动喷水灭火系统

1—闭式喷头;2—干式报警器;3—压力继电器;4—电气自控箱;5—水力警铃;
6—快开器;7—信号管;8—配水管;9—火灾收信机;10—感温、感烟火灾探测器;
11—报警装置;12—气压保持器;13—阀门;14—消防水池;15—电动机;
16—阀后压力表;17—阀后压力表;18—水泵接合器

④预作用自动喷水灭火系统

预作用自动喷水灭火系统将火灾自动探测报警技术和自动喷水灭火系统结合在一起。预作用阀后的管道平时不充水,充满低压气体或氮气。发生火灾时,由感烟或感温火灾探测器发出火警信号,启动预作用阀门而向配水管网充水,很短时间内系统转换为湿式。随着火势的继续扩大,闭式喷头的闭锁装置脱落,喷头自动喷水灭火。预作用自动喷水灭火系统一般适用于平时严禁管道漏水、严禁系统误喷的场所或干式自动喷水灭火系统适用的场所,如图 1.66 所示。

2)开式自动喷水灭火系统

开式自动喷水灭火系统由火灾探测自动控制传动系统、自动控制成组作用阀门系统、带开式喷头的自动喷水灭火系统 3 部分组成。按其喷水形式的不同,可分为以下 3 种:

①雨淋灭火系统

雨淋灭火系统为喷头常开的灭火系统。当建筑物发生火灾时,由自动控制装置打开集中控制阀门,使整个保护区域所有喷头喷水灭火,如图 1.67 所示。该系统具有出水量大,灭火及时的优点,适用于火灾蔓延快、危险性大的建筑或部位。

②水幕自动喷水灭火系统

水幕自动喷水灭火系统是由水幕喷头、控制阀(雨淋阀或干式报警阀等)、探测器、报警阀系统及管道等组成阻火、冷却、隔离作用的自动喷水灭火系统。该系统适用于需要防火隔离的开口部位,如舞台与观众之间的隔离水帘、消防防火卷帘的冷却等,如图 1.68 所示。

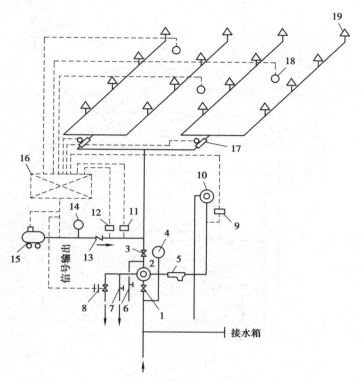

图 1.66　预作用自动喷水灭火系统
1—总控制阀；2—预作用阀；3—检修闸阀；4—压力表；5—过滤器；
6—截止阀；7—手动开启截止阀；8—电磁阀；9—压力开关；10—水力警铃；
11—压力开关；12—低气压报警压力开关；13—止回阀；14—压力表；15—空压机；
16—火灾报警控制箱；17—水流指示器；18—火灾探测器；19—闭式喷头

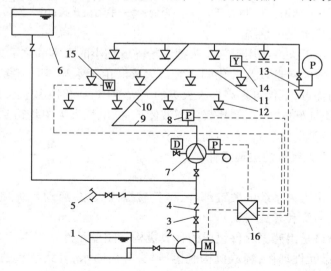

图 1.67　雨淋灭火系统
1—水池；2—水泵；3—闸阀；4—止回阀；5—水泵接合器；6—消防水池；
7—雨淋报警阀组；8—压力开关；9—配水干管；10—配水管；11—配水支管；
12—开式喷头；13—末端试水装置；14—感烟探测器；15—感温探测器；16—报警控制器

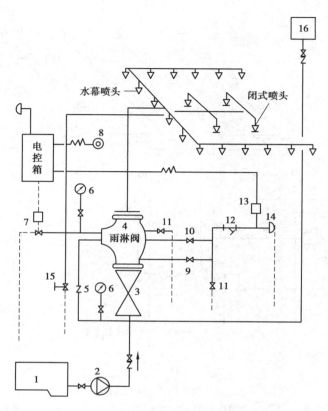

图1.68　水幕系统

1—水池；2—水泵；3—供水闸阀；4—雨淋阀；5—止回阀；6—压力表；
7—电磁阀；8—按钮；9—试警铃阀；10—警铃管阀；11—放水阀；
12—滤网；13—压力开关；14—警铃；15—手动快开阀；16—水箱

③水喷雾自动喷水灭火系统

水喷雾自动喷水灭火系统用喷雾喷头把水粉碎成细小的水雾滴之后射到正在燃烧的物质表面，通过表面冷却、窒息以及乳化同时实现灭火。由于水喷雾具有多种灭火机理，使其具有使用范围广的优点，不仅可提高扑灭火灾的灭火效率。同时，由于水雾具有不会造成液体火飞溅、电气绝缘性好的特点，在扑灭可燃液体火灾、电气火灾中均得到广泛的应用，如飞机发动机实验台、各类电气设备、石油加工场所等。

（2）自动喷水灭火系统的主要组件

1）喷头

喷头是自动喷水灭火系统的关键部件，担负着探测火灾、启动系统和喷水灭火的任务，按其结构分为闭式喷头和开式喷头。

闭式喷头的喷口是由感温元件组成的释放机构封闭型元件。当温度达到喷头的公称动作温度范围时，感温元件动作，释放机构脱落，喷头开启喷水；开式喷头的喷口是敞开的，喷水动作由阀门控制。按用途和洒水形状的特点，可分为开式洒水喷头、水幕喷头和喷雾喷头3种，如图1.69和图1.70所示。

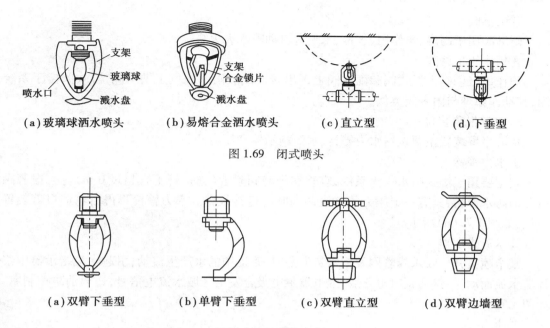

（a）玻璃球洒水喷头　　（b）易熔合金洒水喷头　　（c）直立型　　　　（d）下垂型

图 1.69　闭式喷头

（a）双臂下垂型　　（b）单臂下垂型　　（c）双臂直立型　　（d）双臂边墙型

图 1.70　开式喷头

2）报警阀

报警阀是自动喷水灭火系统中控制水源、启动系统、启动水力警铃等报警设备的专用阀门。它有湿式、干式、干湿式、雨淋及预作用报警阀。

①湿式报警阀

湿式报警阀用于湿式自动喷水灭火系统，如图 1.71 所示。

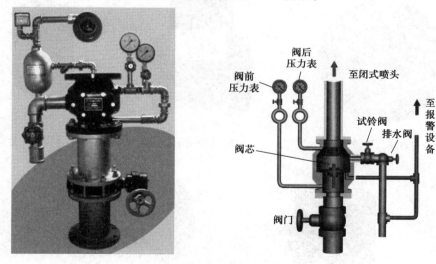

图 1.71　湿式报警阀

②干式报警阀

干式报警阀用于干式自动喷水灭火系统，由湿式、干式报警阀依次连接而成。在温暖季节用湿式装置，在寒冷季节则用干式装置。

③雨淋阀

雨淋阀用于雨淋、预作用、水幕、水喷雾自动喷水灭火系统。

④预作用报警阀

预作用报警阀由湿式阀和雨淋阀上下串接而成。雨淋阀位于供水侧,湿式阀位于系统测,其动作原理与雨淋阀类似。

3)水流报警装置

水流报警装置主要包括水力警铃、水流指示器和压力开关。

①水力警铃

它主要用于湿式喷水灭火系统,宜装在报警阀附近(连接管不宜超过 6 m)。当报警阀打开消防水源后,具有一定压力的水流冲动叶轮打铃报警。水力警铃不得由电动报警装置取代,如图 1.72(a)所示。

②水流指示器

某个喷头开启喷水或管网发生水量泄漏时,管道中的水产生流动;引起水流指示器中桨片随水流而动作;接通延时电路后,继电器触电吸合发出区域水流电信号,送至消防控制室,如图 1.72(b)所示。

③压力开关

在水力警铃报警的同时,依靠警铃管内水压的升高自动接通电触点,完成电动警铃报警,向消防控制室传送电信号或启动消防水泵,如图 1.72(c)所示。

4)延迟器

延迟器是一个罐式容器,安装于报警阀与水力警铃(或压力开关)之间。防止由于水压波动原因引起报警阀开启而导致的误报。报警阀开启后,水流需经 30 s 左右充满延迟器后

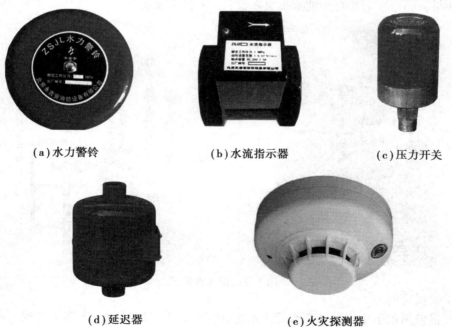

(a)水力警铃　　　　　　(b)水流指示器　　　　　　(c)压力开关

(d)延迟器　　　　　　　(e)火灾探测器

图 1.72　水流报警装置

方可冲打水力警铃。延迟器的外形如图 1.72(d)所示。

　　5)末端试水装置

　　末端试水装置由试水阀、压力表以及洒水喷头组成,用于测试系统能否在开放一只喷头的最不利条件下可靠报警并正常启动。在每个报警阀组控制的最不利点喷头处应设末端试水装置,其他防火分区、楼层的最不利点喷头处,均应设直径 25 mm 的试水阀。打开试水装置喷水,可作为系统调试时模拟实验用。末端试水装置的出水,应采取孔口出流的方式排入排水管道。

　　6)火灾探测器

　　目前,常用的有烟感和温感两种探测器。烟感探测器是根据烟雾浓度进行探测并执行动作;温感探测器是通过火灾引起的温升产生反应。火灾探测器通常布置在房间或走廊的天花板下面,如图 1.72(e)所示。

任务实施

任务导入的问题已经在任务引领中阐述,此处不再赘述。

任务拓展

一、问答题

1.室内消火栓系统由哪几部分组成?

2.按照最新《建筑设计防火规范》规定,哪些建筑物应设室内消火栓系统?

3.水泵接合器的作用是什么?

4.自动喷水灭火系统有哪几种类型? 各使用于什么场合?

5.自动喷水灭火系统的主要组件有哪些?

二、填空题

1.超过 6 层的单元式住宅_____(需要或不需要)做消火栓系统。

2.消火栓栓口距地面高度为_____ m,出水方向与墙面成 90°。

3.水龙带长度一般有_____、_____、_____及_____ 4 种。

4.消防水箱应储存_____ min 的消防用水量。

5.湿式自动喷水灭火系统适用于常年室内温度在_____ ℃的建筑物内。

三、拓展题

1.查阅资料,分别论述气体灭火系统、泡沫灭火系统、干粉灭火系统的组成及工作原理。

2.查阅资料,学习消防给水系统安装的技术要求。

3.查阅资料,学习自动喷水灭火系统的安装要求。

任务4 建筑给排水施工图组成及识读

任务导入

任务1:建筑给水排水施工图由哪些部分组成?

任务2:建筑给水排水施工图的表示方法有哪些?

任务3:如何正确规范识读建筑给排水工程施工图?

任务4:识读某4层办公楼给排水工程施工图(见电子资源),确定以下内容:

1.卫生器具和用水设施的类型、数量、安装方式、接管形式。

2.说明给水引入管和污水排出管的平面走向和位置。

3.说明给排水干管、立管、横管、支管的平面位置和走向。

4.说明水表、消火栓等的型号、安装方式。

任务引领

1.建筑给水排水施工图的组成和内容

建筑给水排水施工图一般由图纸目录、主要设备材料表、设计说明、图例、平面图、系统图及施工详图等组成。

(1)**平面布置图**

建筑给水排水平面图表达给水、排水管线和设备的平面布置情况。

图中应标注各种管道、附件、卫生器具、用水设备和立管(立管应进行编号)的平面位置,以及管径和排水管道的坡度等。通常把给水排水系统的管道绘制在同一张平面布置图上,当管线错综复杂,在同一张平面图上表达不清时,也可分别绘制各类管道平面布置图。

(2)**系统图**

系统图可分为系统轴测图和系统原理图。系统轴测图是一种立体图,其绘法取水平、轴侧、垂直方向按比例绘制,表达管道、设备的空间位置和相互关系。

图中应标注管径、立管编号(与平面布置图一致)、管道与附件的标高,排水管还应标注管道坡度。系统图均应按各系统(给水、排水、热水、雨水等)分别绘制。系统图中对用水设备及卫生器具种类、数量和位置完全相同的支管、立管可以不重复完全绘出,但应用文字标明。

(3)**施工详图**

凡平面布置图、系统图中局部构造,因受图面比例影响,表达不完善或不能表达,为使施工不出现失误,必须绘制施工详图。例如,卫生间大样图、地下储水池和高位水箱的工艺尺寸和接管详图、关键的管线布置图、管道节点大样图等。通常在标准图集中选用,当标准图集中没有时,设计人员自行绘制。

（4）**设计施工说明及主要设备、材料表**

设计施工说明及主要设备材料表是用文字说明以下内容：工程概况（建筑类型、建筑面积、设计参数等）；用工程绘图无法表达清楚的给水、排水、热水供应、雨水系统等管道材料、管道防腐、防冻、防结露技术措施和方法，管道固定、连接方法、管道和设备试压要求，管道清洗要求，设备类型等；施工图应遵循和采用的规范、标注图号等；应特别注意的事项等。

2.建筑给水排水施工图的表示方法

建筑给排水工程施工图中，除详图外，平面图、系统图上各种管路用图线表示，而各种管件、阀门、附件、器具等一般都用图例表示。

（1）**建筑给水排水施工图标注方法**

1）标高的标注

建筑给水排水施工图中标高表示管道和设备的安装高度，单位为 m。标高有相对标高和绝对标高两种，相对标高一般以建筑物底层的室内地面高±0.000 为零点。室内管道和设备应标注相对标高；室内管道应标注绝对标高。沟渠、管道的起点、转角点、连接点、变坡点和交叉点等处应标注标高。压力管道宜标注管中心标高，重力流管道宜标注管内标高（图 1.73—图 1.78）。

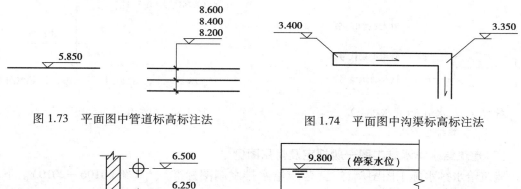

图 1.73　平面图中管道标高标注法　　　　图 1.74　平面图中沟渠标高标注法

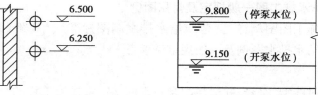

图 1.75　剖面图中管道及水位标高标注法

图 1.76　轴测图中管道标高标注法　　　　图 1.77　单管管径表示法

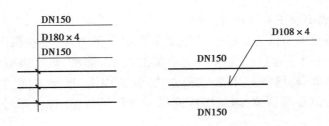

图 1.78　多管管径表示法

2）管道编号

管道编号包括系统编号和立管编号。为便于使平面图与系统图对照起见,管道应按系统加以标记和编号,给水系统以每一条引入管为一个系统,排水系统以每一条排出管或几条排出管汇集至室外检查井为一个系统,当建筑物的给水引入管或排出管的数量超过 1 根时,宜进行系统编号。

系统编号的表示是在直径为 12 mm 的圆圈内过中心画一条水平线,水平线上面用大写汉语拼音字母表示管道的类别,下面用阿拉伯数字表示编号,如图 1.79 所示。

建筑物内给水排水立管数量超过 1 根时,宜对立管进行编号。标注方法:管道类别和编号之间用"-",如 2 号给水立管注为 JL-2,3 号排水水管标注为 PL-3,如图 1.80 所示的 WL-1。

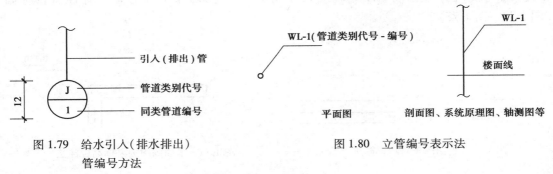

图 1.79　给水引入（排水排出）
　　　　管编号方法

图 1.80　立管编号表示法

（2）建筑给水排水施工图一般规定及常用图例

建筑给水排水施工图图例详见《建筑给水排水制图标准》（GB/T 50106—2010）。下面摘录了一些常用的给水排水图例及一般规定供参考。

1）线型

施工图主要通过线型、符号,并适当配合一定的文字来描绘工程的具体内容。给排水专业制图采用的各种线型应符合表 1.7 的规定。

表 1.7　给排水专业制图各种线型标准

名　称	线　型	线宽	用　途
粗实线		b	新设计的各种排水和其他重力流管线
粗虚线		b	新设计的各种排水和其他重力流管线的不可见轮廓线
中粗实线		$0.7b$	新设计的各种给水管线和其他压力流;原有的各种排水和其他重力流管线

名　称	线　型	线宽	用　途
中粗虚线	 —— —— —— —— ——	0.7b	新设计的各种给水管线和其他压力流;原有的各种排水和其他重力流管线的不可见轮廓线
中实线	 ————————	0.5b	给水排水设备、零(附)的可见轮廓线;总图中新建的建筑物和构筑物的可见轮廓线;原有的各种给水和其他压力流管线
中虚线	 —— —— —— —— ——	0.5b	给水排水设备、零(附)的不可见轮廓线;总图中新建的建筑物和构筑物的不可见轮廓线;原有的各种给水和其他压力流管线的不可见轮廓线
细实线	 ————————	0.25b	建筑的可见轮廓线;总图中原有的建筑物和构筑物的可见轮廓线;制图中的各种标注线
细虚线	 — — — — — —	0.25b	建筑的不可见轮廓线;总图中原有的建筑物和构筑物的不可见轮廓线
单点长画线	 ———·———·———	0.25b	中心线、定位轴线
折断线	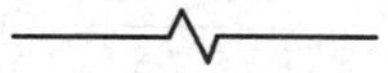 ——————／＼——	0.25b	断开界线
波浪线	〰〰〰	0.25b	平面图中水面线;局部构造层次范围线;保温范围示意线

2)比例

给排水专业制图选用的比例见表 1.8。

表 1.8　给排水专业制图常用比例

名　称	比　例	备　注
区域规划图 区域位置图	1∶50 000、1∶25 000、1∶10 000、1∶5 000、1∶2 000	宜与总图一致
总平面图	1∶1 000、1∶500、1∶300	宜与总图一致
管道纵断面图	竖向 1∶200、1∶100、1∶50 纵向 1∶1 000、1∶500、1∶300	——
水处理厂(站)平面图	1∶500、1∶200、1∶100	——
水处理构筑物、设备间、卫生间,泵房平,剖面图	1∶100、1∶50、1∶40、1∶30	——
建筑给水排水平面图	1∶200、1∶150、1∶100	宜与总图一致
建筑给水排水轴测图	1∶150、1∶100、1∶50	宜与相应图纸一致
详图	1∶50、1∶30、1∶20、1∶10、1∶5、1∶2、1∶1、2∶1	——

3)图例

给排水专业施工图中的器具、附件往往用图例表示,而不按比例绘制。常用的图例见表1.9—表1.19。

表 1.9　管道图例

名　　称	图　　例	名　　称	图　　例
生活给水管	—— J ——	热水给水管	—— RJ ——
热水回水管	—— RH ——	中水给水管	—— ZJ ——
循环冷却给水管	—— XJ ——	循环冷却回水管	—— XH ——
热媒给水管	—— RM ——	热媒回水管	—— RMH ——
蒸汽管	—— Z ——	凝结水管	—— N ——
废水管	—— F ——	压力废水管	—— YF ——
通气管	—— T ——	污水管	—— W ——
压力污水管	—— YW ——	雨水管	—— Y ——
压力雨水管	—— YY ——	虹吸雨水管	—— HY ——
膨胀管	—— PZ ——	保温管	 ～～～～
伴热管	 ——————	多孔管	 ⊥　⊥　⊥
地沟管	 ╌╌╌╌	防护套管	 ——▭——
管道立管	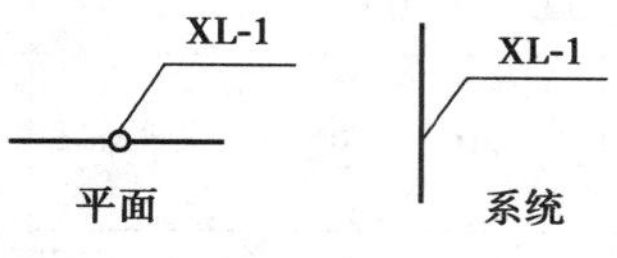 XL-1（平面）　XL-1（系统）	空调凝结水管	—— KN ——
排水明沟	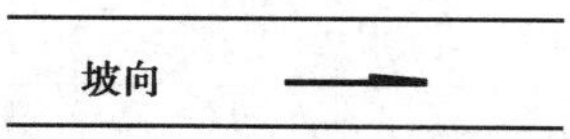 坡向 ▸	排水暗沟	 坡向 ▸

表 1.10　管道附件图例

名　称	图　例	名　称	图　例
管道伸缩器	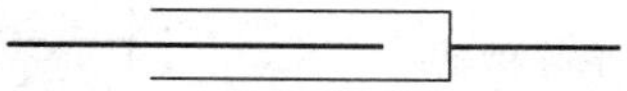	方形伸缩器	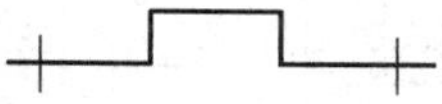
刚性防水套管	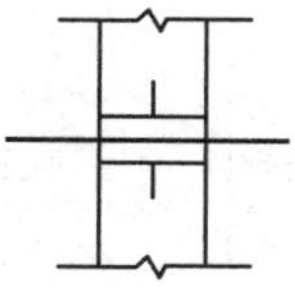	柔性防水套管	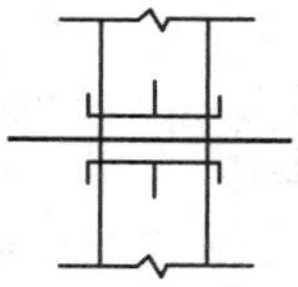
波纹管		可曲挠橡胶接头	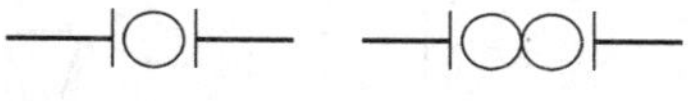 单球　　双球
管道固定支架		立管检查口	
清扫口	 平面　　系统	通气帽	成品　　蘑菇形
雨水斗	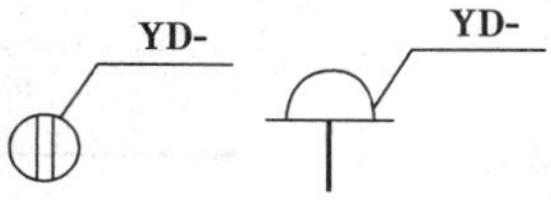 YD-　　YD- 平面　　系统	排水漏斗	 平面　　系统
圆形地漏	 平面　　系统	方形地漏	平面　　系统
自动冲洗水箱	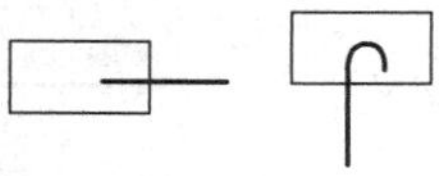	挡墩	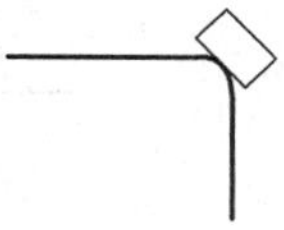

续表

名　称	图　例	名　称	图　例
减压孔板	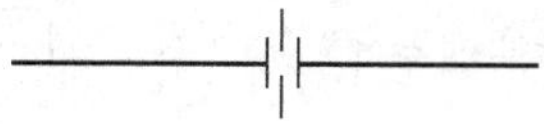	Y 形除秽器	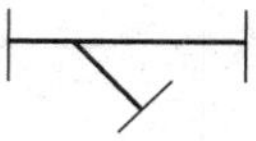
毛发聚集器	 平面 　　　系统	倒流防止器	
吸气阀		真空破坏器	
防虫网罩		金属软管	

表 1.11　管道连接图例

名　称	图　例	名　称	图　例
法兰连接	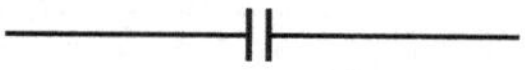	承插连接	
活接头	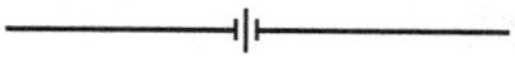	管堵	
法兰堵盖		盲板	
弯折管	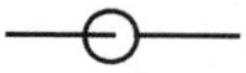 高　低 　　低　高	管道丁字上接	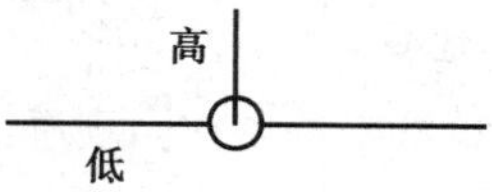 高　低
管道丁字下接	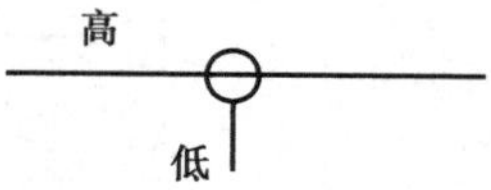 高　低	管道交叉	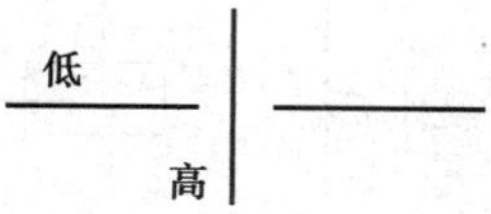 低　高

表 1.12 管件图例

名 称	图 例	名 称	图 例
偏心异径管	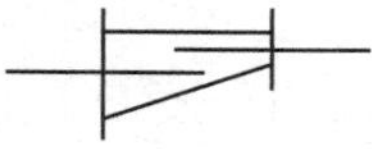	同心异径管	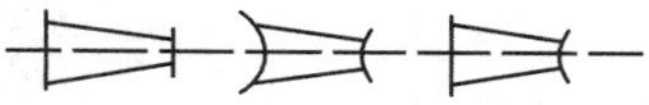
乙字管	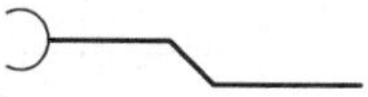	喇叭口	
转动接头	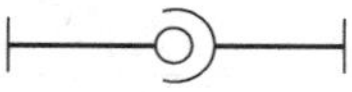	S 形存水弯	
P 形存水弯		90°弯头	
正三通		TY 三通	
斜三通	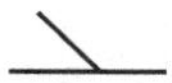	正四通	
斜四通	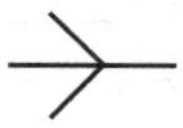	浴盆排水管	

表 1.13 阀门图例

名 称	图 例	名 称	图 例
闸阀	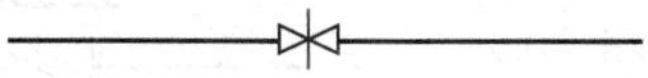	角阀	
三通阀	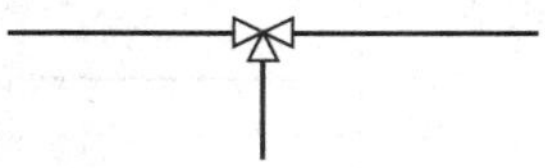	四通阀	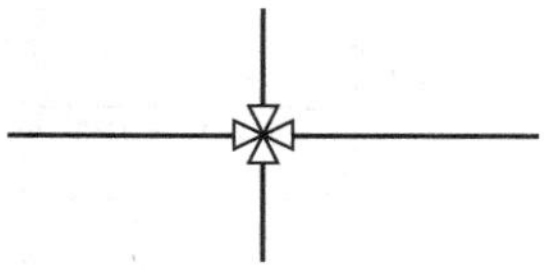
截止阀		蝶阀	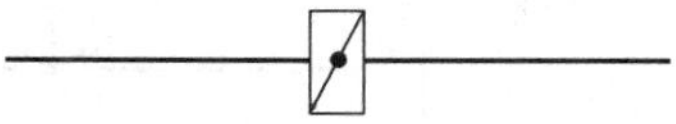
电动闸阀		液动闸阀	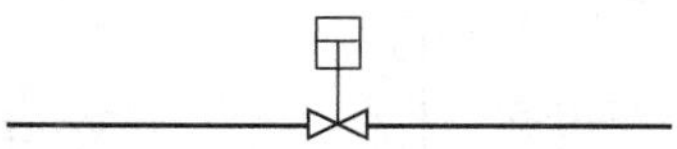

续表

名　称	图　例	名　称	图　例
气动闸阀	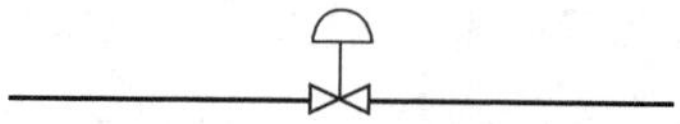	电动蝶阀	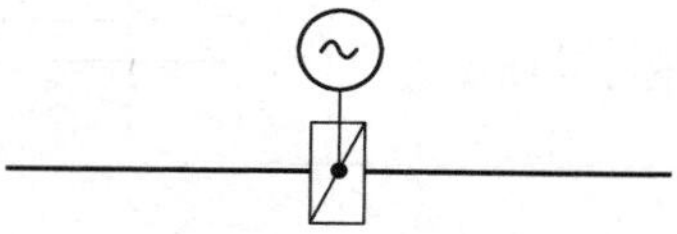
液动蝶阀	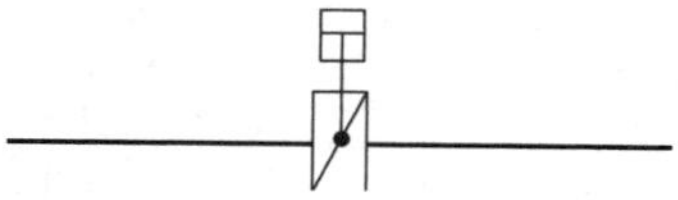	气动蝶阀	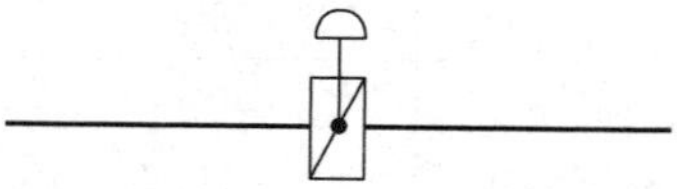
减压阀	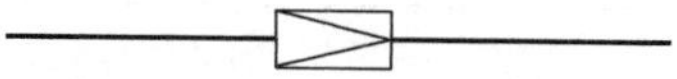	旋塞阀	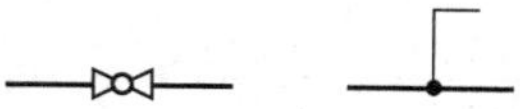 平面　　　　系统
底阀	 平面　　　　系统	球阀	
隔膜阀		气开隔膜阀	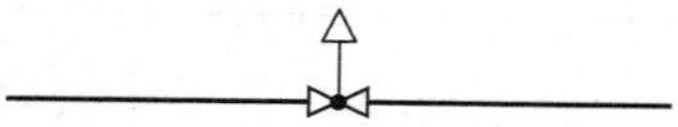
气闭隔膜阀		电动隔膜阀	
温度调节阀	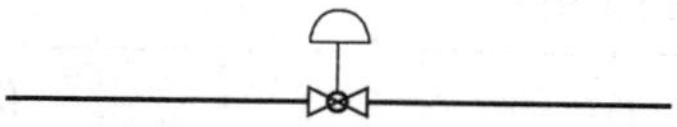	压力调节阀	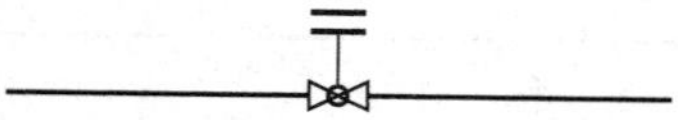
电磁阀	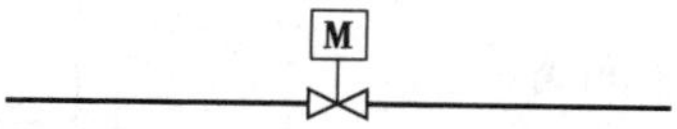 M	止回阀	
消声止回阀	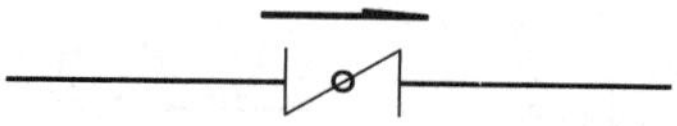	持压阀	 C
泄压阀	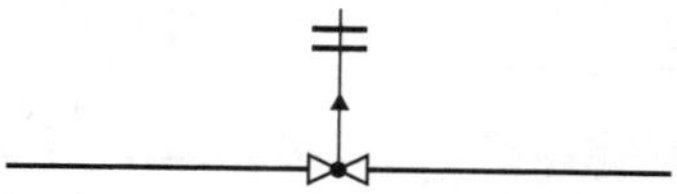	弹簧阀安全	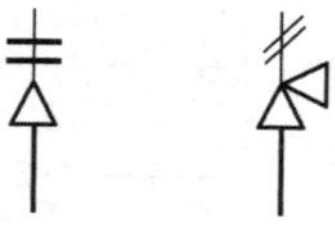
平衡锤安全阀	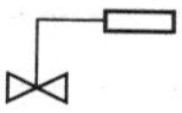	自动排气阀	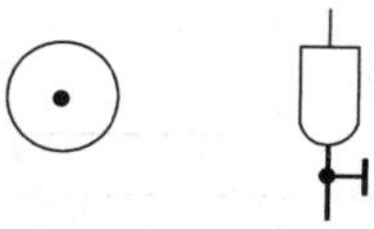 平面　　　　系统

续表

名　称	图　例	名　称	图　例
浮球阀	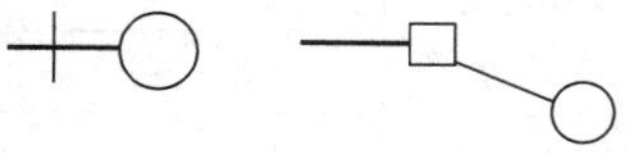 平面　　　　系统	水力液位控制阀	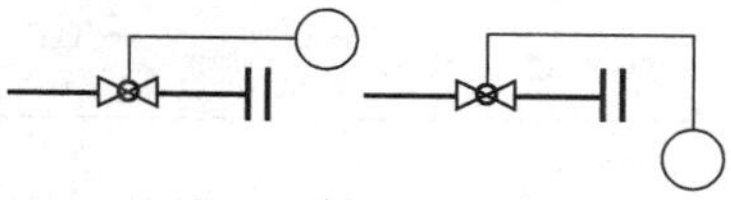 平面　　　　系统
延时自闭冲洗阀	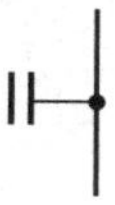	感应式冲洗阀	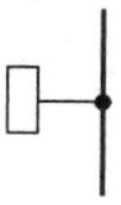
吸水喇叭口	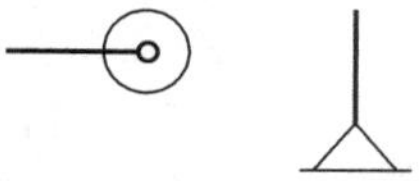 平面　　系统	疏水器	

表 1.14　给水配件图例

名　称	图　例	名　称	图　例
水嘴	平面　　　　系统	皮带水嘴	平面　　　　系统
洒水（栓）水嘴		化验水嘴	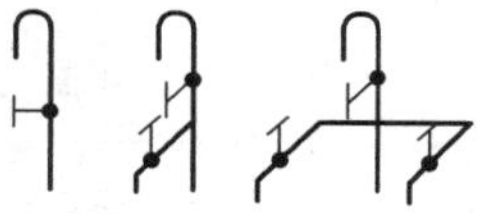
肘式水嘴	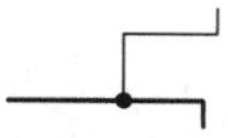	脚踏开关水嘴	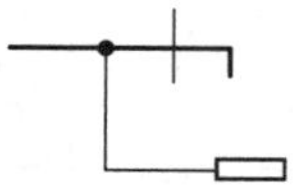
混合水嘴		旋转水嘴	
浴盆带喷头混合水嘴	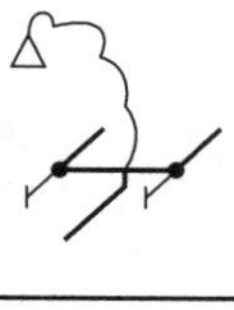	蹲便器脚踏开关	

表 1.15 消防设施图例

名　称	图　例	名　称	图　例
消火栓给水管	—— XH ——	自动喷水灭火给水管	—— ZP ——
雨淋灭火给水管	—— YL ——	水幕灭火给水管	—— SM ——
水炮灭火给水管	—— SP ——	室外消火栓	
室内消火栓（单口）	平面　系统	室内消火栓（双口）	 平面　系统
水泵接合器	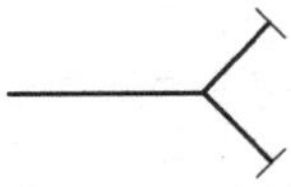	自动喷洒头（开式）	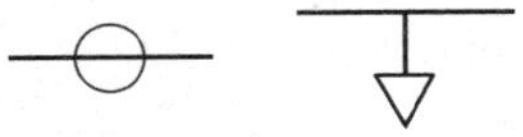 平面　系统
自动喷洒头（闭式）上喷	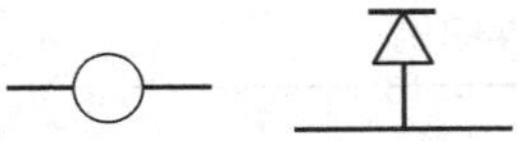 平面　系统	自动喷洒头（闭式）下喷	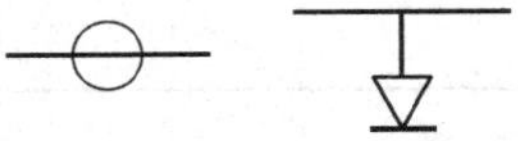 平面　系统
自动喷洒头（闭式）上下喷	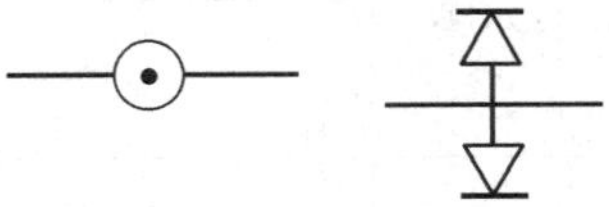 平面　系统	侧墙式自动喷洒头	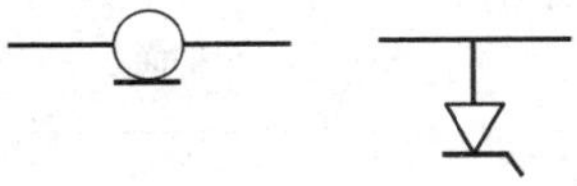 平面　系统
水喷雾喷头	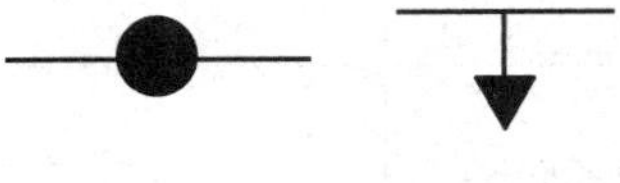 平面　系统	直立型水幕喷头	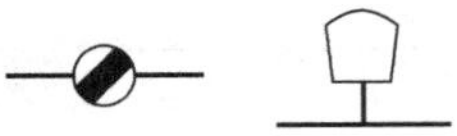 平面　系统
下垂型水幕喷头	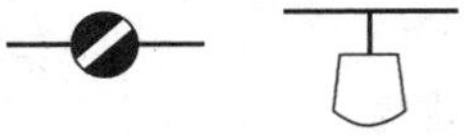 平面　系统	干式报警阀	 平面　系统
湿式报警阀	平面　系统	预作用报警阀	平面　系统

续表

名　称	图　例	名　称	图　例
雨淋阀	 平面　　　系统	信号闸阀	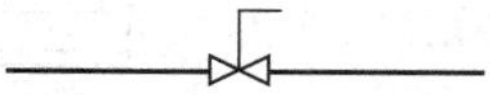
信号蝶阀	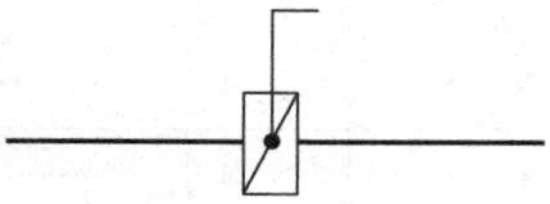	消防炮	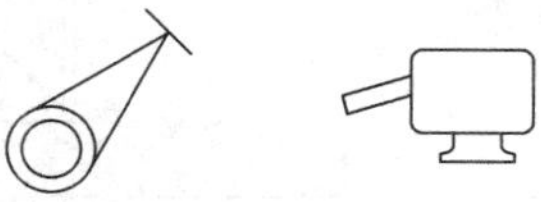 平面　　　系统
水流指示器	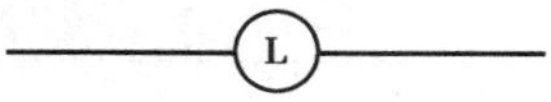 L	水力警铃	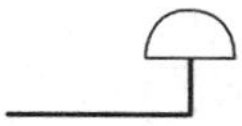
末端试水装置	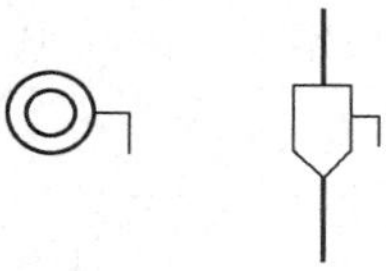 平面　　　系统	手提式灭火器	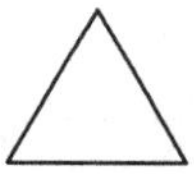
推车式灭火器	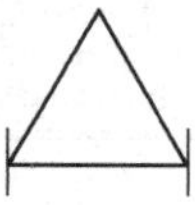		

表 1.16　卫生设备图例

名　称	图　例	名　称	图　例
立式洗脸盆	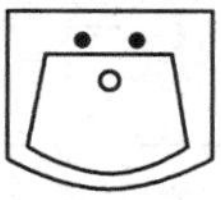	台式洗脸盆	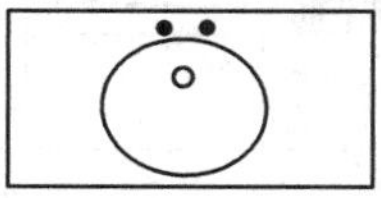
挂式洗脸盆	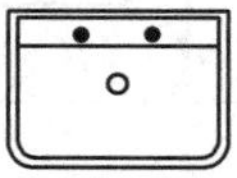	浴盆	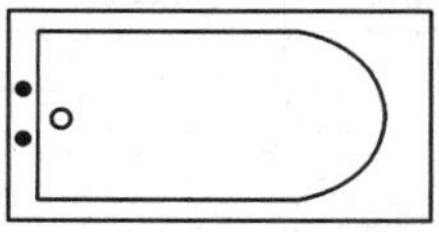
化验盆、洗涤盆	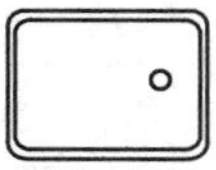	厨房洗涤盆	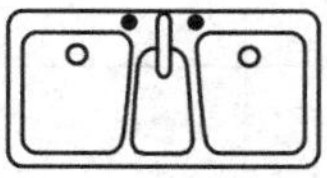

续表

名　　称	图　　例	名　　称	图　　例
带沥水板洗涤盆	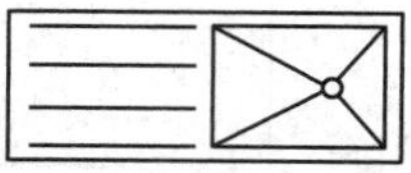	盥洗槽	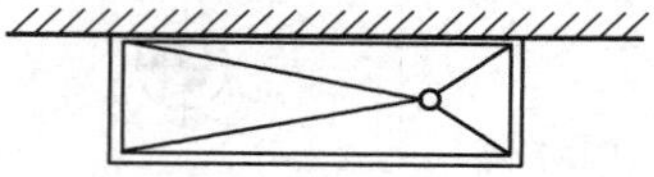
污水池		妇女净身盆	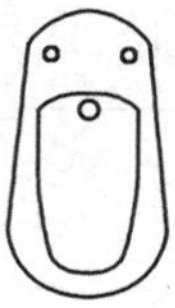
立式小便器	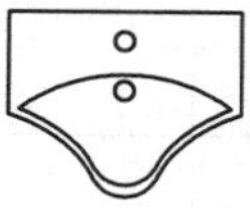	壁挂式小便器	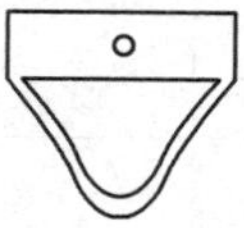
蹲式大便器	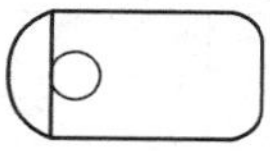	坐式大便器	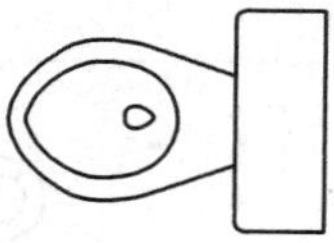
小便槽	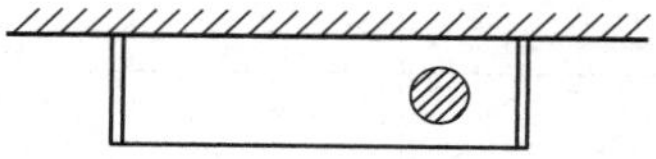	淋浴喷头	

表 1.17　小型给水排水构筑物图例

名　　称	图　　例	名　　称	图　　例
矩形化粪池	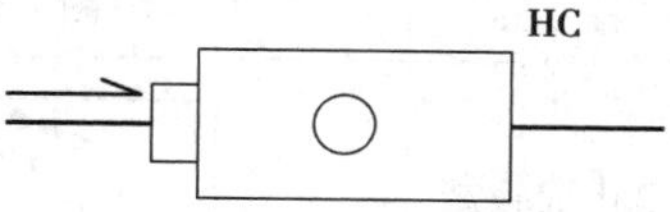 HC	隔油池	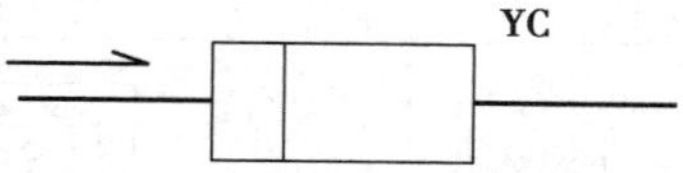 YC
沉淀池	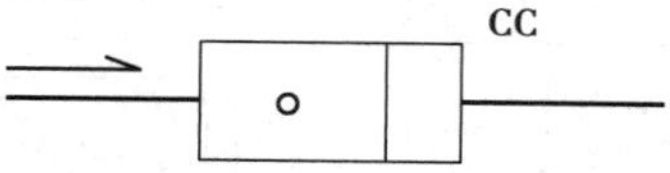 CC	降温池	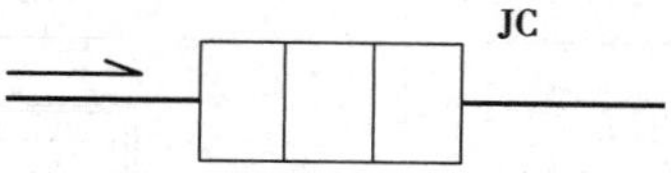 JC
中和池	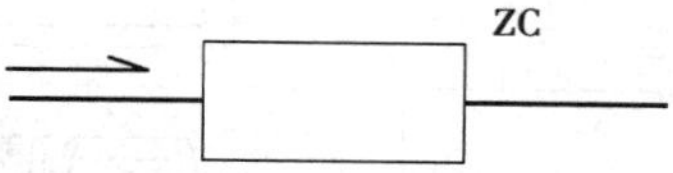 ZC	雨水口（单算）	
雨水口（双算）		阀门井及检查井	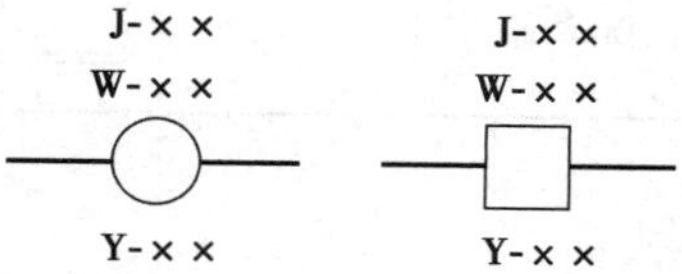 J-×× W-×× Y-××

续表

名　　称	图　　例	名　　称	图　　例
水封井	 ⊘	跌水井	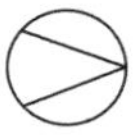 ⊘
水表井	 ◤		

表 1.18　给水排水设备图例

名　　称	图　　例	名　　称	图　　例
卧式水泵	 平面　　系统	立式水泵	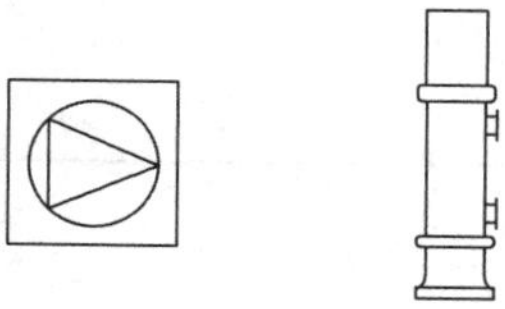 平面　　系统
潜水泵	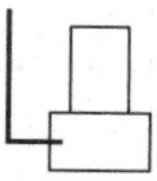	定量泵	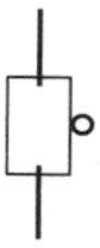
管道泵		卧式容积热交换器	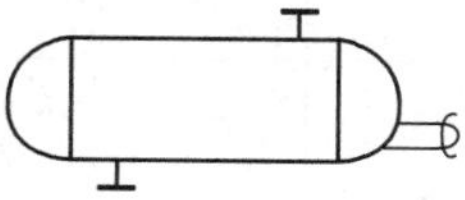
立式容积热交换器	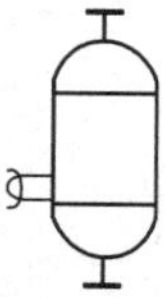	快速管式热交换器	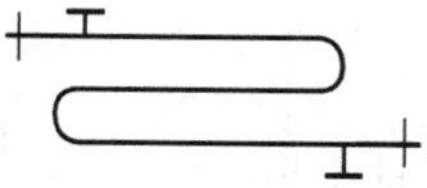
板式热交换器	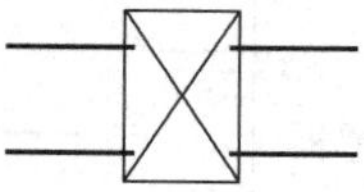	开水器	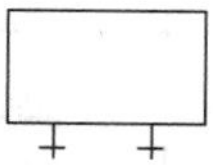
喷射器	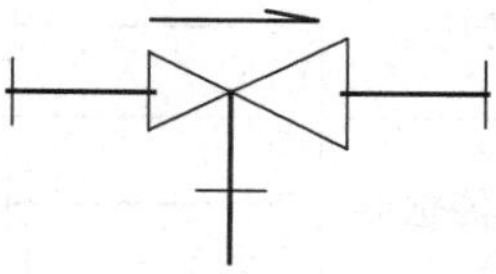	除垢器	

续表

名　称	图　例	名　称	图　例
水锤消除器	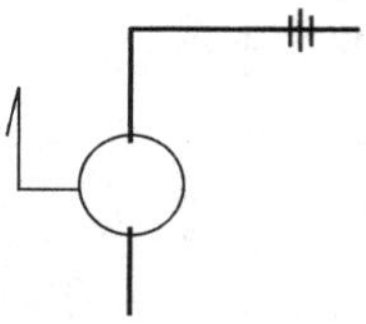	搅拌器	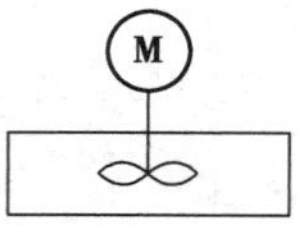
紫外线消毒器	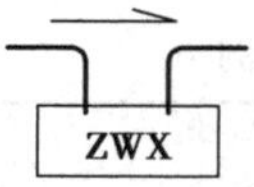 ZWX		

表 1.19　给排水仪表图例

名　称	图　例	名　称	图　例
温度计		压力表	
自动记录压力表		压力控制器	
水表		自动记录流量表	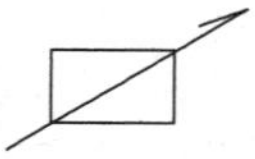
转子流量计	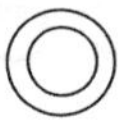 平面 　　系统	真空表	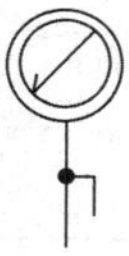
温度传感器	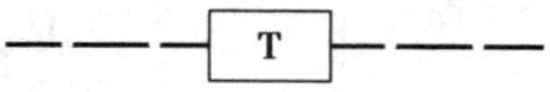 T	压力传感器	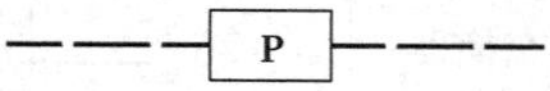 P
pH 传感器	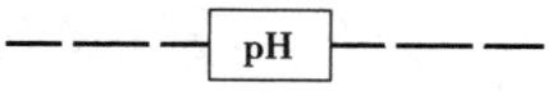 pH	酸传感器	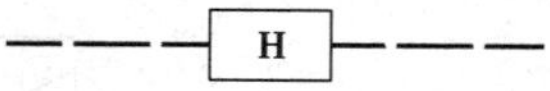 H
碱传感器	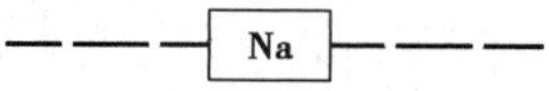 Na	余氯传感器	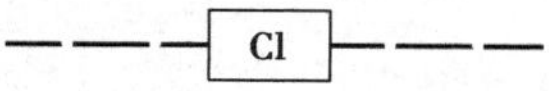 Cl

3.建筑给水排水施工图识读方法

施工图的主要图样是平面图和系统图,在识读过程中应把平面图和系统图对照着看,互相弥补对系统反映不足的部分。必要时,应借助详图、标准图集的帮助。具体的识图要注意以下8个方面:

①首先弄清图纸中的方向和该建筑在总平面图上的位置。

②看图时,先看设计说明,明确设计要求。

③给水排水施工图所表示的设备和管道一般采用统一的图例,在识读图纸前应查找和掌握有关的图例,了解图例代表的内容。

④给水排水管道纵横交叉,平面图难以表明它们的空间走向,一般采用系统图表明各层管道的空间关系及走向,识读时应将系统图和平面图对照识读,以了解系统全貌。

⑤给水系统可从管道入户起顺着管道的水流方向,经干管、立管、横管、支管到用水设备,将平面图和系统图对应着一一读遍,弄清管道的方向,分支位置,各段管道的管径、标高、坡度、坡向、管道上的阀门及配水龙头的位置和种类,管道的材质等。

⑥排水系统可从卫生器具开始,沿水流方向,经支管、横管、立管,一直查看到排出管。弄清管道的方向,管道汇合位置,各管段的管径、标高、坡度、坡向、检查口、清扫口、地漏的位置、风帽的形式等。同时,注意图纸上表示的管路系统,有无排列过于紧密,用标准管件无法连接的情况等。

⑦结合平面图、系统图及说明看详图,了解卫生器具的类型、安装形式、设备规格型号、配管形式等,搞清系统的详细构造及施工的具体要求。

⑧识读图纸中应注意预留孔洞、预埋件、管沟等的位置及对土木建筑的要求查看有关的土木建筑施工图纸,以便施工中加以配合。

1)平面图的识读

①建筑的平面布置情况,给水排水点位置。

②给排水设备、卫生器具的类型、平面位置、污水构筑物位置和尺寸。

③各种功能管道的平面位置、走向、规格、编号、连接方式等。

④管道附件的平面位置、规格、种类、敷设方式等。

2)系统图的识读

给水排水平面图主要显示室内给水排水设备的水平安排和布置,而连接各管路的管道系统因其在空间转折较多,上下交叉重叠,往往在平面图中无法完整且清楚地表达,因此,需要有一幅同时能反映空间3个方向的图来表达,这种图被称为给水排水系统图,也称轴测图。

①引入管、干管、立管、支管等给水管的空间走向。

②排水支管、排水横管、排水立管、排出管等排水管的空间走向。

③各种给排水设备接管情况,标高、连接方式。

3)详图的识读

凡平面布置图、系统图中局部构造因受图面比例限制而表达不完善或无法表达的,为使施工概预算及施工不出现失误,需将局部构造进行放大绘出施工详图。通用施工详图系列,如卫生器具安装、排水检查井、雨水检查井、阀门井、水表井、局部污水处理构筑物等,均有各种施工标准图,施工详图首先采用标准图。

4)设计施工说明

设计图纸上用图或符号表达不清楚的问题,需要用文字写出设计施工说明。主要包括以下内容:

①用工程绘图无法表达清楚的给水、排水、热水供应、雨水系统等管材防腐、防冻、防漏的做法。

②难以表达的诸如管道连接、固定、竣工验收要求、施工中特殊情况技术处理措施。

③施工方法要求严格必须遵守的技术规程、规定等。

④工程选用的主要材料及设备表,应包括材料类别、规格、数量、设备品种、规格和主要尺寸等。施工图中涉及的设备、管材、阀门、仪表等均列入表中,以便施工备料。不影响工程进度和质量的零星材料,允许施工单位自行决定的可不列入表中。

简单工程可不编制设备及材料明细表。

任务实施

1.室内给排水平面图的识读

该办公楼建筑左右对称,两侧均设卫生间,现以左侧区域进行说明。从图 1 和 2 中可知,卫生间在建筑的 A—B 轴线和①—②轴线处,位于建筑物的左下角区域,邻近楼梯间,卫生间的进深为 6.3 m,开间为 3.83 m。

一层卫生间入口处设置了公共洗手台,里面分成左右两个独立的卫生间区域,左为男厕,内设洗手盆 1 个,小便器 2 个,蹲式大便器 2 个,地漏 1 个;右为女厕,内设洗手盆 1 个,小便器 2 个,蹲式大便器 2 个,地漏 1 个。

给水管路布置:J-1 给水引入管从建筑左上角进入,接 JL-0 给水立管。建筑给水环路进入建筑后在女厕洗手盆接 JL-1 给水立管。

排水管路布置:卫生间排水采用污废水分流,一层洗脸台接 F-1 单独排出;卫生间内 FL-1 接 F-2 排出;一层女厕地漏、洗手盆和男厕洗手盆接 F-3 单独排出;男厕小便器、地漏接 F-4 排出;首层男女厕大便器接 W-2 单独排出,WL-1 接 W-1 排出。

从图 6 卫生间大样图可知,二至四层卫生间由 JL-1 供水,通过沿墙布置的给水管路连接各个用水器具。公共洗手台、洗手盆、女厕地漏废水支管接 FL-1 排放;男厕的小便器和地漏,男女卫生间的大便器排水管接男厕左下角 WL-1 排放。大便器排水横支管末端设置清扫口。

从图 3 屋面给排水平面图可知,JL-0 接到屋面供给 6T 生活水箱,水箱的平面尺寸为 3 m×2 m。水箱出水管连接屋面的给水横干管接 JL-1。

2.室内给排水系统图识读

从图 5 给水系统图可知,本建筑给水方式为分区供水,一层、二层为下行上给直接供水方式。三层、四层由屋面水箱上行下给供水。J-1 引入管敷设深度为 −1.4 m;JL-1 管径一层 D_e63,二层 D_e50,三层 D_e50,四层 D_e63;JL-0 管径为 D_e50。屋面水平横支管敷设高度为16.5 m。

从图 4 排水系统图可知,首层卫生间采用单独排水,二层至四层采用仅设伸顶通气管的排水立管形式。通气帽距屋面 0.3 m。立管各楼层均设有伸缩节。各排出管敷设深度均为 -1.6 m。各立管、支管的各管段管径从系统图中直接可知。

任务拓展

知　识

拓展题

查阅资料,回答建筑给排水工程相关的规范及标准图集有哪些。

技　能

1.识读某公司办公楼给排水施工图(图纸见电子资源),撰写识图报告。
2.识读某高层建筑给排水施工图(图纸见电子资源),撰写识图报告。

项目 **2**

采暖工程

冬季,由于室外气温低于室内空气温度,因而房间热量不断地传向室外。为了使室内空气保持要求的温度,必须向室内补充一定的热量,以满足人们正常生活和生产的需要。这种向室内供给热量的系统称为采暖系统,也称为供暖系统。

任务 1 供暖系统

任务导入

任务 1:室内采暖系统的组成与分类有哪些?

任务 2:室内热水采暖系统有哪些形式?各有什么特点?分别适用于哪些建筑?

任务 3:高层建筑热水采暖系统的形式有哪些?

任务 4:低温热水地板辐射采暖的构造和施工工艺有哪些要求?

任务 5:常用采暖设备、附件有哪些?其各自用途及其安装工艺要求有哪些?

任务 6:供暖系统如何布置和敷设?

任务引领

1.建筑供暖系统的组成及分类

(1)供暖系统的组成

供暖系统主要由热源、供热热网和热用户 3 大部分组成。

1)热源

在热能工程中,热源泛指能从中吸取热量的任何物质、装置或天然能源。采暖系统的热源是指采暖热媒的来源,目前最广泛应用的是区域锅炉房和热电厂。在此热源内,燃料燃烧产生的热能将热水或蒸汽加热。此外,也可利用核能、地热、电能、工业余热作为集中采暖系统的热源。

2)供热热网

由热源向热用户输送和分配供热介质的管线系统,称为热网。

3)热用户

集中采暖系统利用热能的设备或系统,如室内采暖、通风、空调、热水采热设备以及生产工艺用热系统等。

(2)采暖系统的分类

1)按作用范围的不同分类

①局部采暖系统

局部采暖系统是指热源、供热管道和散热设备都在供暖房间内,并在构造上成为一个整体系统。如火炉、火炕、燃气、电热采暖等。

②集中供暖系统

集中供暖系统由一个或多个热源通过供热管道向城市(城镇)或其中某一地区的多个用户供暖。热源单独建在锅炉房或换热站内,热媒由热源经供热管道至某一地区多用户,通过分布在室内的散热设备放热后返回锅炉重新加热,不断循环。

③区域供暖系统

区域供暖系统是由一个或几个大型热源产生的热水或蒸汽,通过区域性供热管网,向一个地区乃至整个城市的建筑物供暖,或者提供生活和生产用热。区域供暖系统以区域性锅炉房、热电厂或工业余热作为热源,具有供暖范围大、节能性好环境污染小等特点。

2)按热媒的不同分类

①热水采暖系统

供热系统的热媒是低温水或高温水。习惯上将水温高于 100 ℃的热水,称为高温水;水温低于或等于 100 ℃的热水,称为低温水。室内热水供暖系统,大多采用低温水,设计供回水温度为 95 ℃/70 ℃。高温热水供暖系统宜用于工业厂房内,设计供回水温度为(100~130 ℃)/(70~80 ℃)。

②蒸汽采暖系统

供暖的热媒是水蒸气。

③热风采暖系统

供暖的热媒是热空气。

3)根据散热器的散热方式不同分类

①对流采暖系统

对流采暖系统是通过空气自然对流采暖,通常使用的暖气片就是这种方式。

②辐射采暖系统

习惯把辐射传热比例占总量 70%以上的采暖系统,称为辐射采暖系统。辐射采暖按照辐射板板面温度,可分为低温辐射(≤80 ℃)、中温辐射(80~200 ℃)和高温辐射(500 ℃);按照辐射板安装位置,可分为顶面式、墙面式和地面式;按照使用热媒,可分为低温热水式、高温热水式、蒸汽式、热风式、电热式及燃气式。

4)按循环动力的不同分类

①自然循环热水供暖系统

自然循环热水供暖系统是靠水的密度差进行循环的。

②机械循环热水供暖系统

机械循环热水供暖系统设置了循环水泵,靠水泵的机械能使水在系统中强制循环。

5)按散热器连接的供回水立管分类

①单管系统

热媒顺序流过各组散热器,并在它们内部冷却。

②双管系统

热媒平行地分配到全部散热器,并从每组散热器冷却后,直接流回采暖系统的回水(或凝结水)立管中。

2.热水采暖系统的形式

供暖系统以热水作为热媒,称为热水供暖系统。由于热水作为热媒与蒸汽相比,具有卫生条件好、节能等优点,民用建筑应采用热水供暖系统。

(1)重力循环热水供暖系统

1)重力循环热水供暖系统的基本原理及其作用压力

重力循环热水供暖系统是靠水的密度差进行循环(图 2.1)。它是最早采用的一种供暖方式,该方式装置简单,运行时无噪声且不消耗电能。但由于其作用压力小,管径大,作用范围受到限制,一般只适用于单幢建筑物,其作用半径不宜超过 50 m。

系统在工作前,先在系统中充满冷水,当水在锅炉内被加热后,密度减小,同时受着从散热器流回来密度较大的回水的驱动,使热水沿供水干管上升,进入散热器。在散热器内水被冷却,密度增加,再沿回水干管流回锅炉,形成水的循环流动。重力循环热水供暖系统的循环作用压力为

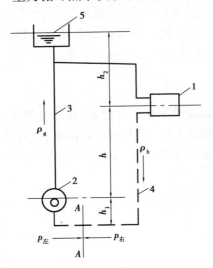

$$\Delta p = p_{右} - p_{左} = gh(\rho_{h} - \rho_{g}) \qquad (2.1)$$

式中　Δp——重力循环系统的作用压力,Pa;

　　　g——重力加速度,m/s^2,取 9.81 m/s^2;

　　　h——冷却中心至加热中心的垂直距离,m;

　　　ρ_{h}——回水密度,kg/m^3;

　　　ρ_{g}——供水密度,kg/m^3。

图 2.1　重力循环热水供暖系统工作原理图

1—散热器;2—热水锅炉;3—供水管路;

4—回水管路;5—膨胀水箱

从式(2.1)可知,重力循环作用压力的大小与供、回水的密度差和锅炉的中心与散热器中心的垂直距离有关。为了提高系统的循环作用压力,锅炉的位置应尽可能低。

2)重力循环热水供暖系统的主要形式

重力循环热水供暖系统主要有单管和双管两种形式。如图 2.2(a)所示为双管上供下回式系统,如图 2.2(b)所示为单管上供下回顺流式系统。

重力循环系统中水的流速较低,为了使系统中的空气能够顺利地排出,可采用气水逆向流动。在管道布置的时候,系统的供水干管沿水流方向设向下坡,坡度为 0.5% ~ 1%,散热器支管坡度为 1%。由于水流速度较低,空气浮升速度大于水流速度,在系统充水和运行过程

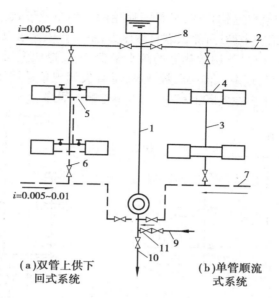

图 2.2　重力循环供暖系统

1—总立管;2—供水干管;3—供水立管;4—散热器供水支管;
5—散热器回水支管;6—回水立管;7—回水干管;8—膨胀水箱连接管;
9—充水管(接上水管);10—泄水管(接下水道);11—止回阀

中,空气能逆着水流动,经过供水干管聚集到系统的最高点,经过膨胀水箱排出。

为了使系统顺利排出空气和在系统停止运行或检修时能通过回水干管顺利排水,回水干管应有向锅炉房方向的下降坡度。

（2）机械循环热水采暖系统

机械循环热水供暖中设置了循环水泵,靠水泵的机械能,使水在系统中强制循环。由于水泵产生的作用压力较大,因此机械循环热水供暖系统的供暖范围可以扩大,是目前应用广泛的一种供暖系统。

1）机械循环热水供暖系统的主要形式

机械循环热水供暖系统根据散热器的连接方式不同,可分为垂直式系统和水平式系统。

①垂直式系统

垂直式系统是指位于同一垂直方向的不同楼层的各散热器用垂直立管连接。其形式包括上供下回式、下供下回式、中供式和下供上回式等系统。

A.上供下回式系统

上供下回式热水供暖系统有单管系统和双管系统两种形式。如图 2.3 所示,左侧为双管系统,右侧为单管系统。

在机械循环热水供暖系统中,水在系统中的流速快,水流速度往往超过自水中分离出来的空气气泡的浮升速度,在上供下回式系统,为了排出系统的空气,供水干管应按水流方向设上升坡度,使气泡沿水流方向汇集到系统的最高点,通过设置在最高点的排气装置,将空气排出系统外。供水干管及回水干管的坡度,宜采用 0.003,不得小于 0.002。回水干管的坡向与重力循环系统相同,应使系统水能顺利排出。

上供下回式系统管道布置较合理,是普通使用的一种布置形式。但在双管上供下回式热水供暖系统中,水在系统中循环,除依靠自然压力,更主要依靠水泵产生的压力,它使流过上层散热器的热水量多,流过下层散热器的热水量少,进而造成上层房间温度偏高,下层房间温度偏低的"垂直失调"现象。楼层层数越高,垂直失调现象越严重,因此,双管系统不适宜于4层以上的建筑物中。在实际工程中,仍以单管顺流居多。

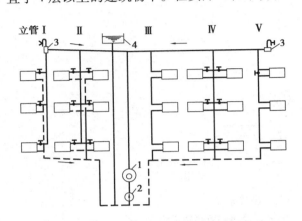

图2.3 机械循环上供下回式热水供暖系统
1—热水锅炉;2—循环水泵;
3—集气装置;4—膨胀水箱

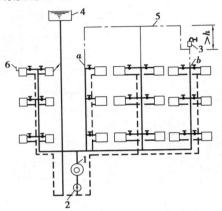

图2.4 机械循环下供下回式系统
1—热水锅炉;2—循环水泵;3—集气罐;
4—膨胀水箱;5—空气管;6—冷风阀

B.下供下回式系统

该系统供水和回水干管都敷设在底层散热器的下面,一般应用于建筑顶棚下难以布置供水管或设有地下室建筑物等场合。与上供下回式系统相比,供水干管无效热损失少,建筑物顶棚下无干管,比较美观。另外,下供下回式系统还可以分层施工,分期投入使用。该系统常用于有地下室的建筑物以便于布置两根干管。系统的排气可通过在顶层散热器设放气阀或设置空气管来集中排气,如图2.4所示。

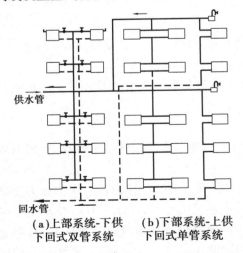

(a)上部系统-下供下回式双管系统　(b)下部系统-上供下回式单管系统

图2.5 机械循环中供式热水供暖系统

下供下回式系统的优点是可逐层施工逐层通暖,有利于冬季施工,缺点是其内空气的排出较为困难,因此需设专用空气排气或在顶层散热器上设放气阀排气。

C.中供式系统

这种系统如图2.5所示,该系统中水平供水管敷设在系统的中部,上部系统可用下供下回式双管系统(图2.5(a)),也可用上供式下回式单管系统(图2.5(b))。

中供式系统可避免由于顶层梁底标高过低,致使供水干管遮挡窗户的不合理布置,并减轻了上供下回式因楼层过多,易出现的竖向失调现象,但上部系统要增加排气装置。

②水平式系统

水平式系统是指同一楼层的散热器用水平管线连接。其形式包括顺流式和跨越式两类。

A.单管水平顺流式系统

单管水平顺流式系统节省管材,但每个散热器不能进行局部调节,所以它只能用在对室温控制要求不严格的建筑物中,如图2.6所示。

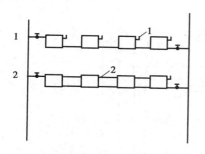

图 2.6　单管水平顺流式
1—冷风阀;2—空气管

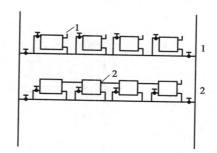

图 2.7　单管水平跨越式
1—冷风阀;2—空气管

B.单管水平跨越式系统

单管水平跨越式系统由于增加了跨越管,可在散热器上进行局部调节,可用在需要局部调节的建筑物中,如图2.7所示。

水平式系统与垂直式系统相比,具有造价低,管路简单,施工方便,易于布置膨胀水箱等优点,但排气方式要比垂直式系统复杂些。它可通过在散热器上设置冷风阀分散排气,也可在同一层散热器上部串联一根空气管集中排气。对于较小的系统,可用分散排气,对于较大的系统,为了管理方便,宜采用集中排气方式。

2)异程式系统与同程式系统

对于机械循环系统,按各并联环路水的流程,可将供暖系统划分为同程式系统与异程式系统。异程式系统(图2.3),各立管环路的总长度不相等。通过近端立管的环路长度比通过远端立管的环路长度短。其特点是系统管路的总长度短,系统金属耗量低。但在较大的系统中,通过各个立管环路的压力损失较难平衡,会出现远近立管流量失调,出现系统的水平热力失调。

同程式系统如图2.8所示。其特点是各立管环路的总长度都相等,但金属耗量高。除此之外,水力计算时,系统中部立管往往出现供回水压力相等,甚至回水压力高于供水压力的情况,

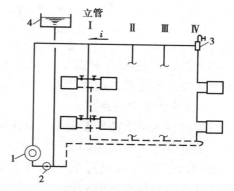

图 2.8　同程式系统
1—热水锅炉;2—循环水泵;
3—集气罐;4—膨胀水箱

进而导致中部立管出现倒流、滞留现象。这种水平热力失调较异程式系统的水平热力失调更难消除。在散热器阻力较小的系统中,不宜采用同程式系统。

3.分户热计量采暖系统

为了便于分户计热收费、节约能源、满足用户对采暖系统多方面的功能要求,分户热计量采暖系统应运而生。分户热计量系统便于分户管理,易于实现分户,分室控制和调节热量。为此,在户外的公共空间(如楼梯间)设置分井户,内置双管制式的共用立管,每户从共用立管上单独引出供、回水水平管,并依次安装锁闭阀、过滤器、热量表等计量、调节和控制装置,如图2.9 所示。

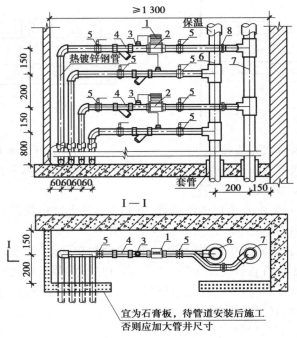

图2.9　单元立管及分户热计量装置
1—计分仪;2—流量计;3—温度传感器;4—过滤器;5—蝶阀或球阀;
6—供水立管;7—回水立管;8—活接头

引入户内后,根据住户需要,可采用散热器或地板辐射等供暖系统,形成一个相对独立的循环环路。常规的户内循环系统有以下3 种形式:

(1)分户水平单管系统

该系统的水平支路长度限于一个住户之内,各散热器依次串联,能够分户计量和调节供热量。其布置形式如图2.10 所示。

分户水平单管系统可采用水平顺流式(图2.10(a)),散热器同侧接管的跨越式(图2.10(b))和异侧接管的跨越式(图2.10(c))。其中,图2.10(a)在水平支路上设调节阀和热表,可实现分户调节和计量热量,但不能分室改变热供量,只能在对分户水平式系统的供热性能和质量要求不高的情况下应用。图2.10(b)和图2.10(c)除了可在水平支路上安装关闭阀、调节阀和热表之外,还可在各散热器支管上装调节阀(温控阀)实现分室控制和调节供热量。

水平单管系统比水平双管系统布置管道方便,节省管材,水力稳定性好。在调节流量措施不完善时,容易产生竖向失调。

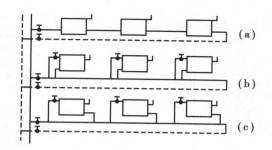

图 2.10 分户水平单管系统

（2）分户水平双管系统

分户水平双管系统如图 2.11 所示。该系统每个住户内的各散热器并联,在每组散热器上装调节阀或恒温阀,以便进行分室控制和调节。水平供水管和回水管可采取如图 2.11 所示的多种方案布置。该系统的水力稳定性不如单管系统,耗费管材多、不美观。

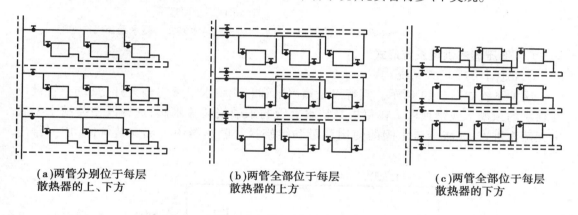

（a）两管分别位于每层
散热器的上、下方

（b）两管全部位于每层
散热器的上方

（c）两管全部位于每层
散热器的下方

图 2.11 分户水平双管系统

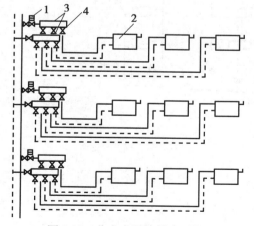

图 2.12 分户水平放射式系统

（3）分户水平放射式系统

水平放射式系统在每户的供热管道引入口处设小型分水器和集水器,户内各散热器并联在分水器和集水器之间,如图 2.12 所示。由于散热器支管呈辐射状布置,这种布置形式也称"章鱼式"。支管采用铝塑复合管等材质,暗敷于地面层内。为调节各室温度,分（集）水器出口通往各散热器的支管上没有调节阀。

4.蒸汽采暖系统

蒸汽采暖系统以水蒸气为热介质,利用水蒸气在散热器内凝结放出气化潜热来供暖。按其压力可分为低压蒸汽供暖系统($P \leq 0.07$ MPa)和高压蒸汽供暖系统($P > 0.07$ MPa)。由于系统的加热和冷却过程都很快,热惰性小,适用于人群短时间迅速集散的场所,如大礼堂、剧院等。蒸汽采暖系统原理图如图 2.13

所示。

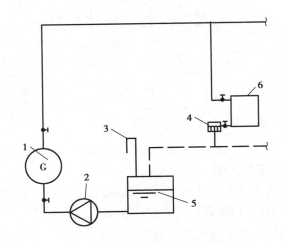

图 2.13　蒸汽采暖系统原理图

1—锅炉;2—散热器;3—疏水器;4—凝结水箱;5—凝水泵;6—空气管

(1)低压蒸汽供暖系统形式

①双管上供下回式系统

这种系统如图 2.14 所示。其特点是蒸汽干管和凝结水干管完全分开,蒸汽干管敷设在顶层的顶棚下或吊顶内。在每根凝结水立管的末端安装疏水阀,这样既使凝结水干管中无蒸汽进入,又减少疏水阀的使用数量和维修量。散热器中下部安装气阀,用于排出空气。

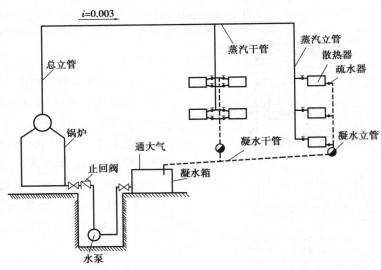

图 2.14　机械回水双管上供下回式蒸汽采暖系统图

②双管下供下回式系统

这种系统如图 2.15 所示。其特点是蒸汽干管和凝结水干管均敷设在底层地面上、地下室或地沟内。蒸汽在立管中自下而上供气,与沿途凝结水逆向流动,水击现象严重,噪声较大。这种供暖系统在极特殊情况下才使用,且用时蒸汽管应加大一号。

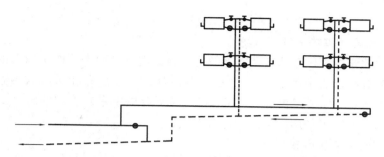

图 2.15 机械回水双管下供下回式蒸汽采暖系统图

（2）高压蒸汽供暖系统形式

1）高压蒸汽供暖系统与低压蒸汽供暖系统相比，具有的特点：

①供汽压力高，热媒流速大，系统的作用半径较大；相同负荷时，系统所需的管径和散热面积小。

②供汽管道表面温度高，输送过程中无效热损失大；散热器表面温度高，易烫伤人并使落在散热器上的灰尘扬起，安全条件和卫生条件较差。

③凝结水温度高，回流易产生二次蒸汽，若凝结水回流不畅，易产生严重的水击现象。

④高压蒸汽和凝结水温度较高，管道热伸长量大，应设置固定支架和补偿器。

2）室内高压蒸汽供暖系统主要种类

①上供上回系统

系统供气管和凝结水干管均设于系统上部，冷凝水靠疏水阀后的余压上升到凝结水干管中，除在每组散热器的出口处应安装疏水阀外，还应安装止回阀并设泄气管、空气管，以便及时排出每组散热设备和系统中的空气和冷凝水。

②上供下回式系统

这种系统如图 2.16 所示。该系统疏水阀集中安装在各个环路凝结水干管的末端，在每组散热器进出口均安装球阀，以便于调节供气量以及在检修散热器时能与系统隔断。

③单管串联式系统

这种系统如图 2.17 所示。系统凝结水管未设置疏水阀。

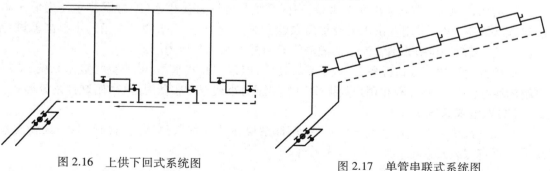

图 2.16 上供下回式系统图　　　　图 2.17 单管串联式系统图

5. 高层建筑热水采暖系统

高层建筑层数较多，供暖系统的高度增加，水的静压力增加，供暖系统底层散热器承受的压力加大，更容易产生竖向失调。在遵循上述原则下，高层建筑热水供暖系统也可以有多种形式。

（1）分层式高层建筑热水供暖系统

分层式高层建筑热水供暖系统是将系统沿垂直方向分成两个或两个以上的独立系统的形式。各层的分界线取决于集中热网的压力工况、建筑物总层数和所选散热器的承压能力等条件。下层系统可与室外管网直接连接，它的高度取决于室外管网的压力工况和散热器的承压能力。上层系统可采用以下两种连接方式：

1）高区采用间接连接方式

高区供暖系统与热水网路采用间接连接方式，如图 2.18 所示。向高区供热的热交换器可设在建筑物的底层、地下室，还可设在室外的集中热力站内。室外热网在用户处提供的资用压力较大、供水温度较高时，可采用这种连接方式。

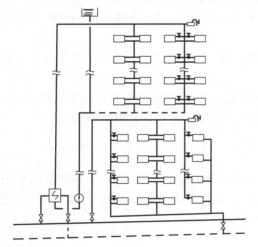

图 2.18　分层式热水供暖系统

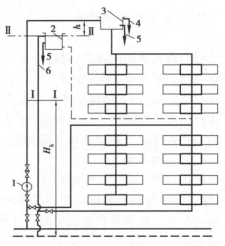

图 2.19　双水箱分层式热水供暖系统
1—加压水泵；2—回水箱；3—进水箱；
4—进水箱溢流管；5—信号管；6—回水箱溢流管

2）双水箱分层式供暖系统

如图 2.19 所示，在高区设两个水箱，高区系统与外网直接相连（当外网供水压力低于高层建筑水静压力时，采用在供水管设加压泵的方式），利用进、回水两个水箱的水位高差进行高区系统的循环，利用非满管流动的溢流管 6 与外网回水管压力隔绝。

这种方式简化了入口设备，降低了系统造价，但采用开式水箱，易使空气进入系统，造成系统的腐蚀。当室外管网在用户处提供的资用压力小或温度较低时，可采用这种系统形式。

（2）双线式系统

双线式系统只能减轻系统竖向失调，不能解决系统下部散热器超压的问题。双线式系统分为垂直双线式系统和水平双线式系统。

1）垂直双线式单管供暖系统

垂直双线式单管供暖系统（图 2.20）是由竖向的"∩"形单管式立管组成的。双线系统的散热器通常采用串片散热器、蛇形管或埋入墙内的辐射板结构。由于散热器立管是由上升立管和下降立管组成的，各层散热器的平均温度近似相同，减轻了竖向失调。立管的阻力增加，提高了系统的水力稳定性。

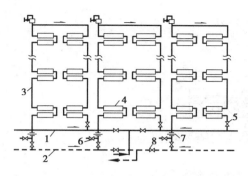

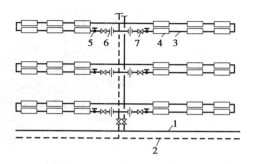

图 2.20　垂直双线式单管供暖系统　　　　　图 2.21　水平双线式供暖系统

1—供水干管;2—回水干管;3—双线立管;　　　1—供水干管;2—回水干管;

4—散热器;5—截止阀;6—排水阀;　　　　　3—双线水平管;4—散热器;

7—节流孔板;8—调节阀　　　　　　　　5—截止阀;6—节流孔板;7—调节阀

2）水平双线式供暖系统

如图 2.21 所示为水平双线式供暖系统,在水平方向的各组散热器平均温度近似相同,减轻了水平失调。同时,水平双线式与水平单管式一样,可在每层设置调节阀,进行分层调节。此外,为避免系统垂直失调,可在每层水平支线上设置节流孔板来减轻竖向失调。

（3）单、双管混合式系统

如图 2.22 所示为单、双管混合式系统。该系统将散热器沿垂直方向分成组,组内为双管系统,组与组之间采用单管连接。这种系统利用了双管系统散热器,可局部调节和单管系统提高水力稳定性的优点,减轻了双管系统层数多时,重力作用压头引起的竖向失调严重的倾向。但是,该系统不能解决系统下部散热器超压的问题。

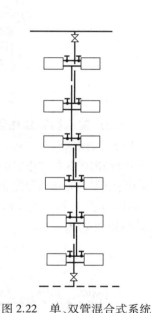

6.低温热水地板辐射供暖系统

图 2.22　单、双管混合式系统

低温热水地板辐射供暖系统以其节能、舒适、卫生、低噪声、便于分户计量、不占房间面积等优点日益被广大设计人员和用户认可。其系统特点是各层均采用地板热水辐射供暖方式,各户系统之间并联。供回水总立管设在楼梯间,每户为一回路,可实现调节功能。在室内系统的布置上,用户入口设分、集水器。每个分支环路都应在分、集水器上分别设置阀门,以便于系统维修和排空。敷设于地面填充层内的支管采用铝塑复合管或塑料管材。

低温热水地面辐射供暖系统的供水温度不大于 60 ℃。民用建筑供水温度宜采用 35 ~ 50 ℃,供回水温差不大于 10 ℃。

（1）辐射采暖系统的地面构造

低温热水地面辐射采暖因水温低,管路不结垢,多采用管路一次性埋设于垫层中的做法。地面结构由基层（楼板或与土壤相邻的地面）、找平层、绝热层（上部敷设加热管）、填充层和地面层组成,如图 2.23 和图 2.24 所示。

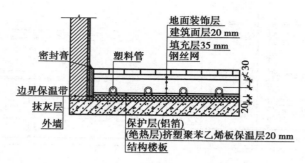

图 2.23　楼板辐射供暖埋管图

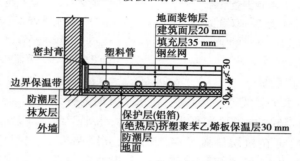

图 2.24　地面辐射供暖埋管图

（2）分、集水器和加热管

1）分、集水器

每环路加热管的进、出水口,分别与分、集水器相连接。每个分支环路供回水管上设置可关断阀门。在分水器之前的供水连接管道上,顺水流方向安装阀门、过滤器、热计量装置（有热计量要求的系统）和阀门。在集水器之后的回水连接管上,安装可关断调节阀,如图 2.25 和图 2.26 所示。

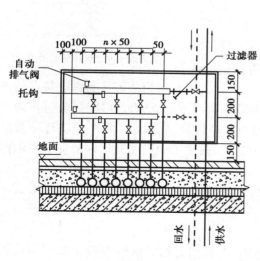

图 2.25　分集水器正视图

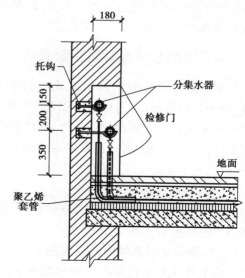

图 2.26　分集水器侧视图

2)加热管系统

常用的加热管有交联聚乙烯(PEX)、聚丁烯(PB)、无规共聚聚丙烯(PPR)、共聚聚丙烯(PPC)及交联铝塑复合管(XPAP)等类管材。加热管的布置,根据保证地面温度均匀的原则,地板采暖辐射的加热管有以下布置方式:S形排管(直列形)、蛇形排管(往复形)和回字形排管(回转形)。环路的平面布置如图 2.27 所示。塑料管的固定方式如图 2.28 所示。

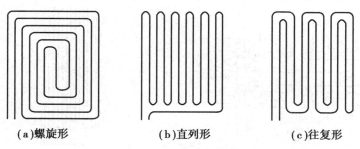

(a)螺旋形　　　(b)直列形　　　(c)往复形

图 2.27　地板敷设采暖系统加热盘管敷设形式

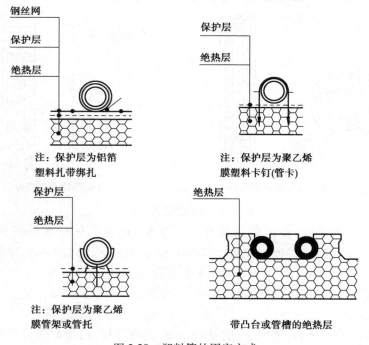

图 2.28　塑料管的固定方式

7.采暖系统的设备及附件

(1)散热器

散热器是以对流和辐射两种方式向室内散热的设备。散热器应有较高的传热系数,有足够的机械强度,能承受一定压力,消耗金属材料少,制造工艺简单,同时表面应光滑,易清扫,不易积灰,占地面积小,安装方便,美观,耐腐蚀。

1)铸铁散热器

铸铁散热器因其结构简单,耐腐蚀,使用寿命长,造价低,是目前应用最广泛的散热器。其缺点是金属耗量大,承压能力低,制造、安装和运输劳动繁重。

根据形状,铸铁散热器可分为翼形和柱形两种形式。其中,翼形散热器已很少使用。柱形散热器是单片的柱状连通体,每片各有几个中空的立柱相互连通,可根据设计将各个单片组对成一组。常用柱形散热器有二柱、四柱、五柱等,如图 2.29 所示。

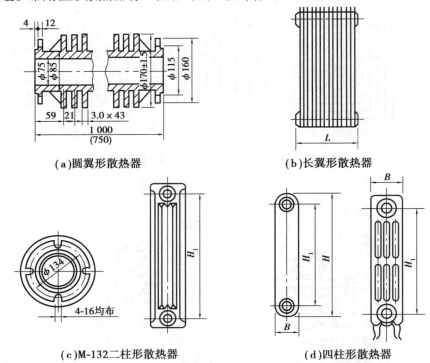

(a)圆翼形散热器　　　　　　　　　(b)长翼形散热器

(c)M-132二柱形散热器　　　　　　(d)四柱形散热器

图 2.29　铸铁散热器示意图

国内散热器标准规定:柱形散热器有 5 种规格,相应型号标准标记为 TZ2-5-5(8)、TZ4-3-5(8)、TZ4-5-5(8)、TZ4-6-5(8)和 TZ4-9-5(8)。例如,标记 TZ4-6-5,TZ4 表示灰铸铁四柱形,6 表示同侧进出口中心距为 600 mm,5 表示最高工作压力 0.5 MPa。

柱形散热器有带脚和不带脚的两种片形,可分别用于落地或挂墙安装。

2)钢制散热器

钢制散热器具有承压高、体积小、质量轻、外形美观等优点,但耐腐蚀性较差,一般用于热水供暖系统。常用钢制散热器有闭式钢串片式、钢制板式和钢制柱式等类型,如图 2.30 至图 2.33 所示。

3)铝制散热器

铝制散热器包括铝及铝合金散热器(图 2.34)。其热工性能指标大大高于铸铁散热器;质量轻,仅为钢制散热器的 1/4 ~ 1/3,是铸铁散热器的 1/10;承压能力高,与钢制散热器相当;成型容易,可挤压成型为各类轻、薄、美、新的散热器,易与建筑装饰协调。但其价格高,且碱腐蚀严重。近年来,铝制散热器防腐技术(如防腐材料内衬及涂层)取得了很大进展,使铝制散热器发展较快。

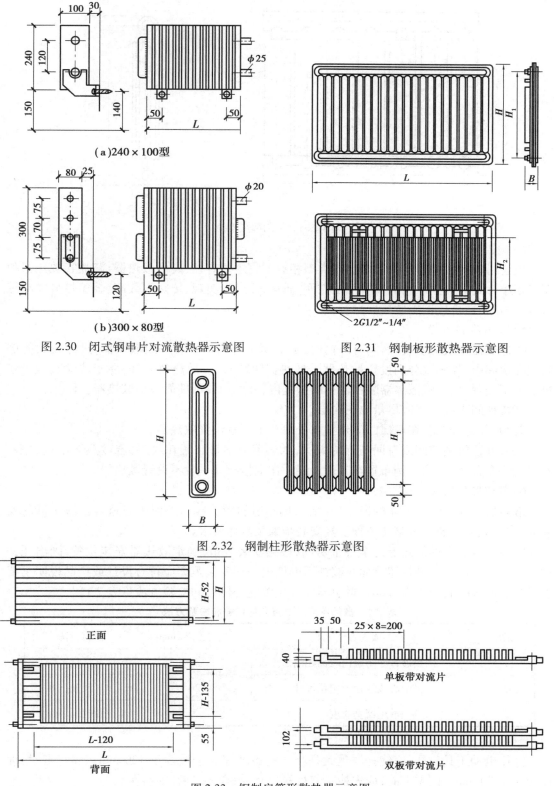

（a）240×100型

图 2.30　闭式钢串片对流散热器示意图

（b）300×80型

图 2.31　钢制板形散热器示意图

图 2.32　钢制柱形散热器示意图

正面

背面

单板带对流片

双板带对流片

图 2.33　钢制扁管形散热器示意图

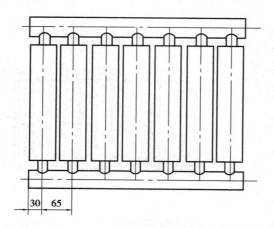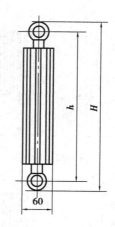

图 2.34 铝制散热器

4)铜铝、钢铝复合型散热器

复合材料的散热器与钢制散热器类型相近。它主要有柱、翼形散热器、翅片管散热器和铜管铝串片式等形式。它们具有加工方便、质量轻、外形美观、传热系数高、金属热强度高等特点。但是,造价较钢制散热器高。

5)散热器的布置

①散热器一般应明装,房间有外窗时,最好每个外窗下设置一组散热器,进深较大的房间宜在房间内、外侧墙分别设置散热器。散热器明装布置,散热效果好,易于清除灰尘。建筑物为了美观,也可将散热器装在窗下的壁龛内,外面用装饰性面板把散热器遮住。

②楼梯间内散热器应尽量放在底层。

③为了防止冻裂,在双层门的外室以及门斗中不宜设置散热器。

④公共建筑楼梯间或有回马廊的大厅,散热器应尽量布置在底层;若散热器数量过多。底层无法布置时,可按比例布置在其他几层。住宅楼梯间一般不设置散热器。

6)散热器的安装

散热器一般安装于外墙的窗下,并使散热器组的中心线与外窗中心重合。散热器的安装形式有明装、暗装和半暗装 3 种。其安装步骤及具体要求如下:

①将符合要求的散热器运至各个房间,根据安装规范,确定散热器安装位置,画出托钩和卡子安装的位置。散热器背面与装饰后的墙内表面安装距离应符合设计或产品说明书要求,如设计未注明,应为 30 mm。散热器安装位置允许偏差和检验方法见表 2.1。

表 2.1 散热器安装位置允许偏差和检验方法

项次	项 目	允许偏差/mm	检验方法
1	散热器背面与墙内表面距离	3	尺量
2	与窗中心线或设计定位尺寸	20	尺量
3	散热器垂直度	3	吊线和尺量

②用电动工具打孔,应使孔洞里大外小。托钩埋深大于或等于 120 mm。固定卡时,埋深应大于 80 mm。固定卡时,应先检查其规格尺寸,符合要求后,安装在墙上。

③将丝堵和补心加散热器胶垫拧紧到散热器上,等固定卡的砂浆达到强度后,即可安散热器。

④翼形散热器安装时,掉翼面应朝墙安装;挂式散热器安装时,须将散热器抬起,将补芯正丝扣的一侧朝向立管方向,慢慢落在托钩上,挂稳、找正;带腿或底架的散热器就位后,找正、平直并上紧固定卡螺母。带足散热器安装时若不平,可用锉刀磨平,找正,必要时用垫铁找平,严禁用木块、砖石垫高。

⑤串片式散热器安装时,应保持肋片完好。松动片数不允许超过总片数的2%。

⑥同一楼层,散热器安装高度应一致,特别是同一房间。散热器底部有管道通过时,其底与地面净距不得小于25 mm,一般情况下散热器底部距地面净距不得小于150 mm。

⑦散热器一般垂直安装,圆翼形散热器水平安装。串片式散热器尽可能平放,减少竖放。

⑧幼儿园的散热器必须暗装或加防护罩。

⑨垂直单、双管采暖系统,同一房间的两组散热器可串联连接,储藏室、盥洗室、厕所和厨房等辅助房间及走廊的散热器可与邻室串联。

⑩有冻结危险的楼梯间或其他有冻结危险的场所,应由单独的立、支管供暖。散热器前不得设调节阀。

⑪安装在装饰罩内的恒温阀必须采用外置传感器。

⑫片式组对散热器的组装片数不宜超过下列要求:上层 20 片(长度小于或等于1 200 mm);底层 25 片(长度小于或等于 1 500 mm)。如片数过多时,可分组串接,串接管径应大于或等于 25 mm,分组串接的散热器不宜超过两组。

(2)膨胀水箱

膨胀水箱是热水供暖系统中的重要附属设备之一。其作用是用来储存热水采暖系统加热的膨胀水量。在自然循环上供下回式系统中,它还起着排气作用。膨胀水箱的另一作用是恒定采暖系统的压力。在多个采暖建筑的同一供热系统中只能设一个膨胀水箱。

膨胀水箱一般用钢板制成,通常是圆形或矩形。箱上连有膨胀管、溢流管、信号管、排水管及循环管等管路,如图 2.35 所示。

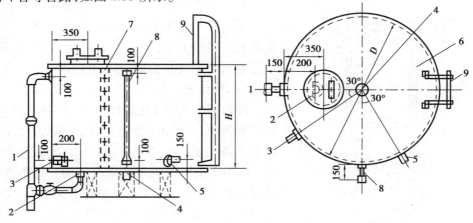

图 2.35 圆形膨胀水箱
1—溢流管;2—泄水管;3—循环管;4—膨胀管;5—信号管;
6—箱体;7—内人梯;8—水位计;9—外人梯

89

（3）排气装置

系统的水被加热时，会分离出空气。在系统停止运行时，通过不严密处也会渗入空气。系统充水后，也会有些空气残留在系统内。系统中如果积存空气，就会形成气塞，影响水的正常循环。因此，系统中必须设置排出空气的设备。目前，常见的排气设备主要有集气罐、自动排气阀和手动排气阀等。

1）集气罐

集气罐一般用直径为 $\phi100 \sim \phi250$ 的钢管焊接而成。它有立式和卧式两种。一般设于热水供暖系统供水干管末端的最高处，用于收集并排出热水供暖系统中的空气。如图2.36 所示，从其顶部引出 DN15 的排气管，排气管应引导至附近的排水设施处，末端安装阀门。

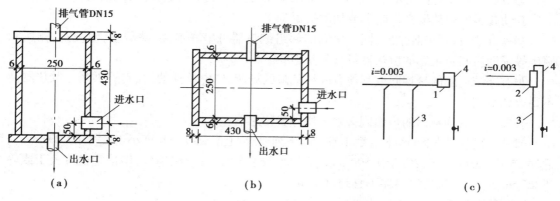

图 2.36　集气罐及安装位置示意图

2）自动排气阀

自动排气阀大多是依靠阀体内水对浮体的浮力，通过内部构件的传动作用自动启闭排气阀门，达到排气的目的，如图 2.37 所示。

自动排气阀与系统连接处应设阀门，以便于检修和更换排气阀。

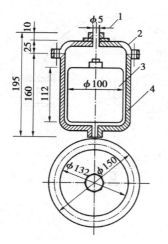

图 2.37　自动排气罐

1—排气孔；2—上盖；3—浮漂；4—外壳

3）手动放气阀

手动放气阀又称手动跑风，在热水供暖系统中安装在散热器的上端（蒸汽供暖时，安装在散热器 1/3 高度处），定期打开手轮，排出散热器内的空气。

（4）除污器

除污器的作用是截留过滤，并定期清除系统中的杂质和污物，以保证水质清洁，减少阻力，防止管路系统和设备堵塞。有立式直通、卧式直通和角通除污器，按国标制作，根据现场情况选用。如图为立式直通除污器，热水由进水管进入筒体，由于水流速度突然减小，使水中的污物沉降到筒底，较清洁的水经带有很多小孔的出水管流出。筒内杂质、污物通过下部的排污管定期排放。上部设排气管，定期排出筒内空气。

下列部位应安装除污器：

①一般安装在采暖系统入口的供水管上。

②循环水泵的吸水口处。

③各种换热设备之前。

④各种小口径调压装置，以及可能造成堵塞的某些装置前。

除污器前后应装阀门，并设置旁通管，在排污或检修时临时使用。

当安装地点有困难时，宜采用体积小、不占用使用面积的管道式过滤器。

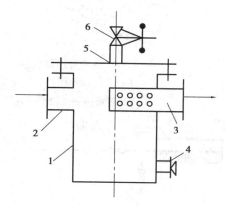

图2.38　立式直通除污器

1—外壳；2—进水管；3—出水管；4—排污管；
5—放气阀；6—截止阀

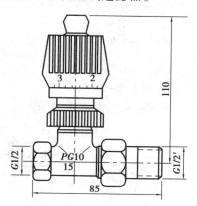

图2.39　散热器温控阀

（5）散热器恒温阀

散热器温控阀是一种自动控制散热器散热量的设备。可根据室温与给定温度之差自动调节热媒流量的大小，安装在散热器供水管上。它主要应用于双管系统，在单管跨越式系统中也可应用。这种设备具有恒定室温、节约热能的特点，在欧洲国家中使用广泛，我国也已有定型产品，如图2.39所示。

（6）疏水器

1）疏水器的作用

疏水器的作用是自动而迅速地排出蒸汽系统中散热设备和管道里的凝结水，并阻止蒸汽泄漏。

2）疏水器的选择

疏水器的选择应根据系统的压力、温度和流量等确定。脉冲式宜用于压力较高的工艺设备上；钟形浮子式、可调热胀式、可调恒温式（图2.40）等疏水器宜用于流量较大的管道上；热动力式（图2.41）、可调双金属片式宜用于流量较小的管道中；恒温式仅用于低压蒸汽系统上。

3）疏水器安装

疏水器前后应设阀门。在进水阀前设置冲洗管，排放系统冲洗时的污水和初运行时大量的凝结水；疏水器后设检查管，用来检查疏水器工作是否正常。大型系统设旁通管，以便检修时临时排水。不带过滤器的疏水器前应安装过滤器，以保证水质清洁。如图2.42所示为带有过滤器和旁通管的疏水器连接形式。

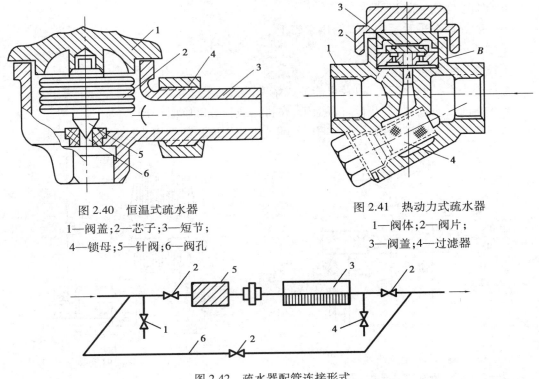

图 2.40　恒温式疏水器　　　　　图 2.41　热动力式疏水器
1—阀盖;2—芯子;3—短节;　　　　1—阀体;2—阀片;
4—锁母;5—针阀;6—阀孔　　　　3—阀盖;4—过滤器

图 2.42　疏水器配管连接形式
1—冲洗管;2—阀门;3—疏水器;4—检查管;5—过滤器;6—旁通管

图 2.43　活塞式减压阀
1—调节弹簧;2—金属薄膜;
3—辅阀;4—活塞;5—主阀;
6—主阀弹簧;7—调整螺栓

（7）调压装置

使用减压阀不仅能对蒸汽进行节流达到减压的目的,而且能自动将阀后压力维持在一定范围内工作。供热工程中常用的减压阀有活塞式、波纹管式和薄膜式等。如图 2.43 所示为活塞式减压阀的剖面图。

减压阀在管路上安装时,前后应设阀门,并分别安装高压和低压压力表,监测压力。为了防止阀后压力超过允许限度,阀后应有安全阀。在进气阀前设冲洗管,用来排放初运行时管道内的凝结水和杂质。减压阀前后设旁通管,以便维修时临时靠旁通管上的阀门减压。

减压阀应根据具体情况进行选择,具体如下:

①活塞式减压阀工作可靠,维修量小,减压范围大,占地面积小,适用范围广,常用于工作温度低于或等于 300 ℃ 的蒸汽管上。阀门前后压差为 0.15~0.45 MPa。

②波纹式减压阀调节范围大,用于工作温度低于或等于 200 ℃ 的蒸汽管上,特别适用于低压蒸汽供暖管上。阀门前后压差为 0.05~0.6 MPa。

③薄膜式减压阀工作可靠性较差,维修量大,减压范围较小,体积大,占地面积大,仅用于压力较低的管路上。

④当供汽压力要求不严格时,可以通过节流孔板或普通阀门减压,但阀前压力是经常变化的,会造成系统压力不稳定。

⑤一般宜采用活塞式减压阀,减压后压力不应小于 0.1 MPa。若要求减至 0.07 MPa 以下,应再设波纹式减压阀或用截止阀进行二次减压。

减压阀的安装按下列要求进行:

①当压力差为 0.1~0.2 MPa 时,可串联安装两个截止阀减压。

②减压阀有方向性,不得反装,并应垂直安装在水平管上。对带均压管的减压阀,均压管应装在低压管侧。

③截止阀均采用法兰阀,旁通管可垂直和水平安装。

④减压阀两侧应设压力表,阀后应设安全阀。

(8)安全阀

安全阀是限定最高压力的装置,超压时自动开启泄压,降压后自动关闭。按结构的不同,可分为弹簧式和重锤式两类。弹簧式安全阀体积小,运行操作简单,一般用于温度和压力不太高的系统。重锤式安全阀多用于温度和压力较高的系统(如锅炉)上。

供暖管道常用微启式弹簧安全阀,如图 2.44 所示。这种安全阀在超压时泄放量小,可减少热媒损失。

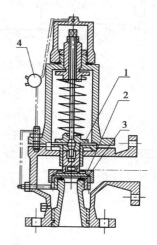

图 2.44　弹簧式安全阀
1—阀瓣;2—反冲盖;
3—阀座;4—铅封

(9)补偿器

各种热媒在管道中流动时,管道受热而膨胀,故在热力管网中应考虑对其进行补偿。采暖管道必须通过热膨胀计算确定管道的增长量。

补偿器有方形补偿器、套管补偿器和波纹管补偿器等,如图 2.45—图 2.47 所示。

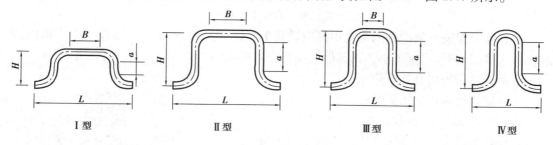

Ⅰ型　　Ⅱ型　　Ⅲ型　　Ⅳ型

图 2.45　方形补偿器
Ⅰ型 $B=2a$;Ⅱ型 $B=a$;Ⅲ型 $B=0.5a$;Ⅳ型 $B=0$;L—开口长度

当地方狭小,方形补偿器无法安装时,可采用套管式补偿器或波纹管补偿器。但套管补偿器易漏水漏气,宜安装在地沟内,不宜安装在建筑物上部;波纹管补偿器材质为不锈钢,补偿能力大,耐腐蚀,但造价高。

(10)平衡阀

平衡阀可有效地保证管网静态水力及热力平衡。它安装于小区室外管网系统中,消除小区内个别住宅楼室温过低或过高的现象,同时可达到节约煤和电的目的。

平衡阀的工作原理是通过改变阀芯与阀座的开度间隙来改变流体流经阀门的阻力,达

93

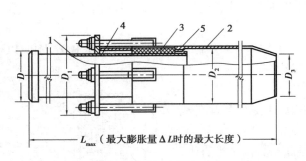

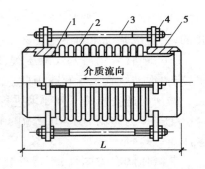

图 2.46　套筒补偿器　　　　　　　图 2.47　轴向型波纹管补偿器
1—芯管;2—壳体;3—填料圈;　　　　　1—导流管;2—波纹管;
4—前压盖;5—后压盖　　　　　　3—限位拉杆;4—限位螺母;5—端管

到调节流量的目的,它相当于一个局部阻力可以调节的节流元件。如图 2.48 所示为自动平衡阀。

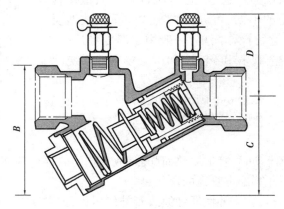

图 2.48　自动平衡阀

所有要求保证流量的管网系统中都应设置平衡阀,每个环路中只需要设一个平衡阀,安装在供水或回水管上,且不必再设其他起关闭作用的阀门。

平衡阀适用的场合如下:

①锅炉或冷水机组水流量的平衡。

②热力站的一、二次环路水流量的平衡。

③小区供热管网中各幢楼之间水流量的平衡。

④建筑物内的采暖或空调水力系统中水流量的平衡。

(11)分水器、集水器和分汽缸

当需要从总管接出两个以上分支环路时,考虑各环路之间的压力平衡和使用功能的要求,宜用分水器、分汽缸和集水器。分水器用于热水或空调冷水管上,集水器用于回水管路中,分汽缸用于蒸汽管上。

分水器、集水器、分汽缸的直径应为 $1.5 \sim 3d_{max}$(d_{max} 为各支管中的最大管径)。

分水器、集水器、分汽缸一般应安装压力表和温度计,并应保温;可采取落地或墙上安装。

（12）**换热器**

换热器前,应装除污器或过滤器,其系统补水应进行软化处理。换热器的种类主要有以下 4 种:

①固定管板的壳管式汽-水换热器。适用于温差小、压力不高及壳程结垢不严重的场合。

②喷管式换热器。加热快、体积小、安装方便、调节灵活,适用于温差大、噪声小的场合。

③螺旋板式换热器。造价低、体积小,但易蹿水,适用于供暖换热。

④不锈钢板式换热器。效率高,拆装方便,造价较高,易阻塞,适用于供暖、空调水系统等换热,如图 2.49 所示。此外,还有 U 形壳管式汽-水换热器(图 2.50)、波纹管系列换热器、浮动盘管系列汽-水换热器等。

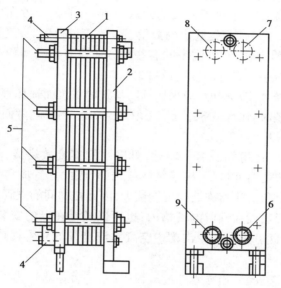

图 2.49　板式换热器

1—加热板片;2—固定盖板;3—活动盖板;4—定位螺栓;5—压紧螺栓;
6—被加热水进口;7—被加热水出口;8—加热水进口;9—加热水出口

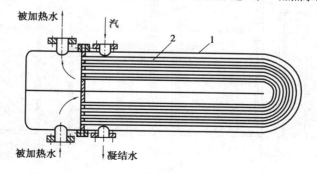

图 2.50　U 形壳管式汽-水换热器
1—外壳;2—管束

8.供暖系统的布置、敷设与安装

（1）室内采暖管道的布置与敷设

在布置采暖系统管网时，一般首先在建筑平面图上布置散热器，然后布置干管，再布置立管，最后确定整个系统管网的布置。布置采暖管网时，管路沿墙、梁、柱平行敷设，力求布置合理；安装、维护方便；有利于排气；水力条件良好；不影响室内美观。

1）干管的布置与敷设

①对于上供下回式系统，美观要求比较高的民用建筑，采暖干管可布置在建筑物顶部的吊顶内，明装时可布置在顶层的顶棚以下，顶棚的过梁面标高距窗户顶部之间的距离应满足采暖干管的坡度和集气罐的设置要求。

②对于下供下回式系统或上供下回式的回水干管，一般都布置在建筑物底层地坪下面的管沟内。管沟的高度、宽度应根据管道的数量、管径、管道长度、坡度以及安装与检修所需的空间来决定。为了检修方便，在管沟中的有些地方应设有活动盖板或检修人孔。沟底应有 0.003 的坡向采暖系统引入口的坡度用以排水。

③采暖管道穿越建筑物变形缝时，应采取预防建筑物下沉而损坏管道的措施。当采暖管道必须穿过建筑物防火墙时，在管道穿过处应采取固定和密封措施，并使管道可向两侧伸缩。

2）立管的布置与敷设

①采暖立管一般布置在房间的窗间墙处，可向两侧连接散热器；对于两面有外墙的房间，由于两面外墙的交接处温度最低，极易结露或结霜，因此立管应布置在房间的外墙的转角处；楼梯间的采暖管道和散热器冻结的可能性大，因此楼梯间的立管一般单独设置。

②立管暗装时，一般敷设在预留的墙槽内；也可以敷设在专门安装管道的竖井中，并可把几种管道同时敷设在此。为了减少沟槽内空气对流造成的立管耗热量，在多层建筑中沟槽在楼板处应隔开。

③立管应与地面垂直安装，当立管穿过楼板（或水平管穿墙），为了使管道可自由移动且不损坏楼板或墙面，应在穿楼板（图2.51）或隔墙的位置预埋套管。

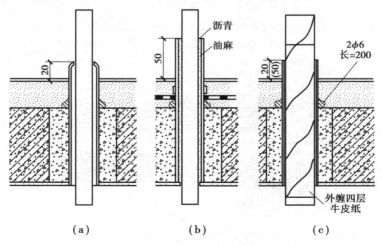

图 2.51　管道穿楼板

3)支管的布置与敷设

支管的布置与散热器的位置、进水和出水口的位置有关。支管与散热器的连接方式有上进下出、下进上出和下进下出 3 种形式,如图 2.52 所示。散热器支管进水、出水口可布置在同侧,也可布置在异侧。设计时,尽量采用上进下出、同侧连接方式。这种连接方式具有传热系数大、管路最短、美观的优点。安装散热器支管时,应有坡度以利排气,坡度一般采用1%(图 2.53)。

(a)上进下出　　(b)下进上出　　(c)下进下出

图 2.52　支管与散热器的连接

(2)室内采暖管道安装的基本技术要求

室内供暖管道的安装方式有明装和暗装两种。一般民用建筑、公共建筑及工业厂房多采用明装;装饰要求较高的建筑物如剧院、礼堂、展览馆以及由特殊要求的建筑物宜采用暗装。

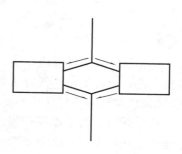

室内供暖管道安装顺序一般为先安装总管,接着安装散热设备,再安装立管,最后安装支管。室内供暖管道安装应按施工图进行,安装系统既受土建施工进度的限制,又要与土建、给水排水、电气安装相协调。因此,施工时必须全面考虑,密切配合。

图 2.53　散热器支管的坡向

1)供暖总管的安装

室内供暖管道以入口阀门为界,由总供水(汽)和回水(凝结水)管构成管道上安装有总控制阀门及入口装置(如减压、调压、除污、疏水、测压、测温等装置),用以调节测控和启闭,如图 2.54 和图 2.55 所示。

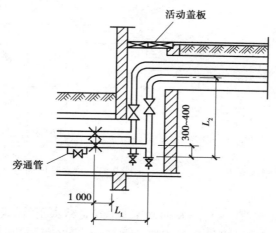

图 2.54　热水供暖入口总管安装

因供暖系统入口需穿越建筑物基础,因此,应预留孔洞。

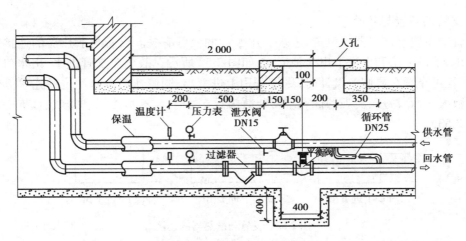

图 2.55　热水供暖入口总示意图

2）总立管的安装

总立管的安装位置应正确,穿楼板时应预留孔洞。安装前,应检查楼板预留管洞的位置和尺寸是否符合要求。其方法是由上至下穿过孔洞挂铅垂线,弹画出总管安装的垂直中心线,作为总立管定位与安装的基准线。

总立管自下而上逐层安装,应尽可能使用长管,减少接口数量。为便于焊接,接口应置于楼板上 0.4~1.0 m 处为宜。

每安装一层总立管,应用角钢、U 形管卡或立管卡固定,以保证管道的稳定及各层立管量尺的准确,使其保持垂直度,如图 2.56 所示。

总立管顶部分为两个水平分支干管时,应考虑管道热膨胀的自然补偿(图 2.57)。

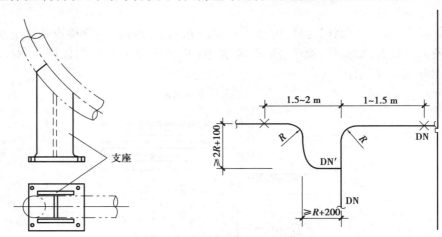

图 2.56　总立管的刚性支座　　　　　图 2.57　总立管顶部分为两水平支管

3）干管的安装

干管分为供热干管(或蒸汽干管)及回水干管(或凝结水干管)两种。按保温情况分为保温干管和不保温干管两种。当供热干管安装在地沟、设备层、屋顶内时,应做保温。当明装于顶层板下和明装地面上时,可不做保温。

干管的安装程序一般是:确定干管位置、画线定位、安装支架(如管卡、托架、吊架)、管道就位、管道连接、立管短管开孔焊接、水压试验、防腐保温等施工程序进行。干管安装标高、坡度应符合设计要求和规范规定。上供下回式系统的热水干管变径应用高平偏心连接（图2.58），蒸汽干管应用低平偏心连接，凝结水管道应采用正心大小头连接。干管与分支干管连接如图2.59所示。

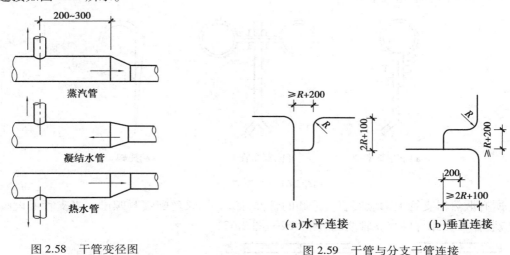

图2.58 干管变径图

图2.59 干管与分支干管连接

4）立管的安装

室内采暖立管有单管、双管两种形式；立管的安装有明装、暗装两种安装形式；立管与散热器支管的连接又分为单侧连接和双侧连接两种形式。因此，安装前均应对照图纸予以明确。

采暖立管安装的关键是垂直度和量尺下料的准确性；否则，难以保证散热器支管的坡度（图2.60）。

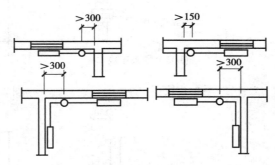

图2.60 采暖立管安装位置图

采暖立管安装宜在各楼层地坪施工完毕或散热器挂装后进行，这样便于干管的预制和量尺下料。

对垂直式供暖系统，立管由供水干管接出时，对热水立管应从干管底部接出。

对蒸汽立管，应从干管的侧部或顶部接出。立管与设于地面或地沟内的回水干管连接时，一般用两个或3个弯头连接起来，并应在立管底部安装泄水丝堵。

5）散热器支管的安装

散热器支管安装一般是在立管和散热器安装完毕后进行。支管与散热器之间，不应强制进行连接，以免因受力造成渗漏或配件损坏；也不应用调整散热器的位置来满足与支管的连接,以免散热器的安装偏差过大。

散热器立管和支管相交,立管应弯绕过支管;散热器支管长度大于 1.5 m 时,应在中间安装管卡或托钩(图2.61)。其目的是绕弯美观和便于安装及维修。支管过长超出管材自身允许刚度,容易弯曲,故安装钩、卡。

(a)单立管卡 (b)双立管卡 (c)托钩

图 2.61 立管卡、托钩

所有散热器支管上都应安装可拆卸的管件,如活节、长丝配锁紧螺母。当支管上设阀门时,应装在可拆卸管件与立管之间(图2.62—图2.65)。

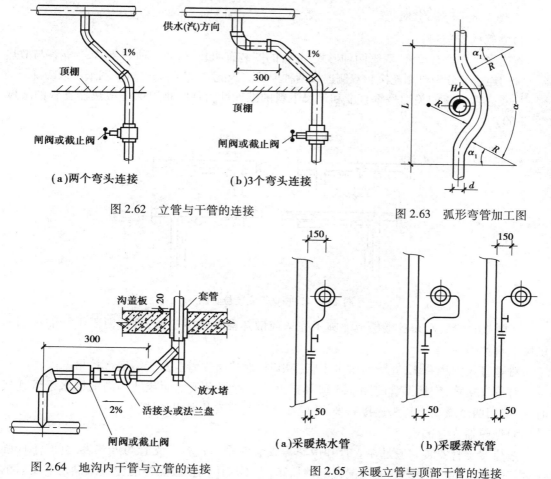

(a)两个弯头连接 (b)3个弯头连接

图 2.62 立管与干管的连接

图 2.63 弧形弯管加工图

图 2.64 地沟内干管与立管的连接

(a)采暖热水管 (b)采暖蒸汽管

图 2.65 采暖立管与顶部干管的连接

支管与散热器连接时,对半暗装散热器应用直管段连接;对明装和全暗装散热器,应用灯叉弯进行连接,尽量避免用弯头连接(图2.66—图2.68)。

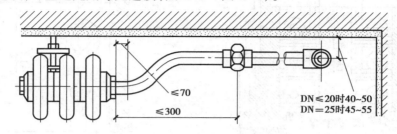

图2.66 用灯叉弯连接支管与散热器

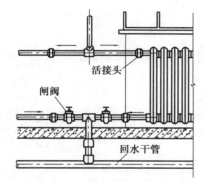

图2.67 支管与散热器的一般连接形式

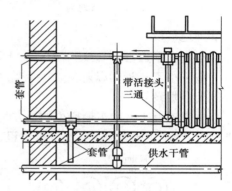

图2.68 带跨越管的散热器支管安装

6)支吊架的安装

供暖管道承托于支架上,支架应稳固可靠。预埋支架时要考虑管道按设计要求的坡度敷设。为此,须先确定干管两端的标高,中间支架的标高可由该点拉直线的办法确定。

(3)室外供热管道的布置与敷设

1)管道的布置

地下供热管道的埋设深度一般不考虑冻结问题,对于直埋管道,在车行道下为0.8~1.2 m,在非车行道下为0.6 m左右。管沟顶上的覆土深度一般不小于0.3 m。埋地管线坡度应尽量采用与自然地面相同的坡度。

架空管道设于人和车辆稀少的地方时,采用低支架敷设,交通频繁之处采用中支架敷设,穿越主干道时采用高支架敷设。

2)管道的敷设

管道的敷设分为管沟敷设、埋地敷设和架空敷设。

①管沟敷设

根据管沟内人行通道的设置情况,可分为通行管沟、半通行管沟和不通行管沟(图2.69—图2.71)。

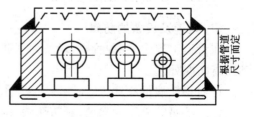

图2.69 不通行地沟

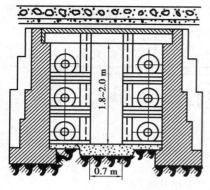

图 2.70　通行地沟

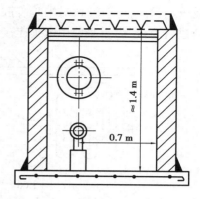

图 2.71　半通行地沟

②埋地敷设

对于直埋管道,在车行道下为 0.8~1.2 m,在非车行道下为 0.6 m 左右;管沟顶上的覆土深度一般不小于 0.3 m,以避免直接承受地面的作用力。

③架空敷设

架空管道设于人和车辆稀少的地方时,采用低支架敷设(图 2.72);交通频繁之处采用中支架敷设,穿越主干道时采用高支架敷设,如图 2.73 所示。

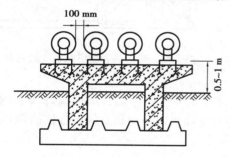

图 2.72　低支架敷设

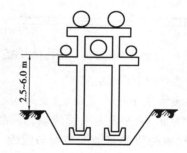

图 2.73　中、高支架敷设

低支架敷设时,低支架上管道保温层的底部与地面间的净距通常为 0.5~1.0 m,两个相邻管道保温层外面的间距,一般为 0.1~0.2 m。中支架净空高度为 2.5~4.0 m。高支架净空高度为 4.5~6.0 m。

9.管道、设备的防腐与保温

(1)管道及设备的防腐

在管道工程中,各种管材、设备为了防止其产生锈蚀而受到破坏,需要对这些管材和设备进行防腐处理。

1)管道防腐的程序

管道防腐的程序为除锈、刷防锈漆、刷面漆。

2)常用油漆

①红丹防锈漆

它多用于地沟内保温的采暖及热水供应管道和设备。由油性红丹防锈漆和 200 号溶剂汽油按4∶1比例配制。

②防锈漆

它多用于地沟内不保温的管道。它是由酚醛防锈漆与200号溶剂汽油按照3.3∶1比例配制的。

③银粉漆

它用于室内采暖管道、给水排水管道及室内明装设备面漆。它是由银粉、200号汽油、酚醛清漆按照1∶8∶4比例配制。

④调和漆

它多用于有装饰要求的管道和设备的面漆。它是由酚醛调和漆和汽油按照9.5∶1的比例配制的。

⑤冷底子油

它多用于埋地管材的第一遍漆。它是由沥青和汽油按照1∶2.2比例配制的。

⑥沥青漆

它多用于埋地给水或排水管道的防水。它是由煤焦沥青漆和动力苯按照6.2∶1的比例配制的。

3）防腐要求

①明装管道和设备必须刷一道防锈漆、两道面漆。如需保温和防结露处理,应刷两道防锈漆,不刷面漆。

②暗装的管道和设备,应刷两道防锈漆。

③埋地钢管的防腐应根据土壤的腐蚀性能而定。

④出厂未涂油的排水铸铁管和管件,埋地安装前应在管道外壁涂两道石油沥青。

⑤涂刷应厚度均匀,不得有脱皮、起泡、流淌和漏涂。

⑥防腐严禁在雨、雾、雪和大风天气操作。

（2）管道及设备的保温

1）保温的一般要求

为了减少在输送过程中的热量损失,节约燃料,必须对管道和设备进行保温。保温应在防腐和水压试验合格后进行。

对保温材料的要求是:质量轻,来源广泛,热传导率小,隔热性能好,阻燃性能好,吸音率良,绝缘性高,耐腐蚀性高,吸湿率低,施工简单,价格低廉。

2）常用的保温材料

①水泥膨胀珍珠岩管壳。具有较好的保温性能,产量大,价格低廉,是目前管道保温常用材料。

②岩棉、矿棉及玻璃棉管壳,保温效果好,施工方便（图2.74和图2.75）。

3）保温层的做法

保温结构一般由保温层和保护层两部分组成。保温层主要由保温材料组成,具有绝热保温的作用。保护层主要保护保温层不受风、雨、雪的侵蚀和破坏,同时可防潮、防水、防腐,延长管道的使用年限。

①涂抹法

它用于石棉灰、石棉硅藻土。其做法是:先在管子上缠以草绳,再将石棉灰调和成糊状

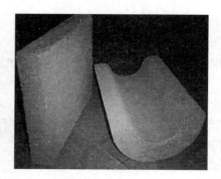

图 2.74　水泥膨胀珍珠岩棉壳

抹在草绳外面。这些材料由于施工慢、保温性能差,已逐步被淘汰。

②预制法

在工厂或预制厂将保温材料制成扇形、梯形、半圆形或制成管壳,然后将其捆扎在管子外面,可用铁丝扎紧。这种预制法施工简单,保温效果好,是目前使用比较广泛的一种保温做法。

③包扎法

它用于矿渣棉毡或玻璃棉毡。首先将棉毡按管子

图 2.75　玻璃棉管壳

的周长搭接宽度裁好,然后包在管子上,搭接缝在管子上部,外面用镀锌铁丝缠绑。包扎式保温必须采用干燥的保温材料,宜用油毡玻璃丝布做保护层。

④填充式

填充式是将松散粒状或纤维保温材料如矿渣棉、玻璃棉等充填于管道周围的特制外套或铁丝网中,或直接充填于地沟内或无沟敷设的槽内。这种保温方法造价低、保温效果好。

⑤浇灌式

它用于不通行地沟或直埋敷设的热力管道。其具体做法是把配好的原料注入钢制的模具内,在管外直接发泡成型。

4)保护层的做法

保温层干燥后,可作保护层。

①沥青油毡保护层

其具体做法与包扎法相似,所不同的是搭接缝在管子的侧面,缝口朝下,搭接缝用热沥青粘住。

②缠裹材料保护层

在室内采暖管道常用玻璃丝布、棉布、麻布等材料缠裹作为保护层。如需作防潮,可在布上刷沥青漆。

③石棉水泥保护层

泡沫混凝土、矿渣棉、石棉硅藻土等保温层常用石棉水泥保护层。其具体做法是先将石棉与 400 号水泥按照 3∶17 的质量比搅拌均匀,再用水调和成糊状,涂抹在保温层外面。厚度为 10~15 mm。

④铁皮保护层

为了提高保护层的坚固性和防潮作用,可采用铁皮保护层。铁皮保护层适用于预制瓦片保温和包扎保温层中。其具体做法是铁皮下料后,用压边机压边,用滚圆机滚圆。铁皮应紧贴保温层,不留空隙,纵缝搭口朝下,铁皮的搭接长度为环向 30 mm;纵向不小于 30 mm,铁皮用半圆头自攻螺钉紧固。

任务实施

任务导入的问题已经在任务引领中阐述,此处不再赘述。

任务拓展

一、填空题

1.供暖系统主要由_____、_____和_____3 部分组成。

2.供暖系统常用的排气设备有_____、_____和_____。

3.写出学过的 3 种材质的散热器:_____、_____和_____。

4.供暖系统常用的热媒有_____、_____和_____。

二、拓展题

1.查阅资料,论述分户热计量采暖系统的形式及特点。

2.查阅资料,对蒸汽采暖系统和热水采暖系统的热媒特点及系统形式进行比较。

任务 2 采暖施工图识读

任务导入

任务 1:建筑采暖工程施工图由哪几部分组成?

任务 2:如何识读采暖工程施工图?

任务 3:建筑采暖工程图纸具体主要表现哪些内容?

任务 4:建筑采暖工程的常用标准图集有哪些?

任务 5:识读某宿舍楼采暖图(见电子资源),确定以下内容:

1.建筑物的基本情况。

2.管道、设备及附件的平面位置、规格、数量。

3.干管、立管、支管的走向。

任务引领

1.建筑采暖施工图的组成和内容

与建筑给水排水施工图一样,室内采暖施工图一般由图纸目录、主要设备及材料表、设计说明、图例、平面图、系统图及施工详图等组成。

目录是对图样的编号,并注有图样名称。设计说明标明有关设计参数、设计范围及施工安装要求。平面图表示设备和管道的平面位置。系统图表示设备和管道的空间位置。详图表明设备的制造、管件的加工和某些局部安装有特殊的要求和做法。标准图是指国家和行业、地方对于建筑设备制造安装的通用设计文件。

采暖施工图中的平面图、剖面图、详图等以正投影方法绘制;系统图以轴测投影法绘制,并宜用正等轴测或正面斜轴测;管道常用单线绘制,根据需要剖面图、详图也常采用双线绘制管道;建筑物轮廓与建筑图一致;图中管道附件和采暖设备采用统一图例表示。具体内容如下:

(1)**设计施工说明**

采暖施工图的设计施工说明是整个采暖施工中的指导性文件,通常阐述以下内容:采暖室内外计算温度;采暖建筑面积,采暖热负荷,建筑面积热指标;建筑物供热入口数,入口的热负荷,压力损失;热媒种类、来源,入口装置形式及安装方法;采用何种散热器,管道材质及其连接方式;采暖系统防腐,保温作法;散热器组装后试压及系统试压的要求等。其他未说明的各项施工要求应遵守规范的有关规定也应予以说明。

(2)**采暖平面图**

①采暖管道系统的干管、立管、支管的平面位置、走向、立管编号和管道安装方式。

②散热器平面位置、规格、数量及安装方式(明装或暗装)。

③采暖干管上的阀门、固定支架以及与采暖系统有关的设备(如膨胀水箱、集气罐、疏水器等平面位置、规格、型号等)。

④热媒入口及入口地沟情况,热媒来源、流向及与室外热网的连接。

(3)**采暖系统图**

识读采暖系统图时,应弄清楚管道系统的空间布置情况和散热器的空间连接形式,管道的管径、标高、坡度、立管编号、系统编号以及各种设备、部件在管道系统中的位置。把系统图与平面图对照阅读,可了解整个采暖系统的全貌。

(4)**采暖详图**

由于平面图和系统图所用比例小,管道及设备等均用图例表示,它们的构造及安装情况都不能表示清楚,因此,必须按大比例画出构造安装详图。

2.建筑采暖施工图的表示方法

(1)**系统编号**

采暖两个及以上的不同系统时,应进行系统编号。采暖系统编号、入口编号,应由系统代号和顺序号组成(图2.76)。

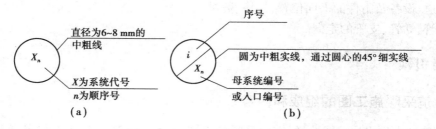

图2.76　系统代号、编号的画法

系统编号宜标注在系统总管处。竖向布置的垂直管道系统,应标注立管号(图 2.77)。

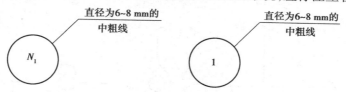

图 2.77　立管编号的画法

（2）**采暖系统管道标高、管径（压力）、尺寸标注**

①标高符号应以直角等腰三角形表示,如图 2.78 所示。

②水、汽管道所注标高未予说明时,表示管中心标高。管道标注管外底或顶标高时,应在数字前加"底"或"顶"字样。

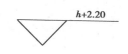

③低压流体输送用焊接管道规格应标注公称通径或压力。公称通径的标记由字母"DN"后跟一个以毫米表示的数值组成。

图 2.78　相对标高的画法

④输送流体用无缝钢管、螺旋缝或直缝焊接钢管、铜管、不锈钢管,当需要注明外径和壁厚时,用"D（或 ϕ）外径×壁厚"表示。塑料管用"d_e"表示,如"d_e100"。

⑤水平管道的规格宜标注在管道的上方;竖向管道的规格宜标在管道的左侧。双线表示的管道,其规格可标注在管道轮廓线内。

（3）**管道转向、分支、重叠的画法**

管道转向、分支、重叠的画法如图 2.79—图 2.83 所示。

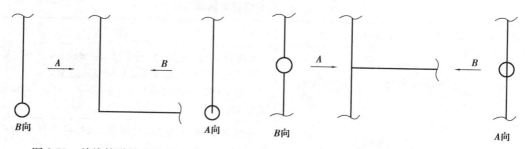

图 2.79　单线管道转向的画法　　　　图 2.80　单线管道分支的画法

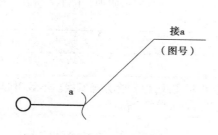

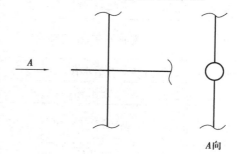

图 2.81　管道在本图中断的画法　　　　图 2.82　管道交叉的画法

（4）**常用比例**

总平面图、平面图的比例,宜与工程项目设计的主导专业一致,其余可按表 2.2 选用。

107

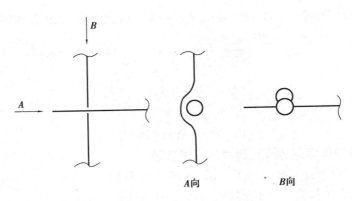

图 2.83　管道跨越的画法

表 2.2　比例

图　名	常用比例	可用比例
剖面图	1∶50、1∶100、1∶150、1∶200	1∶300
局部放大图、管沟断面图	1∶20、1∶50、1∶100	1∶30、1∶40、1∶50、1∶200
索引图、详图	1∶1、1∶2、1∶5、1∶10、1∶20	1∶3、1∶4、1∶15

（5）常用图例

①水、汽管道代号宜按表 2.3 选用。

表 2.3　水、汽管道代号图例

代　号	管道名称	备　注
R	（供暖、生活、工艺用）热水管	1.用粗实线、粗虚线区分供水、回水时,可省略代号 2.可附加阿拉伯数字 1、2 区分给水、回水 3.可附加阿拉伯数字 1、2、3 表示一个代号、不同参数的多种管道
Z	蒸汽管	需要区分饱和、过热、自用蒸汽时,可在代号前分别附加 B、G、Z
N	凝结管	
P	膨胀水管、排污管	需要区分时,可在代号后附加一位小写拼音字母,即 Pz、Pw、Pq、Pt
G	补给水管	
X	泄水管	
XH	循环管、信号管	循环管为粗实线,信号管为虚实线。不致引起误解时,循环管也可用"X"表示
Y	溢排管	
L	空调冷水管	
LR	空调冷/热水管	

续表

代　号	管道名称	备　注
LQ	空调冷却水管	
n	空调冷凝水管	
RH	软化水管	
CY	除氧水管	
YY	盐液罐	
FQ	氟气管	
FY	氟液管	

②水、汽管道阀门和附件宜按表 2.4 选用。

表 2.4　水、汽管道阀门和附件

名　称	图　例	附　注
阀门(通用)、截止阀	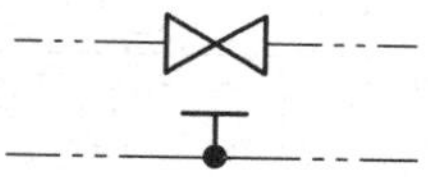	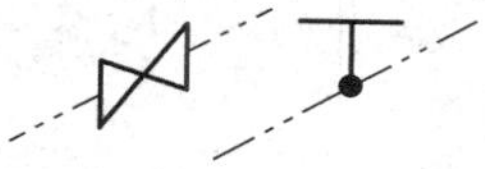 1.没有说明时表示螺纹连接 法兰连接时  焊接时  
闸阀		2.轴测图画法 　阀杆为垂直 阀杆为水平
手动调节阀		
球阀、转心阀		
蝶阀	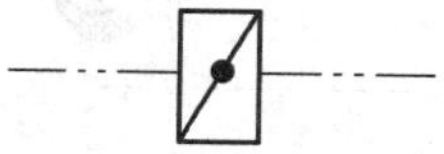	
角阀	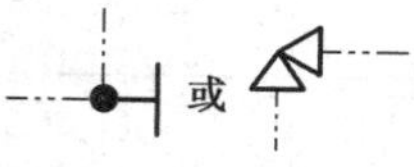 或	

续表

名　　称	图　　例	附　　注
平衡阀		
三通阀	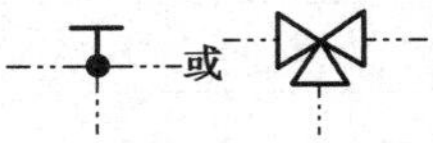 或	
四通阀	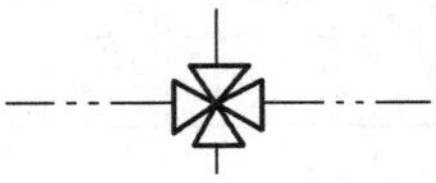	
节流阀		
膨胀阀	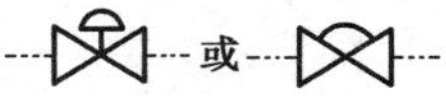 或	也称"隔膜阀"
旋塞	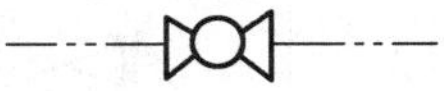	
快放阀		也称"快速排污阀"
止回阀	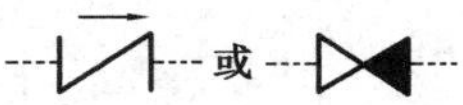 或	左图为通用,右图为升降式止回阀,流向同左。其余同阀门类推
减压阀	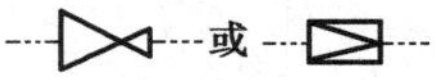 或	左图小三角为高压端,右图右侧为高压端。其余同阀门类推
安全阀		左图为通用,中为弹簧安全阀,右为重锤安全阀
疏水阀	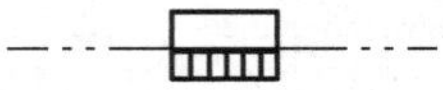	在不致引起误解时,也可用——表示,也称"疏水器" 
浮球阀	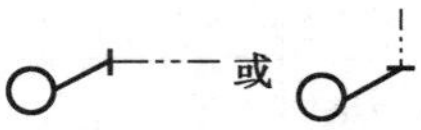 或	
集气管、排气装置	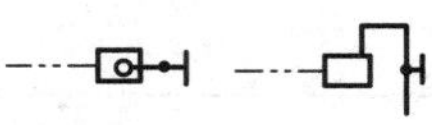	左图为平面图

续表

名　称	图　例	附　注
自动排气阀		
除污器（过滤器）	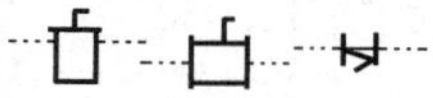	左为立式除污器,中为卧式除污器,右为 Y 型过滤器
节流孔板、减压孔板	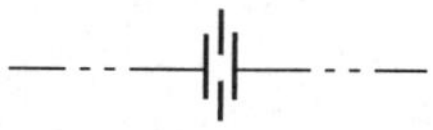	在不致引起误解时,也可用 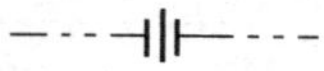 —·—||—·— 表示
补偿器		也称"伸缩器"
矩形补偿器	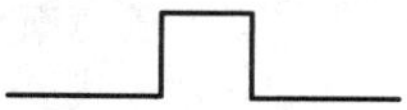	
套管补偿器	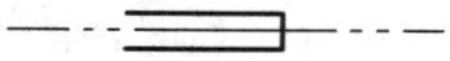	
波纹管补偿器	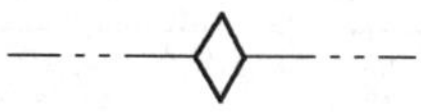	
弧形补偿器		
球形补偿器	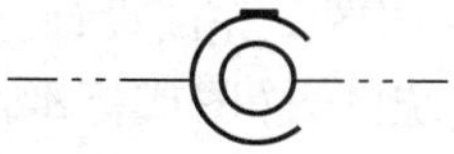	
变径管异径管		左图为同心异径管,右图为偏心异径管
活接头	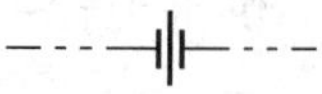	
法兰	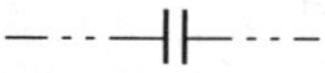	
法兰盖	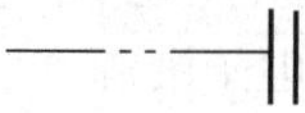	
丝堵		也可表示为 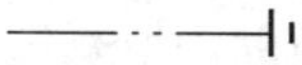 —— —·— ||
可屈挠橡胶软接头		

续表

名　称	图　例	附　注
金属软管		可表示为 
绝热管		
保护套管	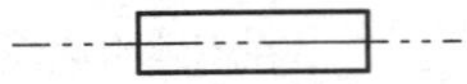	
伴热管	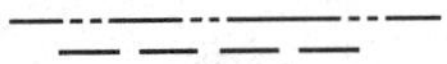	
固定支架	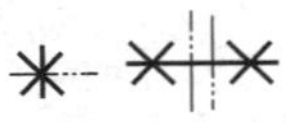	
介质流向	 或 	在管道断开处时流向符号宜标注在管道中心线上,其余可同管径标注位置
坡度及坡向	$i=0.003$ 或 $i=0.003$	坡度数值不宜与管道起、止点标高同时标注。标注位置同管径标注位置

3.建筑采暖施工图识读

识读施工图时,应首先对照图纸目录,检查整套图纸是否完整,每张图纸的图名是否与图纸目录所列的图名相符,在确认无误后再正式阅图。先读设计施工说明,并掌握与图纸有关的设备及图例符号;后看各层平面图,再看系统图、详图或标准图及通用图,相互对照,既要看清楚系统本身的全貌与各部位的关系,也要搞清楚采暖系统与建筑物的关系和在建筑物中所处的位置。

平面图和系统图是采暖施工图中的主要图纸,看图时应该相互联系和对照。一般按照热媒的流动方向阅读,即供水总管→供水总立管→供水干管→供水立管→供水支管→散热器→回水支管→回水立管→回水干管→回水总管。

任务实施

任务1—任务4的内容在任务引领中已经阐述,此处不再赘述。

任务5 识读某5层宿舍楼采暖工程施工图见电子资源。

1.阅读设计说明

先看设计说明,了解该系统总的采暖热负荷为228.5 kW,系统采用的热媒为95/70 ℃热水;室外设计温度-13 ℃;室内设计温度:宿舍、办公室18 ℃,内务库房、走道、楼梯间、公共卫生间16 ℃;采暖系统采用上供下回垂直单管同程采暖系统;管材采用焊接钢管,DN≤32 mm时,采用丝扣连接;DN>32时采用焊接连接;系统所采用散热器为柱翼铸铁TZY2-6-5

型散热器,工作压力:0.5 MPa,窗下落地明装。

防腐做法:明设管道、管附件、散热器支架刷红丹漆、瓷漆各两遍,暗设管道、管件、支架除锈后涂防腐漆两遍。保温做法:管沟内设供回水管道均以岩棉管壳保温,厚度详见甘02N3-21,不同管径不同厚度(100 ℃)。保温层采用铅丝绑扎,外包玻璃丝布两层,表面涂灰色调和漆两道。

系统水压试验:系统安装完毕后,未保温前对系统试压,钢管试验压力为 0.60 MPa,10 min内压力下降不大于 0.02 MPa,降至 0.4 MPa 后检查,不渗、不漏为合格,试压合格后还应将系统反复注水冲洗,排水中不含杂质且水色不浑浊为合格。

2.读平面图对建筑物平面布置情况进行初步了解

该建筑物总长 50 m,总宽 15.8 m,共 5 层,1 个热力入口,建筑内设有宿舍、办公室、盥洗间、卫生间,各层布置基本相同。

3.查看各层平面图,弄清各房间散热器的布置位置及具体片数

从平面图可知,该建筑物内各房间、楼梯间、走廊均布置散热器,所有散热器沿外墙窗台下布置,各层散热器布置位置除一层门厅沿内墙布置其余完全相同,各个房间散热器分别标注在平面图。

4.看平面图,了解热力入口、供水干管、回水干管、立管的设置情况

由 1 层及 5 层平面图可知,供水总管在底层从西面沿轴线 3 经地沟引入,供水总立管设在 1 轴线与 A 轴线相交处宿舍的柱子旁边,由一层引至五层顶板下,东西分为两支路。东环路从 N1—N13 排序,共 13 个立管,西环路从 N14—N26 排序,共 13 个立管,两个环路连接立管数相等。

供水干管穿梁敷设在五层楼板下,两环路均设坡度,坡向总立管方向,坡度 $i = 0.003$。两环路末端均设自动排气阀,设在西北方向的卫生间内。

采暖立管设于各采暖房间的墙角或者内墙处,宿舍和办公室设独立或共用立管,盥洗室和楼梯间及走廊两端均设独立的立管。各个立管供水经每层散热器散热降温后,至地沟内两回水干管支路汇合在立管 N26 与 N13 之间交于一回水总干管,在地沟内由北向南,由西向东走至采暖引入口处。回水总干管与供水总干管在同一位置处为热力入口,供回水总干管管径为 DN70,热力入口处设有截止阀、压力表、温度计、循环管、泄水阀等。

5.结合平面图与系统图,弄清管网及管道布置情况

由平面图和系统图可知,该系统为上供下回单管跨越式系统,整个系统分两个环路,东环路和西环路,供水干管穿梁敷设在顶层楼板下,回水干管敷设在一层以下地沟内。地沟尺寸:1 轴线~10 轴线之间为 $B×H = 1\ 200×1\ 000$,其余为 $B×H = 1\ 000×1\ 000$。地沟尺寸为采暖和给排水共用地沟。

系统共设 26 根立管,两支路各 13 根立管。DN70 的供水总管从 3 轴线处穿外墙进入室内,与供水总立管连接,上升至 5 层顶板下与顶层的两环路供水干管相接,两环路供水干管起点标高 16.050 m。两环路供水干管沿外墙逆坡敷设,坡向与水流方向相反,末端设自动排气阀。各个立管管径为 DN20,每根立管上、下各设截止阀 1 个。两环路回水干管起点标高 −0.800 m。顺坡敷设,坡度 $i = 0.003$,两环路在 9 轴线与 10 轴线之间交汇为一根排水干管,向南沿地沟内敷设直到 3 轴线旁穿墙引出建筑物。供、回水干管管径、坡度、标高等标注情况见系统图。

6.其他

施工要求按《建筑给水排水及采暖工程施工质量验收规范》(GB 50242—2002)执行。

通过平面图和系统图,可了解建筑物内整个采暖系统的空间布置情况,但有些部位的具体做法还需要查看详图,如散热器的安装,管道支架的固定等都需要阅读相关的施工详图或者标准图集。

干管上设固定支架情况,供水干管上有4个,回水干管上有4个,具体位置在平面图上已标示出来了,立、支管上的支架在施工图是不画出来的,应按规范规定进行选用和设置。

7.查看标准图

采暖管道施工图有些画法是示意性,有些局部构造和做法在平面图和系统图中无法表示清楚,因此在看平面图和系统图的同时,根据需要查看部分标准图。例如,水平干管与立管的连接方法如图2.84所示,散热器安装所用卡子或托钩的数量及位置如图2.85所示(图中的数字为散热器的片数)。

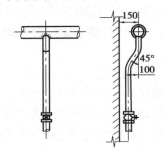

图2.84 水平干管与立管的连接

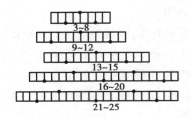

图2.85 散热器托钩位置及数量

任务拓展

知 识

思考题

1.写出采暖施工图的组成。

2.简要叙述采暖施工图的识读方法。

技 能

识读某学院1#楼采暖平面图和系统图(图纸见电子资源),根据识图结果撰写采暖施工图识图报告,报告包括以下内容:

(1)采暖施工图的设计内容。

(2)采暖施工图中采用的管材、散热设备、阀门、排气装置、附件的种类以及型号。

(3)采暖系统的形式。

(4)管道的预留洞位置、洞口尺寸、洞口标高。

(5)预埋套管的类型、尺寸,并在图纸中标注。

项目 **3**
通风空调工程

建筑物内由于生产过程和人们日常生活的有害气体、蒸汽、灰尘、余热,使室内空气质量变坏,建筑通风与空气调节系统是保证室内空气质量,保障人体健康的重要措施。

建筑通风的主要任务是把室内被污染的空气直接或经过净化后排至室外,把室外新鲜空气或经过净化的空气补充进来,以保持室内的空气环境符合卫生标准和满足生产工艺的要求。

单纯的通风一般只对空气进行净化和加热方面的处理。对环境空气的温度、湿度、洁净度、室内流速等参数有特殊要求的通风,称为空气调节。空气调节过程是在建筑物封闭状态下来完成的。它采用人工的方法,创造和保持一定要求的空气环境。

任务 1　通风系统

任务导入

任务 1:通风系统的分类有那些? 各有什么特点?

任务 2:通风系统主要设备及构件有哪些? 有何安装要求。

任务 3:高层建筑防排烟系统的原理及特点是什么? 主要设置形式有哪些?

任务 4:通风管道及设备的布置及安装技术要求有哪些?

任务引领

1.通风系统的分类

通风系统主要有以下两种分类方法:

①按照通风系统的作用动力不同分为自然通风和机械通风。

②按照作用范围不同分为全面通风和局部通风。

（1）**自然通风**

自然通风是依靠室外风力造成的风压和室内外空气温差所造成的热压使空气流动的通风方式。根据压差形成的原理,自然通风可分为风压作用下的自然通风和热压作用下的自

115

然通风。如图 3.1 和图 3.2 所示为风压和热压作用下的自然通风。

自然通风的特点是结构简单,不消耗机械动力,不需要复杂的装置和专人管理,是一种经济的通风方式。条件允许时,应优先采用自然通风方式。

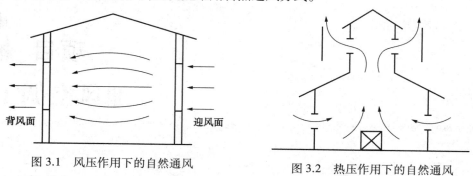

图 3.1　风压作用下的自然通风　　　　图 3.2　热压作用下的自然通风

(2)机械通风

自然通风的作用压力比较小,风压和热压受自然条件的影响较大,其通风量难以控制,通风效果不稳定。因此,在一些对通风要求较高的场合难以采用,这时需设置机械通风系统。

机械通风系统依靠通风机所造成的压力,来迫使空气流通进行室内外空气交换,与自然通风相比较,由于靠通风机的保证,通风机产生的压力能克服较大的阻力,因此往往可以和一些阻力较大、能对空气进行加热、冷却、加湿、干燥、净化等处理过程的设备用风管连接起来,组成一个机械通风系统,把经过处理达到一定质量和数量的空气送到指定地点,如图 3.3 所示。

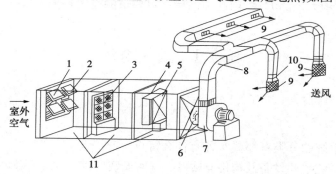

图 3.3　机械通风示意图
1—百叶窗;2—保温阀;3—空气过滤器;4—旁通阀;5—空气加热器;
6—启动阀;7—风机;8—通风管;9—送风口;10—调节阀;11—送风室

按照通风系统应用范围的不同,机械通风可分为局部通风和全面通风两种。

1)全面通风

全面通风是对整个房间进行通风换气,用送入室内的新鲜空气把整个房间里的有害物浓度稀释到卫生标准的允许浓度以下,同时把室内被污染的污浊空气直接或经过净化处理后排放到室外大气中去。

全面通风包括全面送风和全面排风。两者可同时或单独使用,单独使用时需要与自然进、排风方式相结合。

①全面排风

为了使室内产生的有害物尽可能不扩散到其他区域或邻室去,可在有害物产生比较集中的区域或房间采用全面机械排风。如图 3.6 所示为全面机械排风。在风机作用下,将含尘量大的室内空气通过引风机排出。此时,室内处于负压状态,而较干净的一般不需要进行处理的空气从其他区域、房间或室外补入以冲淡有害物。如图 3.6 所示为在墙上装有轴流风机的最简单全面排风。如图 3.5 所示为室内设有排风口,含尘量大的室内空气从专设的排气装置排入大气的全面机械排风系统。

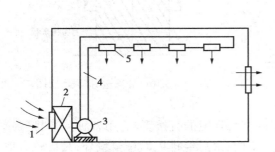

图 3.4　全面机械送风、自然排风示意图
1—进风口;2—加热器;3—风机;4—风管;5—送风口

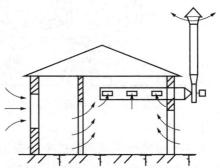

图 3.5　全面机械排风、自然进风系统示意图

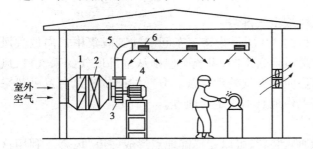

图 3.6　全面机械送风、排风系统示意图
1—过滤器;2—加热器;3—风管;
4—风机;5—风管弯头;6—风口

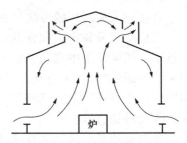

图 3.7　自然全面通风示意图

②全面送风

当不希望邻室或室外空气渗入室内,而又希望送入的空气是经过简单过滤、加热处理的情况下,多用全面机械送风系统来冲淡室内有害物,这时室内处于正压,室内空气通过门窗压出室外。

全面通风可以是自然通风或机械通风,如图 3.7 所示为自然全面通风。

2)局部通风

通风的范围限制在有害物形成比较集中的地方,或是工作人员经常活动的局部地区的通风方式,称为局部通风。局部通风系统分为局部送风和局部排风两大类。它们都是利用局部气流,使工作地点不受有害物污染,以改善工作地点的空气条件,如图 3.8—图 3.10 所示。

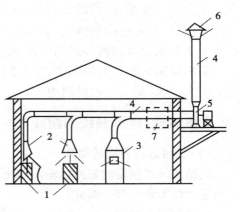

图 3.8　局部机械排风示意图
1—工艺设备;2—局部排风罩;
3—局部排风柜;4—风道;5—通风机;
6—排风帽;7—排气处理装置

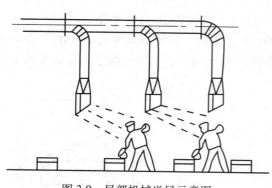

图 3.9　局部机械送风示意图

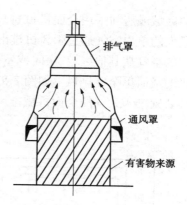

排气罩

通风罩

有害物来源

图 3.10　局部送、排风示意图

①局部排风

为了尽量减少工艺设备产生的有害物对室内空气环境的直接影响,用各种局部排气罩(或柜),在有害物产生时就立即随空气一起吸入罩内,最后经排风帽排至室外,是比较有效的一种通风方式。

②局部送风

直接向人体送风的方法又称岗位吹风或空气淋浴。

岗位吹风分集中式和分散式两种。如图 3.9 所示为铸工车间浇注工段集中式岗位吹风示意图。风是从集中式送风系统的特殊送风口送出的,系统应包括从室外取气的采气口,风道系统和通风机,送风需要进行处理时,还应有空气处理设备。分散的岗位吹风装置一般采用轴流风机,适用于空气处理要求不高,工作地点不固定的地方。

③局部送、排风

有时采用既有送风又有排风的局部通风装置,可以在局部地点形成一道"风幕",利用这种风幕来防止有害气体进入室内。

由于生产条件的限制,不能采用局部通风或采用局部通风后室内空气环境仍然不符合卫生和生产要求时,可以采用全面通风,即在车间或房间内全面地进行空气交换。全面通风适用于:有害物产生位置不固定的地方;面积较大或局部通风装置影响操作;有害物扩散不受限制的房间或一定的区段内。这就是允许有害物散入车间,同时引入室外新鲜空气稀释房间内的有害物浓度,使车间内的有害物的浓度降低到合乎卫生要求的允许浓度范围内,然后再从室内排出去。

2.机械送、排风系统的组成

(1)机械送风系统的组成

机械送风系统是向室内或车间输送新鲜并且经过适当处理的空气,所以机械送风系统一般是由以下 6 个部分组成:

1)进风口

进风口的作用是采集室外的新鲜空气。进风口要求设在空气不受污染的外墙上。进风口上设有百叶风格或细孔的网格,以防室外空气中的杂物进入送风系统。

2)空气处理设备

空气处理设备的作用是:对空气进行必要的过滤、加热等处理。在机械送风系统中,空气处理设备有空气过滤器和空气加热器。

①空气过滤器

空气过滤器是用来过滤空气,除去空气中所含的灰尘,使送入室内或车间的空气达到比较洁净的程度。空气过滤器的种类有粗效过滤器、中效过滤器和高效过滤器。在一般的机械送风系统中,选用的空气过滤器多为粗效,至多选中效过滤器即可。

②空气加热器

空气加热器是将经过过滤的比较洁净的空气加热到室内送风所需要的温度。一般的机械送风系统中常用的加热器多以蒸汽或热水为热媒的空气加热器,这种加热器又称表面式空气加热器。

在机械送风系统中,一般是将空气过滤器、空气加热器设置在同一个箱体中,这种箱体称为空气处理箱。空气处理箱可以是砖砌、混凝土浇筑,也可用钢板或玻璃钢制作。

3)通风机

通风机是机械送风系统中的动力设备,在工程中常用的风机是离心式风机。如图 3.11 所示。离心式风机的基本构造组成包括叶轮、机壳、吸入口、机轴等部分,其叶轮的叶片根据出口安装角度的不同,分为前向叶片叶轮、径向叶片叶轮、后向叶片叶轮。离心式风机的机壳呈蜗壳形,用钢板或玻璃钢制成,作用是汇集来自叶轮的气体,使之沿着旋转方向引至风机出口。风机的吸入口是吸风管段的首端部分,又称集流器,主要起着集气作用。风机的机轴是与电机的连接部位。

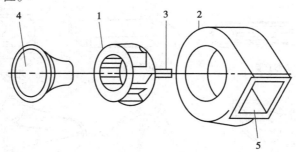

图 3.11　离心式通风机构造示意图
1—叶轮;2—机壳;3—机轴;4—吸风口;5—排风口

①通风机的分类

风机为通风系统中的空气流动提供动力,它可分为离心式风机、轴流式风机(图 3.12)和贯流式风机(图 3.13)等类型。此外,在特殊场所使用的还有高温通风机、防爆通风机、防腐通风机和耐磨通风机等。

②通风机的基本性能参数

a.风量 Q。又称流量,是指风机在标准状态(大气压力 $P = 101.32$ kPa,温度 $t = 20$ ℃)下工作时,单位时间所输送的气体体积,以符号 Q 或者 L 表示,单位为 m^3/h 或 m^3/s。

b.风压 H。是指风机在标准状态下工作时,空气进入风机后所升高的压力(包括动压和静压),单位为 Pa。

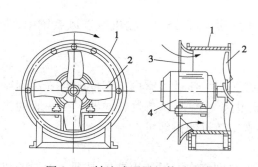

图 3.12　轴流式通风机构造示意图
1—机壳;2—叶轮;3—吸风口;4—电动机

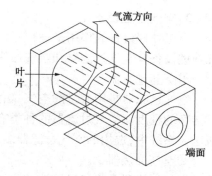

图 3.13　贯流式通风机工作示意图

c.轴功率 N。是指风机输送气体时,气体从风机获得能量来升高压力,而风机本身则需要消耗电能才能运转。

d.有效功率 N_y。是指在单位时间内风机传递给气体的能量。

e.效率 η。是指风机的有效功率与轴功率之比。

f.转速 n。是指风机轴每分钟转动的次数,单位为 r/min。

4)送风管道

送风管道的作用是输送空气处理箱处理好的空气到各送风区域。送风管道的形状有矩形和圆形两种,制作用材多为薄形镀锌钢板或玻璃钢复合材料等。送风管道的连接是用相同材质的管件(弯头、三通、四通等)法兰螺栓连接,法兰间加橡胶密封垫圈,如图 3.14 所示。

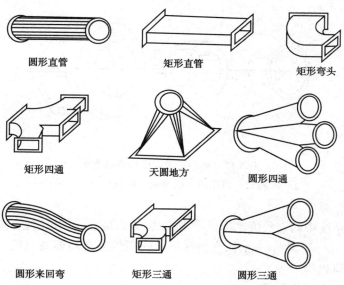

圆形直管　　矩形直管　　矩形弯头

矩形四通　　天圆地方　　圆形四通

圆形来回弯　　矩形三通　　圆形三通

图 3.14　矩形、圆形风管及管件

5)送风口

送风口的作用是直接将送风管道送过来的经过处理的空气送至各个送风区域或工作点。送风口的种类较多,但在一般的机械送风系统中多采用侧向式送风口,即将送风口直接开在送风管道的侧壁上,或使用条形风口及散流器。

6)风量调节阀

风量调节阀的作用是用于机械送风系统的开关和进行风量调节。因为机械送风系统往往会有许多送风管道的分支,各送风分支管承担的风量不一定相等,所以在各分支管处需要设置风量调节阀,以便进行风量调节与平衡。在机械送风系统中,常用的风量调节阀有插板阀和蝶阀两种。插板阀一般用于通风机的出口和主干管上,作为开或关用;蝶阀主要设在分支管道上或室内送风口之前的支管上,用作调节各支管的送风量。

(2)机械排风系统的组成

机械排风系统(包括除尘系统和空气净化系统)一般由以下5个部分组成:

1)排风罩

排风罩的作用是将污浊或含尘的空气收集并吸入风道内。排风罩如果用在除尘系统中,则称为吸尘罩。排风罩有伞形罩、条缝罩、密闭罩及吹吸罩等。

2)排风管道

排风管道的作用是用来输送污浊或含尘空气。在一般的排风除尘系统中,多用圆形风管,因为圆形风管的水力条件好,且强度也较矩形风道高。

3)风机

风机是机械排风系统的动力设备,其结构性能如前所述。

4)风帽

风帽是机械排风系统的末端设备,作用是直接将室内污浊空气(或经处理达标后的空气排到室外大气中)。如一般用于机械排风系统的伞形风帽。

5)空气净化设备

用于排出有毒气体或含尘气体的机械排风系统,一般都要设置空气净化设备,以将有毒气体或含尘空气净化处理达标后排放到大气中,而工程中常用的净化设备主要是除尘器。

根据主要除尘机理的不同,目前常用的除尘器可分为以下4类:

①重力沉降室

重力沉降室除尘机理是通过重力使尘粒从气流中分离出来。当通过沉降室时,由于气体在管道内具有较高的流速,突然进入沉降室的大空间内,使空气流速迅速降低,此时气流中尘粒在重力的作用下慢慢地落入接灰池内。沉降室的尺寸由设计计算选定,需使尘粒沉降得充分,以达到净化的目的(图3.15)。

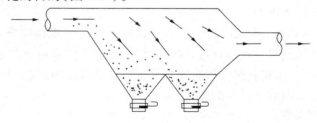

图3.15　重力沉降室

②旋风除尘器

旋风除尘器除尘机理是利用含尘空气在除尘器中的螺旋运动及离心力的作用达到分离尘粒使空气得到净化。它由内筒、外筒和锥体3部分所组成(图3.16)。

这种除尘器较多用于锅炉房内烟气的除尘,其结构简单、体积小、维修方便、除尘效率较

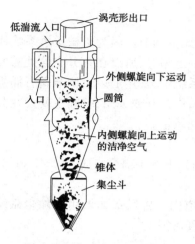

低湍流入口

涡壳形出口

外侧螺旋向下运动

入口

圆筒

内侧螺旋向上运动
的洁净空气

锥体

集尘斗

图3.16 旋风除尘器示意图

高。旋风除尘器根据结构形式不同分为多管除尘器、锥体弯曲呈水平牛角形的旋风除尘器等。

③袋式除尘器

袋式除尘器是利用棉布或其他织物的过滤作用(筛滤作用、惯性碰撞作用、拦截作用、扩散作用、静电作用、重力沉降作用等)进行除尘的,它对 5 μm 以下的细小粉尘颗粒也具有较高的除尘效率。

滤料的性能对袋式除尘器的工作影响极大,滤料性能和质量必须满足一定的要求:

a.结构合理,捕集率高。

b.剥离性好,易清灰,不易结垢。

c.透气性适宜,阻力低。

d.具有足够的强度,尺寸稳定性好。

e.具有良好的耐化学腐蚀性能。

f.原料来源广泛,性能稳定可靠。

g.价格低,寿命长。

④电除尘器

电除尘器是一种高效除尘装置,它是利用高压电场所产生的静电力来分离粉尘的,又称静电防尘器。

电除尘器主要由两部分组成,即除尘器本体和高压供电设备。本体部分包括防尘室(或称电场)、振打装置、外壳及灰斗。高压供电设备包括整流设备和变压设备。

按照除尘装置在捕集含尘气体中用水(或其他液体)湿润粉尘的微粒或不湿润粉尘的微粒的不同,除尘装置又分为湿式和干式除尘装置。

3.通风系统的主要设备及附件

(1)室内送、排风口

室内送风口是送风系统中风道的末端装置,由送风道输入的空气通过送风口以一定速度均匀地分配到指定的送风地点;室内排风口是排风系统的始端吸入装置,车间内被污染的空气经过排风口进入排风道内。

在民用建筑中,室内送、排风口的形式应与建筑结构的美观相配合。如图 3.17 所示为构造最为简单的两种送风口。孔口直接开设在风管上,用于侧向或下向送风。

在组织通风气流时,应将新鲜空气直接送到工作地点或洁净区域,而排风口则要根据有害物的分布规律设在室内浓度最大的地方。

(2)室外进、排风装置

1)室外进风装置

进风装置应尽可能设置在空气较洁净的地方,可以是单独的进风塔,也可以是设在外墙上的进风窗口,如图 3.18 所示为塔式进风口、墙壁式或屋顶式进风口。

2)室外排风装置

排风装置是排风道的出口,经常做成风塔式安装在屋顶上。要求排风口高出屋面 1 m

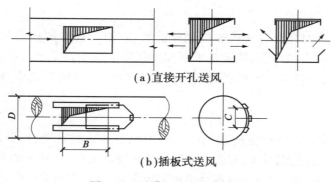

（a）直接开孔送风

（b）插板式送风

图 3.17　风道上开设孔口送风

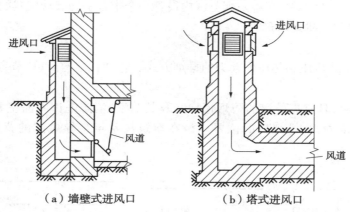

（a）墙壁式进风口　　　　　（b）塔式进风口

图 3.18　室外进风口

以上,以避免污染附近的空气。它可屋面排出和侧墙排出。

（3）风道

常用的通风管道的截面有圆形和矩形两种。目前,最常用的风道材料是普通薄钢板和镀锌薄钢板。风道布置应尽量避免穿越沉降缝、伸缩缝和防火墙等,对于埋地风道应尽量避开建筑物基础及生产设备基础。

工业通风系统在地面以上的风道通常采用明装,风道用支架支承,沿墙壁及柱子敷设,或者用吊架吊在楼板或钢架的下面。风道布置时应力求简短,但不能影响生产过程和同其他各种工艺设备相冲突,并尽可能布置得美观。

4.建筑防排烟

烟气具有毒害性,在火灾事故的死伤者中,大多数是由于烟气的窒息或中毒所造成。烟气具有遮光性,火灾产生的浓烟不利于人员疏散,给消防抢救工作带来很大困难。烟气具有高温危害性,使金属材料强度降低,造成人员伤亡。为防止火灾的蔓延和危害,在高层建筑中,必须进行防火排烟设计,防火的目的是防止火灾蔓延和扑灭火灾,而排烟的目的则是将火灾产生的烟气及时予以排除,防止烟气向外扩散,以确保室内人员的顺利疏散。

（1）防火分区和防烟分区

在高层建筑的防火排烟设计中,通常将建筑物划分为若干个防火、防烟分区,各分区间以防火墙及防火门进行分隔,防止火势和烟气从某一分区内向另一分区扩散。

1）防火分区

目的是防止建筑物起火后火势的蔓延和扩散,以便于火灾的扑救和人员的疏散。根据建筑物内房间的用途和功能,把建筑平面和空间划分成为若干个防火单元,使得火势控制在起火单元内,从而避免火灾的扩散。每个防火分区之间用防火墙、耐火楼板、防火门隔断。

2）防烟分区

目的是防止火灾发生时产生的烟气侵入作为疏散通道的走廊、楼梯间前室及楼梯间。所用方法有对防火分区的细分化,即防烟分区不应跨越防火分区,通常以每层楼面作为一个垂直防烟区;每层楼面的防烟分区可在每个水平防火分区内划分出若干个。用防烟墙、挡烟垂壁或挡烟梁等措施分界,并在各防烟分区内设置一个带有手动启动装置的排烟口。

（2）高层建筑防火排烟的形式

1）自然排烟

自然排烟是利用风压和热压作动力的排烟方式。它具有结构简单、节省能源、运行可靠性高等优点。

在高层建筑中,具有靠外墙的防烟楼梯间及其前室,消防电梯间前室和合用前室的建筑宜采用自然排烟方式,排烟口的位置应设在建筑物常年主导风向的背风侧,如图 3.19 所示。

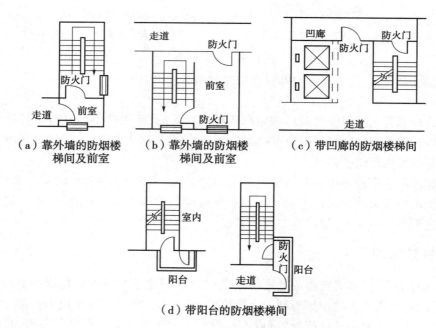

（a）靠外墙的防烟楼　（b）靠外墙的防烟楼　（c）带凹廊的防烟楼梯间
　　梯间及前室　　　　　梯间及前室

（d）带阳台的防烟楼梯间

图 3.19　自然排烟方式

2）机械加压送风防烟系统

机械防烟是采取机械加压送风方式,以风机所产生的气体流动和压力差控制烟气的流动方向的防烟技术。

在火灾发生时,风机气流所造成的压力差阻止烟气进入建筑物的安全疏散通道内,从而保证人员疏散和消防扑救的需要。

下列部位应设置独立的机械加压送风的防烟设施：

①不具备自然排烟条件的防烟楼梯间、消防电梯间前室或合用前室。

②采用自然排烟措施的防烟楼梯间，其不具备自然排烟条件的前室。

③封闭避难层(间)。

机械加压送风系统由加压送风机、送风道、加压送风口及其自控装置等部分组成。高层建筑中常用的一些机械加压送风方式如图 3.20 所示。

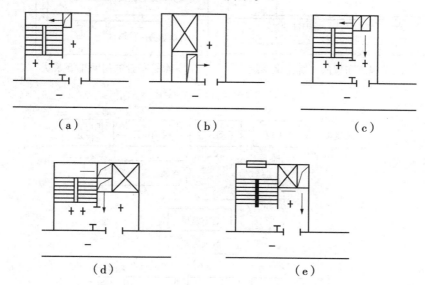

图 3.20　机械加压送风方式

①仅对防烟楼梯间加压送风、前室不加压送风。

②仅对消防电梯前室加压送风。

③对防烟楼梯间及其前室分别加压送风。

④对防烟楼梯间及有消防电梯的合用前室分别加压送风。

⑤当防烟楼梯间具有自然排烟条件时，仅对前室或合用前室加压送风的情形。

3)机械排烟

机械排烟是采取机械排风方式，以风机所产生的气体流动和压力差，利用排烟管道将烟气排出或稀释烟气的浓度。

机械排烟方式适用于不具备自然排烟条件或较难进行自然排烟的内走道、房间、中庭及地下室。

严格按照机械排烟的要求来进行设计建造(如排烟口的设置，排烟风机的选择及风道材料的选择等)。常见两种机械排烟系统如图 3.21 所示。

机械排烟系统的控制程序，可分为不设消防控制室和设消防控制室的两种。其排烟控制程序如图 3.22、图 3.23 所示。

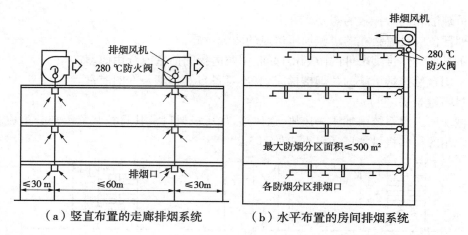

（a）竖直布置的走廊排烟系统　　　（b）水平布置的房间排烟系统

图 3.21　机械排烟系统

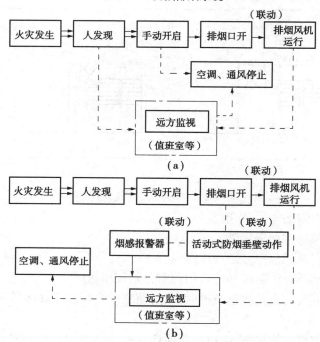

图 3.22　不设消防控制室的房间机械排烟控制顺序

4）通风和空调系统的防火排烟

火灾发生后,应尽量控制火情向其他防火分区蔓延。因此,在通风空调系统的送、回风管道中需设置防火阀,并有一定的防火措施。防火阀平时呈常开状态,火灾时当管道内烟气温度达到 70 ℃或 280 ℃时关闭,起阻烟阻火作用。

在下列情况下,通风、空气调节系统的风道应设防火阀:

①管道穿越防火分区的隔墙孔。

②穿越通风、空调机房及重要的或火灾危险性大的房间隔墙和楼板处。

③垂直风道与每层水平风道交接处的水平管段上。

④穿越变形缝处的两侧。

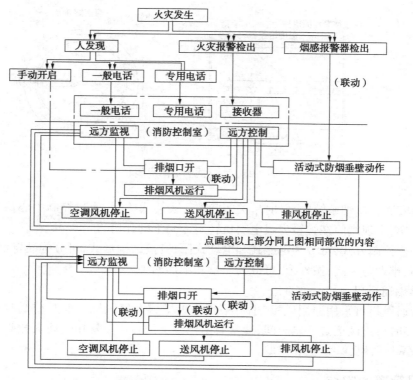

图 3.23 设有消防控制室的房间机械排烟控制顺序

70 ℃防火阀用在空调送风、通风系统管道上;平时常开,发生火灾时关闭,联锁风机,使风机关闭;280 ℃防火阀(排烟阀)用在排烟系统管道上,平时常开,发生火灾时排烟,当烟气温度达到 280 ℃时,防火阀关闭,联锁风机关闭。

通风空调管道工程中所用的管道、保温材料、消声材料和胶黏剂等应采用不燃材料或难燃材料制作。

(3)**防火、防排烟设备及部件**

1)防火阀

防火阀的控制方式有热敏元件控制、感烟感温器控制及复合控制等。常用的防火阀有重力式防火阀、弹簧式防火阀、弹簧式防火调节阀、防火风口、气动式防火阀、电动防火阀及电子自控防烟防火阀,如图 3.24、图 3.25 所示。

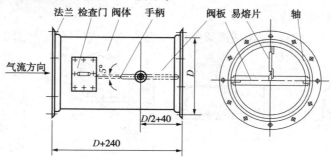

图 3.24 重力式圆形单板防火阀

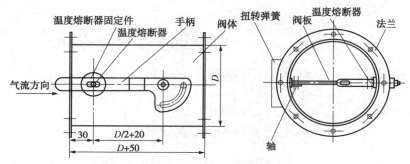

图 3.25　弹簧式圆形防火阀

2)排烟阀

排烟阀安装在排烟系统中,平时呈关闭状态。发生火灾时,通过控制中心信号来控制执行机构的工作,实现阀门在弹簧力或电动机转矩作用下的开启。

排烟阀按控制方式,可分为电磁式和电动式两种;按结构形式,可分为装饰型排烟阀、翻板型排烟阀、排烟防火阀;按外形,可分为矩形和圆形两种。

3)防排烟通风机

防排烟通风机可采用通用风机,也可采用防火排烟专用风机。烟温较低时可长时间运转,烟温较高时可连续运转一定时间,通常有两挡以上的转速。常用的防火排烟专用风机有HTF 系列、ZWF 系列、W-X 型等类型。

5.通风管道的安装

(1)风管安装

1)安装前的准备工作

通风系统的安装要在土建主体基本完成、安装位置的障碍物已清理、地面无杂物的条件下进行。安装的准备工作包括以下内容:

①审查施工图,参加设计部门的图纸会审。

②按设计要求做好预埋件、预留孔工作。

③安排好风管、部件及支架的加工制作。

④准备好安装工具和起重吊装设备。

⑤搭好脚手架或安装梯台,尽量利用土建的脚手架。

⑥进行技术交底。

2)风管支、吊架的安装

风管常沿着墙、柱、楼板、屋架或屋梁敷设,安装在支架或吊架上,如图 3.26、图 3.27 所示。

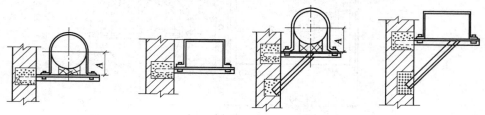

图 3.26　墙上支架安装

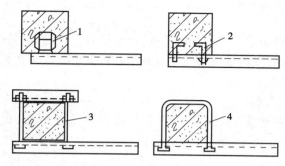

图 3.27   柱上支架安装

1—预埋件;2—预埋螺栓;3—带帽螺栓;4—抱箍

①风管的支架

将风管沿墙、柱敷设时,常采用支架来承托管道,风管能否安装得平直,主要取决于支架装的是否合适。

②风管的吊架

将风管敷设在楼板、屋面大梁和屋架下面,离墙柱较远时,常用吊架来固定风管,如图3.28所示。

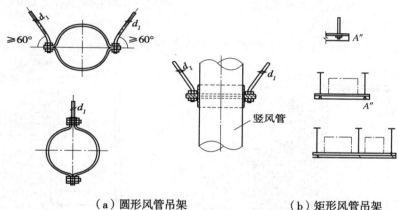

（a）圆形风管吊架   （b）矩形风管吊架

图 3.28   风管吊架图

3)风管的安装

①风管的预安装

把加工制作完的风管及配件,在安装现场的地面上,按顺序组对、复核,同时检查风管和配件的质量。若满足现场要求,方可正式安装。

②风管的安装方法

风管的连接长度应按风管的壁厚、法兰与风管的连接方法、安装的结构部位和吊装方法等因素依据施工方案来决定。为了安装方便,在条件允许的情况下,尽量在地面上进行连接,一般可接至 $10 \sim 12$ m。

（2）**通风机的安装**

1)安装前的准备工作

①风机开箱检查应有出厂合格证

检查皮带轮、皮带、电机滑轨及地脚螺栓是否齐全,是否符合设计要求,以及有无缺损等情况。

②基础验收

风机安装前,应对设备基础进行全面检查,尺寸是否符合,标高是否正确;预埋地脚螺栓或预留地脚螺栓孔的位置及数量应与通风机及电动机上地脚螺栓孔相符。浇灌地脚螺栓应用和基础相同标号的水泥。

2)轴流式通风机的安装

轴流风机多安装在墙上,或安装在柱子上及混凝土楼板下,也可安装在砖墙内,如图3.29、图3.30所示。

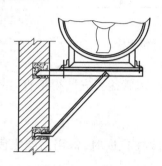

图3.29　轴流通风机在墙上安装

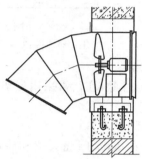

图3.30　轴流通风机在墙洞内安装

3)离心式通风机的安装

离心式通风机在混凝土基础上的安装示意图如图3.31所示。

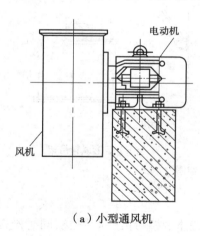

（a）小型通风机

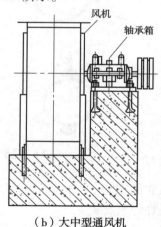

（b）大中型通风机

图3.31　离心式通风机在混凝土基础上安装

任务实施

任务导入的问题已经在任务引领中阐述,此处不再赘述。

任务拓展

一、填空题

1.建筑防烟方式有_____和_____。

2.通风系统按照工作动力不同,可分为_____和_____。

3.常用的净化除尘设备有_____、_____、_____、_____等。

4.防火阀的动作温度有_____、_____和_____等。

二、拓展题

1.查阅资料，回答：

(1)防火分区划分的原则有哪些？

(2)防烟分区的划分方法有哪些？

(3)防烟的措施有哪些？

2.查阅资料，学习防火阀的安装要求。

任务2　空气调节系统

任务导入

任务1：空调系统的组成及分类有哪些？

任务2：常用几种空气处理方式有哪些？主要设备是什么？

任务3：空气调节制冷系统的组成有哪些？主要组成设备有哪些？如何工作？

任务引领

1.空调工程专业基本知识

(1)空气的湿度

通常用空气的加湿、减湿人为地控制空气的湿度。空气的湿度可用含湿量、绝对湿度、相对湿度来表示。

1)含湿量

湿空气是由干空气和水蒸气组成。其中，每千克干空气所含的水蒸气量，称为含湿量。

2)绝对湿度

每立方米湿空气中所含有的水蒸气量。通常在通风与空调工程中，空气的湿度常用相对湿度来表示。

3)相对湿度

在一定温度下，湿空气所含的水蒸气量有一个最大限度，超过这一限度，多余的水蒸气就会从湿空气中凝结出来，这种含有最大蒸气量的湿空气被称为饱和湿空气。所谓相对湿度，就是空气中水蒸气分压力和同温度下饱和水蒸气分压力之比。

相对湿度与含湿量都是表示空气湿度的参数，但相对湿度表示空气接近饱和的程度，不能表示水蒸气含量的多少，含湿量能表示水蒸气的含量，却不能表示空气的饱和程度。

(2)湿球温度（是标定空气相对湿度的一种手段）

当温度计用湿的纱布包住时，如室内空气为非饱和状态时，即相对湿度<100%，纱布表面将会产生蒸发现象，而温包会因纱布水分蒸发需要吸收热量，这热量靠由空气传到水银球来补充。因此，水银球的温度比空气的温度低，也即比没有包有湿纱布前为低。此时，测得

的温度称为湿球温度。

不饱和状态的室内空气湿球温度低于干球温度,形成一温度差,这种温度计就是利用这个温度差来测量室内的相对湿度。当室内水蒸气分压力与饱和水蒸气压力比值越小时,其温差就越大。干湿球温差越大,则相对湿度就越小。利用这种关系制作的温度计,称为干湿球温度计。

(3)露点

当大气中含水蒸气时,随着大气温度的下降而使水蒸气开始冷却,当达到某一温度时,蒸汽就开始凝结,将这个温度称为露点。而此时的水蒸气会使空气达到饱和状态,空气中含湿量越大,空气的露点温度就越高。如把已达到露点的空气进一步降温,空气中的水蒸气开始凝结成水滴,称为结露现象。

2.空调系统组成及分类

(1)空调系统的组成

空调系统一般均由空气处理设备、空气输送管道、空气分配设备、冷热源及自动控制设备构成。

1)空气处理部分

集中式空调系统的空气处理部分是一个包括各种空气处理设备在内的空气处理室。其中,主要有空气过滤器、喷淋室(或表冷器)、加热器等。用这些空气处理设备对空气进行净化过滤和热湿处理,可将送入空调房间的空气处理到所需要的送风状态点。

2)空气输送部分

空气输送部分主要包括送风机、排风机(系统较小不用设置)、风管系统及必要的风量调节装置。其作用是不断将空气处理设备处理好的空气有效地输送到各空调房间,并从空调房间内不断地排出处于室内设计状态的空气。

3)空气分配部分

空气分配部分主要包括设置在不同位置的送风口和回风口。其作用是合理地组织空调房间的空气流动,保证空调房间内工作区(一般是 2 m 以下的空间)的空气温度和相对湿度均匀一致,空气的流速不致过大,以免对室内的工作人员和生产形成不良的影响。

4)辅助系统部分

辅助系统是为空调系统处理空气提供冷(热)工作介质部分。其中,又分为以下 5 个部分:

①空调制冷系统。

②空调用热源系统。

③水泵及管路系统。

④风机盘管机组。

(2)空调系统的分类

1)按空调机组处理空气的集中程度分类

按空调机组处理空气的集中程度,可分为集中式系统、半集中式系统和全分散式系统。

①集中式系统

集中式空调系统是将所有的空气处理设备(包括风机、冷却器、加湿器、空气过滤器等空气处理制冷系统和水系统,自动测试及控制设备)都集中设置在一个空调机房内,对送入空调房间的空气集中处理,然后用风机加压,通过风管送到各空调房间或需要空调的区域。

这种空气处理设备能实现对空气的各种处理过程,可满足各种调节范围和空调精度及洁净度要求,也便于集中管理和维护,是工业空调和大型民用公共建筑采用的最基本的空调形式。

集中式空调系统的主要优点如下:

a.空调设备集中设置在专门的空调机房里,管理维修方便,消声防振也比较容易。

b.空调机房可使用较差的建筑面积,如地下室、屋顶间等。

c.可根据季节变化调节空调系统的新风量,节约运行费用。

d.使用寿命长,初投资和运行费比较小。

集中式空调系统的主要缺点如下:

a.用空气作为输送冷热量的介质,需要的风量大,风道又粗又长,占用建筑空间较多,施工安装工作量大,工期长。

b.一个系统只能处理出一种送风状态的空气,当各房间的热、湿负荷的变化规律差别较大时,不便于运行调节。

c.当只有部分房间需要空调时,仍然要开启整个空调系统,造成能量上的浪费。

②半集中式系统

半集中式系统在集中的空调机房外还有分散在空调房间的二次空气处理设备(又称末端装置),如风机盘管、诱导器等。末端装置可满足不同房间对温度、湿度的不同要求。

与集中式空调相比较,这类系统省去了回风管道,节省建筑空间。室内热湿负荷主要由通过末端装置的冷(热)水来负担,由于水的比容小,密度大,因而输水管径小,有利于敷设和安装,特别适用于高层建筑。

③全分散式系统

全分散式系统是将冷、热源和空气处理设备及输送设备(风机)等集中设置在一个箱体内,形成结构紧凑的空调系统。可根据需要灵活分散地布置在房间内的适当位置,不用单独机房,使用灵活,移动方便,可满足不同的空调房间不同送风要求,是家用空调及车辆空调的主要形式。但会影响建筑的立面美观,如柜式空调器、壁挂式空调器,因而这种系统通常又称为局部机组系统。

2)按负担室内负荷所用介质种类分类

按负担室内负荷所用介质种类,可分为全空气系统、全水系统、空气-水系统及制冷剂系统。

①全空气系统

空调房间的空调负荷全部由经过空气处理设备处理的空气来承担的系统,称为全空气系统,如图3.32(a)所示。

全空气系统由于承担空调房间的空调负荷全部是空气,这种系统如果承担的房间面积过大,则空调系统总的送风量也会较大,从而会导致空调系统的风管断面尺寸过大,占据较大的有效建筑空间,只有采用高速空调系统才能减小风道的断面尺寸。但当风道中的风速过大时,又会产生较大的噪声,同时形成的流动阻力也会加大,运行消耗的能量也要增加。

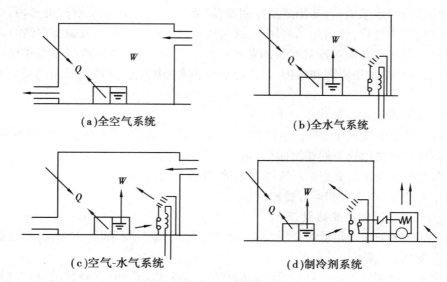

(a)全空气系统　　　　　　　　　(b)全水气系统

(c)空气-水气系统　　　　　　　　(d)制冷剂系统

图 3.32　空调系统的分类(1)

②全水系统

空调房间的空调负荷全部由水作为冷(热)工作介质来承担的系统,称为全水空调系统,如图 3.32(b)所示。

由于水携带能量(冷量或热量)的能力要比空气大得多,因此,无论是夏天还是冬天,在空调房间空调负荷相同的条件下,只需要较小的水量就能满足空调系统的要求,从而弥补了风道占据建筑空间的缺点,因为这种系统是用管径较小的水管输送冷(热)水管道代替了用较大断面尺寸输送空气的风道。

在实际应用中,仅靠冷(热)水来消除空调房间的余热和余湿,并不能解决房间新鲜空气的供应问题,因而通常不单独采用全水空调系统。

③空气-水系统

空气-水系统以空气和水为介质,共同承担室内的负荷。这种系统是全空气系统与全水系统的综合应用,它既解决了全空气系统因风量大导致风管断面尺寸大而占据较多有效建筑空间的矛盾,也解决了全水空调系统空调房间的新鲜空气供应问题。因此,这种空调系统特别适合大型建筑和高层建筑。目前,高层建筑中普遍采用的风机盘管加独立的新风系统,如图 3.32(c)所示。

④制冷剂系统

制冷剂系统是以制冷剂为介质,直接用于对室内空气进行冷却、去湿或加热。如现在的家用分体式空调器,它分为室内机和室外机两部分。其中,室内机实际就是制冷系统中的蒸发器,并且在其内设置了噪声极小的贯流风机,迫使室内空气以一定的流速通过蒸发器的换热表面,从而使室内空气的温度降低;室外机就是制冷系统中的压缩机和冷凝器,其内设有一般的轴流风机,迫使室外的空气以一定的流速流过冷凝器的换热表面,让室外空气带走高温高压制冷剂在冷凝器中冷却成高压制冷剂液体放出的热量,如图 3.32(d)所示。

3)根据集中式系统处理空气来源分类

根据集中式系统处理空气来源,可分为封闭式系统、全新风系统和混合式系统。

①封闭式系统

封闭式空调系统处理的空气全部取自空调房间本身,没有室外新鲜空气补充到系统里来,全部是室内的空气在系统中周而复始地循环。因此,空调房间与空气处理设备由风管连成了一个封闭的循环环路,如图 3.33(a)所示。这种系统无论是夏季还是冬季冷热消耗量都最省,但空调房间内的卫生条件差,人在其中生活、学习和工作易患空调病。因此,封闭式空调系统多用于战争时期的地下庇护所或指挥部等战备工程,以及很少有人进出的仓库等。

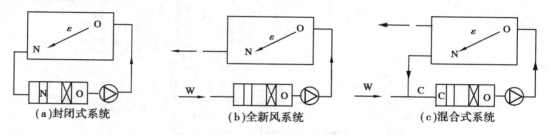

图 3.33   空调系统的分类(2)

N—室内空气;W—室外空气;C—混合空气;O—冷却后达到送风状态的空气

②全新风系统

全新风系统处理的空气全部取自室外,即室外的空气经过处理达到送风状态点后送入各空调房间,送入的空气在空调房间内吸热吸湿后全部排出室外,如图 3.33(b)所示。与封闭式系统相比,这种系统消耗的冷(热)量最大,但空调房间内的卫生条件完全能够满足要求。因此,这种系统用于不允许采用室内回风的场合,如放射性实验室和散发大量有害物质的车间等。

③混合式系统

混合式系统综合了封闭式系统和直流式系统的利弊,既能满足空调房间的卫生要求,又比较经济合理,故在工程实际中被广泛采用。如图 3.33(c)所示为混合式空调系统的图式。

4)根据新风、回风混合过程的不同分类

根据新风、回风混合过程的不同,可分为一次回风和二次回风系统。

①一次回风

回风与室外新风在喷水室(或表面式空气冷却器,简称表冷器)前混合。

②二次回风

回风与新风在喷水室(或表冷器)前混合并经热湿处理后,再次与回风混合,如图 3.34和图 3.35 所示。

二次回风与一次回风的比较,既满足送风温差的要求,又节省了再热量,但机械露点较低,制冷系统运转效率低。二次回风系统不如一次回风系统应用广泛。

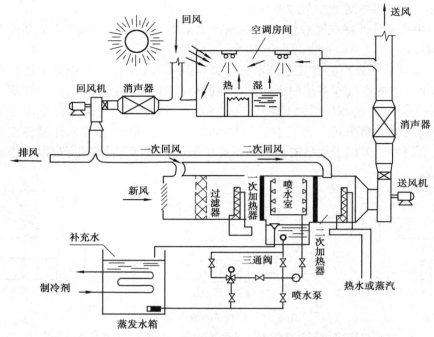

图 3.34　二次回风集中式空调系统(1)

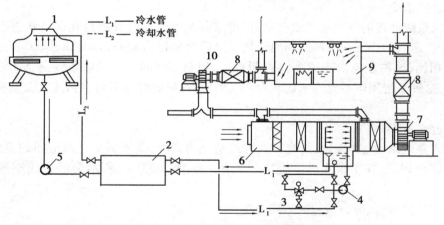

图 3.35　二次回风集中式空调系统(2)

1—冷却塔;2—冷水机组;3—三通混合阀;4—冷水泵;5—冷却水泵;6—空调箱;
7—送风机;8—消声器;9—空调房间;10—回风机;L₁—冷水管;L₂—冷却水管

3.空气处理方式

(1)空气加热处理

为了满足室内温度的需要,将空气进行加热处理以提高送风的温度,空气加热一般通过空气加热器、电加热器等设备来完成。

空气加热器如图 3.36 所示。它是由多根带有金属肋片的金属管连接在两端的联箱内,热媒在管内流动并通过管道表面及肋片放热,空气通过肋片间隙与其进行热交换,达到空气被加热的目的。

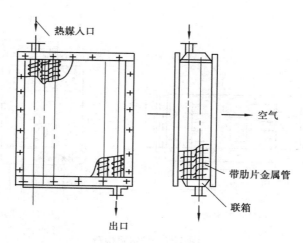

图 3.36　表面式空气加热器

电加热器可采用电阻丝安装在金属管内(电阻丝外安装有绝缘环),通过电阻丝发热使管表面温度升高,也可制作成盘管等形式,适用于加热处理量较小的系统。其耗电量较大。

空气加热器多用于集中空调、半集中空调系统的空气预热和二次加热。

(2)空气冷却处理

1)表面式冷却器

表面式冷却器简称表冷器。它的构造与加热器构造相似,它是由铜管上缠绕的金属翼片所组成排管状或盘管状的冷却设备。管内通入冷冻水,空气从管表面侧通过进行热交换冷却空气,因为冷冻水的温度一般为 7～9 ℃,夏季有时管表面温度低于被处理空气的露点温度,这样就会在管子表面产生凝结水滴,使其完成一个空气降温去湿的过程。

表冷器在空调系统广泛使用,其结构简单、运行安全可靠、操作方便,但必须提供冷冻水源,不能对空气进行加湿处理。

2)喷水室喷水降温

喷水室内有喷水管、喷嘴、挡水板及集水池,主要对通过喷水室的空气进行喷水。将具有一定温度的水通过水泵、喷水管再经喷嘴喷出雾状水滴与空气接触,使空气达到冷却的目的。这种喷水降温的方法可由喷水的温度来决定是冷却减湿还是冷却加湿的过程。加湿的方法有喷水室喷水加湿方法、喷蒸汽方法、电加湿法。喷水室构造如图 3.37 所示。

(3)空气的加湿、减湿处理

1)喷水室喷水加湿、减湿

当水通过喷头喷出细水滴或水雾时,空气与水雾进行湿热交换,这种交换取决于喷水的温度。当喷水的平均水温高于被处理空气的露点温度时,喷嘴喷出的水会迅速蒸发,使空气达到在水温下的饱和状态,从而达到加湿的目的。而空气需进行减湿处理时,喷水水温要低于空气的露点温度,此时空气中的水蒸气部分冷凝成水,使空气得以减湿。因此调节控制水温,可在喷水室完成加湿及减湿的过程,水温可靠调节装置来控制。

喷水室是由混凝土预制或现浇而成,也可由钢板制作成定型的产品形式。喷水室的工作过程是:被处理的空气以一定的速度经过前挡水板进入喷水空间,在那里与喷嘴中喷出的水滴相接触进行热湿交换,然后经后挡水板流出,从喷嘴喷出的水滴完成与空气的热湿交换

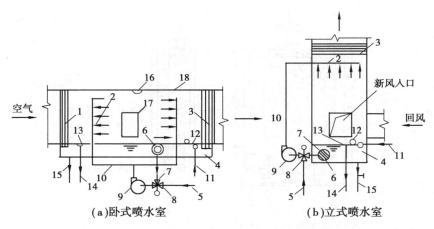

图 3.37 喷水室构造

1—前挡水板；2—喷嘴与排管；3—后挡水板；4—低池；5—冷水管；6—滤水器；
7—循环水管；8—三通混合阀；9—水泵；10—供水管；11—补水管；12—浮球阀；
13—溢水器；14—溢水管；15—泄水管；16—防水灯；17—检查门；18—外壳

后,落入底池中。喷入池中的水,可根据水温调节装置与补充水混合重复使用。

2)蒸汽加湿器

蒸汽加湿器是将蒸汽直接喷射到风管的流动空气中,这种加湿方法简单而经济,对工业空调可采用这种方法加湿。因在加湿过程中会产生异味或凝结水滴,对风道有锈蚀作用,不适于一般舒适空调系统。空气的减湿还可采用化学的方法,即采用吸湿剂吸附空气中的水分。吸湿剂有固体形态及液态两种类型。固体吸湿剂有硅胶和活性氧化铝等。经吸湿后可用高温的空气吹入将吸湿剂内的水分除掉,使其恢复吸湿能力。液体吸湿可采用氯化锂等溶液喷淋到空气中,使空气中的水分凝结出来而达到减湿的目的。

（4）**空气过滤处理**

空气过滤主要是将大气中有害的微粒(包括灰尘、烟尘)和有害气体(烟雾、细菌、病毒),通过过滤设备处理,降低或排除空气中的微粒(为 $0.1 \sim 200 \ \mu m$)。

根据过滤器过滤的能力、效率、微粒粒径及性质的不同,可分为粗效[大多采用金属丝网、铁屑、瓷环、玻璃丝(直径约 $20 \ \mu m$)、粗孔聚氨酯泡沫塑料和各种人造纤维]、中效[玻璃纤维(直径约 $10 \ \mu m$)、中细孔聚乙烯泡沫塑料和由涤纶、丙纶、腈纶等原料制成的合成纤维]、高效(滤料为超细玻璃纤维、超细石棉纤维,滤料纤维直径大部分小于 $1 \ \mu m$,滤料做成纸状)3 种类型。

（5）**消声处理**

当风机运转时,由于机械运动产生的振动及噪声,通过风道、墙、楼板等部位传至空调房间而造成噪声污染,风道内也会因高速气流而产生噪声。因此,除对风机或其他空调设备所产生的噪声应进行消声减振处理外,风道内的噪声可通过在消声设备或风道内壁做消声板、消声弯头的方法降低噪声。

消声器的种类很多,空调工程上常有阻抗复合式消声器、管式消声器、微穿孔板式消声器、片式消声器、折板式消声器等。

4.空气调节制冷系统

空调制冷系统通过制备冷冻水提供冷量。它主要由制冷设备、冷冻水系统和冷却水系统组成。

（1）常用空调制冷系统

①蒸汽压缩式制冷

蒸汽压缩式制冷是利用液态制冷剂在一定压力和低温下吸收周围空气或物体的热量气化而达到制冷的目的。蒸汽压缩式制冷机的机组是由压缩机、冷凝器、膨胀阀及蒸发器4部分组成的封闭循环系统。蒸汽压缩式制冷工作原理图如图3.38所示。

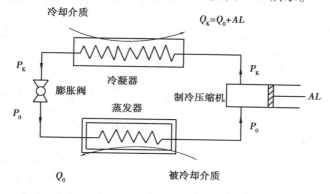

图3.38　蒸汽压缩式制冷工作原理图

②溴化锂吸收式制冷

溴化锂吸收式制冷主要由发生器、冷凝器、蒸发器及吸收器4部分组成。以溴化锂为吸收剂，以水为制冷剂，利用溴化锂水溶液在常温下（尤其是在较低温度时）吸收水蒸气的能力较强，在高温时又能将所吸收的水分释放出来的特性，通过水在低压下蒸发吸热而实现制冷的目的。溴化锂吸收式制冷工作原理图如图3.39所示。

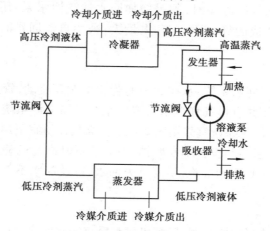

图3.39　溴化锂吸收式制冷工作原理图

（2）**空调制冷水系统**

1）冷冻水系统

在空调系统中，冷冻水系统是向用户供应冷量的管道系统，可将由制冷设备制备的冷冻水输送到空气处理设备，是集中式、半集中式空调系统的重要组成部分。它一般有开式和闭式两种系统，如图 3.40、图 3.41 所示。

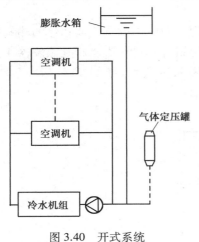

图 3.40　开式系统

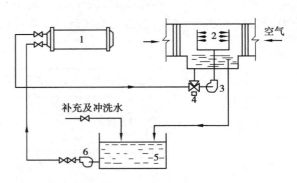

图 3.41　闭式系统

1—壳管式蒸发器；2—自调淋水室；3—淋水泵；
4—三通阀；5—回水池；6—冷冻水泵

①开式系统

管路之间有储水箱（或水池）通大气。自流回水时，管路通大气的系统。开式系统的回水借重力回冷冻站，也称重力回水系统。

开式循环的优点是冷水箱有一定的蓄冷能力，可减少开启冷冻机的时间，增加能量调节能力，且冷水温度波动可以小一些。其缺点是：冷水与大气接触，易腐蚀管路；如果喷水室较低，不能直接自流回到冷冻站时，则需增加回水池和回水泵；用户与冷冻站高差较大时，水泵则需克服高差造成的静水压力，耗电量大；采用自流回水时，回水管径大，因而投资高一些。

②闭式系统

闭式系统又称压力式回水系统，水在封闭的管路中循环流动，管路系统不与大气接触，在系统最高点设膨胀水箱并有排气和泄水装置的系统。当空调系统采用风机盘管、诱导器和水冷式表冷器冷却时，冷水系统宜采用闭式系统。高层建筑宜采用闭式系统。

闭式循环的优点是：管道与设备不易腐蚀；不需要提升高度的静水压力，循环水泵压力低，从而水泵功率小；由于没有储水箱，不需重力回水，以及回水不需另设水泵等，因而投资少、系统简单。

2）冷却水系统

冷却水系统专为水冷机组冷凝器、压缩机或水冷直接蒸发式整体空调机组提供冷却水。水冷冷水机组必须设置冷却水系统，主要由冷水机组或空调机组的水冷冷凝器，供、回水管道，以及冷却水循环水泵和冷却塔组成。系统的任务是将冷凝器放出的热量散发到室外大气中去。按供水方式的不同，冷却水系统可分为直流式供水系统和循环供水系统。

①直流式供水系统

直流式供水系统将河水、井水或自来水直接压入冷凝器,升温后的冷却水直接排入河道或下水道。该系统设备简单、易于管理,但耗水量较大。

②循环水系统

循环水供水系统用冷却水循环水泵将通过冷凝器后温度较高的冷却水压入冷却装置,经降温处理后再送入冷凝器循环使用。冷却装置按通风方式不同可分为自然通风喷水冷却池和机械通风冷却塔。

a.自然通风冷却系统

自然通风喷水冷却系统是用冷却塔或冷却喷水池等构筑物使冷却水降温后再送入冷凝器的循环冷却系统。该系统适用于当地气候条件适宜的小型冷冻机组。

b.机械通风冷却系统

机械通风冷却系统是采用机械通风冷却塔或喷射式冷却塔使冷却水降温后再送入冷凝器的循环冷却系统。该系统适用于气温高、湿度大,采用自然通风冷却方式不能达到冷却效果的情况。

3)冷却水系统的组成

目前的民用建筑特别是高层民用建筑,大量采用循环水冷却方式,以节省水资源。利用循环水冷却的系统组成如图3.42所示。

来自冷却塔的较低温度的冷却水(通常为32 ℃),经冷却水泵加压后进入冷水机组,带走冷凝器的散热量。高温的冷却水(通常为37 ℃)重新

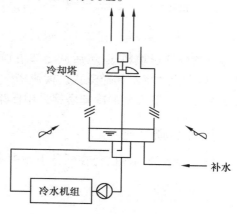

图3.42 冷却水系统的组成

送至冷却塔上部喷淋。由于冷却塔风扇的运转,冷却水在喷淋下落过程中,不断与塔下部进入的室外空气进行热湿交换,冷却后的水落入冷却塔集水盘中,由水泵重新送入冷水机组循环使用。

每循环一次都要损失部分冷却水量,主要原因是蒸发和漏损。损失的水量一般占冷却水量的0.3%~1%。损失的水量可通过自来水补充。

4)冷却塔的类型

冷却塔是冷却水系统中的一个重要设备。冷却塔的性能对整个空调系统的正常运行都有影响。根据水与空气相对运动的方式不同,冷却塔可分为逆流式冷却塔和横流式冷却塔两种。

①逆流式冷却塔

逆流式冷却塔的构造如图3.43所示。它是由外壳、管、出水管、进水管、集水盘及进风百叶等主要部分组成。

在风机的作用下,空气从塔下部进入,顶部排出。空气与水在竖直方向逆向而行,热交换效率高。冷却塔的布水设施对气流有阻力,布水系统维修不方便,当冷却塔采用螺旋式布水器时,由于布水器靠出水的反作用力推动运转,要求进水压力为0.1 MPa左右,对喷射式冷却塔喷嘴要求进水压力为0.1~0.2 MPa。

②横流式冷却塔

横流式冷却塔的构造如图3.44所示,其工作原理与逆流式冷却塔基本相同。空气从水

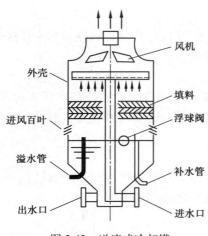

图 3.43 逆流式冷却塔

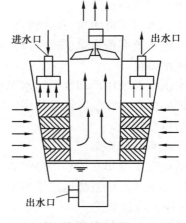

图 3.44 横流式冷却塔

平方向横向穿过填料层,然后从冷却塔顶部排出,水从上至下穿过填料层,空气与水的流向垂直,热交换效率不如逆流式。横流塔气流阻力小,布水设施维修方便,冷却水阻力不大于0.05 MPa。一般大型的冷却塔都采用横流式冷却塔。

任务实施

任务导入的问题已经在任务引领中阐述,此处不再赘述。

任务拓展

一、填空题

1.蒸汽压缩式制冷系统的四大部件是_____、_____、_____及_____。

2.空调制冷系统主要由_____、_____和_____组成。

3.溴化锂吸收式制冷系统由_____、_____、_____、_____、_____、_____及_____组成。

4.根据水与空气相对运动的方式不同,冷却塔可分为_____和_____两种。

二、拓展题

1.查阅资料,学习空调房间的气流组织形式。

2.查阅资料,了解空调系统的安装技术要求。

任务 3 通风空调施工图识读

任务导入

任务 1:建筑通风空调工程图纸的组成与读图方法有哪些?

任务 2:建筑通风空调工程图纸有哪些内容?

任务 3:如何规范识读通风空调工程施工图?

任务4:识读某车间的通风平面图、剖面图和轴测图(见电子资源),确定以下内容:

1.平面图、剖面图和轴测图分别表示了哪些内容?

2.图中的设备符号表示什么意义?

3.管道的空间是如何变化的? 进风口、送风口和回风口的具体位置在哪里?

任务5:识读某教学楼6层空调系统平面图(见电子资源),确定以下内容:

1.图中的设备符号表示什么意义?

2.空调系统是什么类型?

3.排风系统和新风系统是如何设置的?

任务引领

1.通风空调施工图的组成和内容

(1)通风空调施工图的组成

通风空调工程施工图一般包括平面布置图、剖面图、系统图和设备、风口等安装详图。

1)平面布置图

通风空调工程平面布置图主要表明通风管道平面位置、规格、尺寸,管道上风口位置、数量,风口类型,回风道和送风道位置,空调机、通风机等设备布置位置、类型,以及消声器、温度计等安装位置等。

2)剖面图

剖面图表明通风管道安装位置、规格、安装标高,风口安装位置、标高、类型、数量、规格、空调机、通风机等设备安装位置、标高及与通风管道的连接,以及送风道、回风道位置等。

3)系统图

通风系统图表明通风支管安装标高、走向、管道规格、支管数量,通风立管规格、出屋面高度,以及风机规格、型号、安装方式等。

4)详图

通风空调详图包括风口大样图,通风机减振台座平面图、剖面图等。

风口大样图主要表明风口尺寸、安装尺寸、边框材质、固定方式、固定材料、调节板位置、调节间距等。通风机减振台座平面图表明台座材料类型、规格、布置尺寸。通风机械台座剖面图表明台座材料、规格(或尺寸)、施工安装要求方式等。

5)设计说明

通风空调工程施工图设计说明表明风管采用材质、规格、防腐和保温要求,通风机等设备采用类型、规格,风管上阀件类型、数量、要求,风管安装要求,以及通风机等设备基础要求等。

6)设备材料表

设备材料及部件表表明主要设备类型、规格、数量以及部件类型规格、数量等。

(2)通风空调施工图的内容

1)线型、比例和图例

图线、比例、水气管道及其阀门的常用图例与采暖工程相同。

2)图样画法

①系统编号及管道尺寸标注

圆形风管的截面尺寸应以直径符号"φ"后缀毫米为单位的数值表示。

矩形风管(风道)的截面尺寸应以"A×B"表示。A 为该视图投影面的边长尺寸,B 为另一边尺寸。A、B 单位均为毫米(mm)。

流体管道的其他尺寸标注方法和要求及系统编号方法与采暖施工图相同。

②管道转向画法

部分水、汽管道代号见表 3.1,风道代号见表 3.2,风道转向画法如图 3.45 所示。

表 3.1　部分水、汽管道代号

代号	管道名称
LG	空调冷水供水管
LH	空调冷水回水管
KRG	空调热水供水管
KRH	空调热水回水管
LRG	空调冷、热水供水管
LRH	空调、冷热水回水管
LQG	冷却水供水管
LQH	冷却水回水管

表 3.2　风道代号

代号	风道名称	代号	风道名称
SF	送风管	ZY	加压送风管
HF	回风管(一、二回风可附加 1、2)	P(Y)	排风排烟兼用风管
PF	排风管	XB	消防补风风管
XF	新风管	S(B)	送风兼消防补风风管
PY	消防排烟风管		

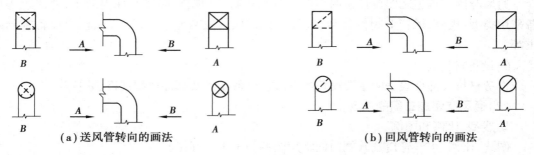

(a)送风管转向的画法　　　　(b)回风管转向的画法

图 3.45　风道转向画法

2.通风空调施工图的识读方法

（1）识读内容

针对具体的建筑通风、空气调节施工图从以下5个方面进行识读：

1）说明部分

识读通风及防排烟系统的内容、形式、通风设备规格，通风及防排烟管材及连接方式，通风管道敷设方式，以及防排烟图例；空气调节系统的内容、形式，空气调节设备规格，空气调节管材及连接方式，以及空气调节管道敷设方式、图例。

2）平面图部分

找出机械通风系统的内容、防排烟系统的位置及系统形式、敷设方式、风管走向、风井位置及个数、风管管径标注；空气调节的内容、空气调节系统的位置及系统形式、风管道及水管道敷设方式、管井位置及个数、管径标注。

3）系统图部分

对照平面图应统一，找出风井的位置、风管敷设的位置、风口的位置、风管及风井上标高标注情况、风井编号。

4）剖面图部分

识读各风管道走向具体连接情况及断面剖切的情况。

5）空调机房详细内容

冷水机组、空气处理设备的具体情况。

（2）识读顺序

一般按照图纸目录、设计施工说明、材料设备表、原理图、平面图、剖面图、系统图及详图的顺序进行识读。

送风工程沿进风口→空气处理器→风机→干管→横支管→送风口方向看。

排风工程沿排风口→横支管→干管→风机→空气处理器→排风帽方向看。

任务实施

任务1—任务3的内容见任务引领部分，此处不再赘述。

任务4 某车间通风系统的识读

从图中可知，该车间有一个通风系统。

①平面图表明风管、风口、机械设备等在平面中的位置和尺寸。

②剖面图表示风管设备等在垂直方向的布置和标高。

③系统轴测图中可清楚地看出管道的空间曲折变化。该系统由设在车间外墙上端的进风口吸入室外空气，经新风管从上方送入空气处理室，依要求的温度、湿度和洁净度进行处理，经处理后的空气从处理室箱体后部由通风机送出。送风管经两次转弯后进入车间，在顶棚下沿车间长度方向暗装于隔断墙内，其上均匀分布5个送风口（500 mm×250 mm），装设在隔断墙上露出墙面，由此向车间送出处理过的达到室内要求的空气。送风管高度是变化的，从处理室接出时是 600 mm×1 000 mm，向末端逐步减小到 600 mm×350 mm，管顶上表面保持水平，安装在标高3.9 m 处，管底下表面倾斜，送风口与风管顶部取齐。回风管在平行车间长度方向暗装于隔断墙内的地面之上 0.15 m 处。其上均匀分布着 9 个回风口（500 mm×

200 mm)露出于隔断墙面,由此将车间的污浊空气汇集于回风管,经 3 次转弯,由上部进入空调机房,然后转弯向下进入空气处理室。回风管截面高度尺寸是变化的,从始端的 700 mm×300 mm 逐步增加为 700 mm×850 mm,管底保持水平,顶部倾斜,回风口与风管底部取齐。当回风进入空气处理室时,回风分两部分循环使用:一部分与室外新风混合在处理室内进行处理;另一部分通过跨越连通管与处理室后的空气混合,然后再送入室内。

任务 5　某车间空调系统的识读

从平面图上可知,此层平面中有大小几个房间需要空调,采用分散式系统,5 台室外机安装在 5 层屋顶平台上(分别标注为 1、2、3),将空气压缩雾化后通过管道送入室内,再由室内机冷却处理送进各个送风口。

排风系统:各房间的排风口安装在靠走道的天花板上,排风管由走道引出室外,排风机装在对天井直接开窗的房间里。

送新风没有专门的管道,其做法是在开向走道的高窗上安装铝合金百叶窗,通过百叶窗把走道里的新风引入室内,这种做法是可行的。因为该建筑有 4 个天井,走道的一部分是直接与室外连通的,走道里的空气可作为新风使用(图中标注"9"是新风进风口)。

室内机起到改变空气温度的作用,空气温度的降低会出现凝结水,故与室内机相连的有一条凝结水排水管道,该管道与内排水管道相连。

图 2 为 1-1 剖视图,表示室内送风管道的一些情况。图中,"1"是空调系统的室内机,"4"是送风口,"9"是进新风的百叶窗。风口的安装高度距地面 3.0 m。

图 3 为 2-2 剖视图,是排风管道的立面图。图中,"5"为排风机,"6"为消声器。排风管道中心定位离开地面 3.3 m,排风管的断面尺寸为 500 mm×400 mm。

送风管道和排风管道的安装固定,主要由嵌入楼板中的拉筋悬挂,图中画法是一种示意的画法。

任务拓展

知　识

拓展题

查阅资料后回答,常用建筑通风空调施工图标准图集有哪些?

技　能

识读某综合楼地下室空调工程(送风系统)的施工图(见电子资源),撰写识图报告。

项目 4

建筑电气基础

电工基础学习最基本的电路知识；电气工程常用材料学习；建筑电气工程常用的导电材料和绝缘材料及其线路的标注、敷设方式和部位；建筑电气配线学习建筑物配电控制设备到用电器具的配电线路和控制线路的敷设；电缆敷设学习各种敷设电缆的方式及安装要求；电气施工图识图基础学习电气施工图的组成和识图步骤。

任务 1　电工基础

任务导入

任务 1：一个基本电路有哪几个组成部分？各部分起什么作用？

任务 2：电路的工作状态有哪几种？

任务 3：交流电的三相四线制供电方式是怎样连接的？

任务 4：三相负载接入三相电源有哪些方式？

任务引领

1.电路的基本概念

（1）电路和电路图

电路是有许多电气元件或设备为实现能量的输送和转换或者实现信号的传递和处理组合后的总称。通常说的电路，是指电流流经的路径，一个完整的电路由电源、负载、开关及保护装置和连接导线 4 部分组成。其电路图如图 4.1 所示。

通常电路有以下两个作用：

①电能的传输和分配。将电能从电厂运输到用户，包括发电、变电、输电、配电、用电等环节。建筑电气工程中的电力、照明等线路均属于电力工程的一部分线路。

②信息的传递和处理。在建筑物中一般有电话、电视线路，楼宇对讲、消防、广播、网络、安全防范系统，这些线路主要是对包含某些信息的电信号进行传递和处理，还原出声音和图

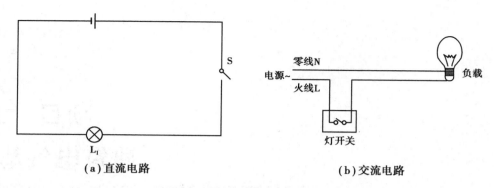

（a）直流电路　　　　　　　　（b）交流电路

图 4.1　电路的基本组成

像,满足人们对信息的需要。

通常,人们把建筑电气工程中的电力、照明等线路称为强电,把建筑物中安装的楼宇对讲系统、消防系统、广播系统、网络系统、安全防范系统等线路称为弱电。

（2）电路的基本物理量

1）电流

导体中电荷的定向移动形成电流。它用单位时间内流过导体某一横截面积电荷的多少来表示,即

$$I = \frac{Q}{t}$$

其单位是安[培],简称安（A）。其中,Q 为电荷量,单位是库[仑]（C）;t 为时间,单位是秒（s）。正电荷的移动方向为电流的方向。大小和方向均不随时间变化的电流,称为直流电流。

2）电压

电压是指电场力把单位正电荷从电场 A 点移动到电场 B 点所做的功,即

$$U_{AB} = \frac{W_{AB}}{Q}$$

式中,W_{AB} 为电场力所做的功,Q 为电荷量。

它也可使用任何两个带电体之间（或电场中某两点之间）所具有的电位差来表示,即

$$U_{AB} = U_A - U_B$$

单位是伏[特],简称伏（V）。

3）电功率

电功率是指用电设备在单位时间所做的功。它分为电源产生的电功率和负载产生的电功率。其中,电源产生的电动率为

$$P_E = \frac{W}{t} = EI \tag{4.1}$$

式中　P_E——电源产生的功率,W;

　　　W——功,J;

　　　E——电动势,V。

负载产生的电功率为

$$P_R = \frac{W}{t} = UI \qquad\qquad (4.2)$$

式中　P_R——负载产生的功率，W；

W——功，J；

U——负载的电压，V。

例 4.1　一台 29 in 的彩色电视机的功率为 183 W，平均每天开机 2 h，则一个月（30 天）消耗多少度电？

解　由

$$W = Pt = 0.183 \times 2 \times 30 \text{ kW} \cdot \text{h} = 10.98 \text{ kW} \cdot \text{h}$$

在电路中有 3 种功率（即有功功率、无功功率和视在功率）和一个功率因数的概念。

①有功功率

有功功率是指保持电器设备正常运行所需要的电功率，也就是把电能直接转化为其他形式能量所需的电功率。在交流电中，有功功率为

$$P = UI \cos\varphi \qquad\qquad (4.3)$$

式中　P——有功功率，W；

U——电压，V；

I——电流，A；

$\cos\varphi$——功率因数。

②无功功率

无功功率是指用于电路内部电场和磁场的交换，并且用来建立维持磁场所需要的电功率。它不对外做功，只是在电路内部进行能量转换。

无功功率用 Q 表示，单位为乏（var）。

凡是有电磁线圈，需要建立和维持磁场的电气设备，就一定要有无功功率。例如，40 W 的日光灯，需要 40 W 的有功功率，还需要 80 var 无功功率建立和维持电磁场。

③视在功率

视在功率是指电路上的总功率，在交流电中用电压和电流的乘积来表示，即

$$S = UI \qquad\qquad (4.4)$$

式中　S——视在功率，V·A；

U——电压，V；

I——电流，A。

④功率因数

$\cos\varphi$ 是衡量电器设备效率高低的一个系数。$0 \leqslant \cos\varphi \leqslant 1$，是有功功率和视在功率的一个比值，即

$$\cos\varphi = \frac{P}{S}$$

式中　φ——电压与电流之间的相位差（相位角）。

$\cos\varphi$ 值的大小与电器设备负荷性质有关。在纯电阻电器设备直接消耗功率将电能转化为热能，就没有相位差，$\varphi = 0$，即 $\cos\varphi = 1$，故

$$P = S$$

在感性电器(有电感线圈的电器)中,相位差(相位角) $0° < \varphi < 90°$;在容性电器(具有电容的电器)中,相位差(相位角) $-90° \leq \varphi \leq 0°$。

视在功率、有功功率、无功功率三者之间的关系如图 4.2 所示。

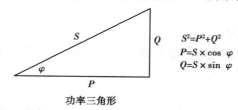

$$S^2 = P^2 + Q^2$$
$$P = S \times \cos\varphi$$
$$Q = S \times \sin\varphi$$

功率三角形

图 4.2 视在功率、有功功率、无功功率、功率因数之间的关系
S—视在功率;Q—无功功率;P—有功功率;φ—功率因数角

从图 1.2 可得出以下结论:提高了功率因数,就降低了线路上无功功率的输出,也就降低了视在功率,节约了电能,减少了视在功率电流。

⑤无功补偿的原理及方法

无功功率过大的危害如下:

a.降低发电设备有功功率的输出。

b.降低电线设备的供电能力。

c.造成线路上电压损失的增加和电能损失的增加。

d.造成电器设备在低功率下运行,效率低下,电压下降乃至不能正常工作。

采取人为的方法设置无功补偿装置,来保证用电设备所需要的无功功率,减少线路上提供的无功功率。无功补偿是把具有容性功率的装置和感性功率负荷并联在同一线路上。通常有高压集中补偿、低压集中补偿和低压个别补偿。

低压个别补偿就是根据个别用电设备对无功的需要量将单台或多台低压电容器组分散地与用电设备并接,它与用电设备共用一套断路器。

低压集中补偿是指将低压电容器通过低压开关接在配电变压器低压母线侧,以无功补偿投切装置作为控制保护装置,根据低压母线上的无功负荷而直接控制电容器的投切。

高压集中补偿是指将并联电容器组直接装在变电所的 6~10 kV 高压母线上的补偿方式。

4)电阻

电阻是指导体阻碍电流通过的能力,用 R 表示,单位是欧[姆],简称欧(Ω)。电阻是物体本身固有的属性,其值为

$$R = \frac{\rho l}{S} \tag{4.5}$$

式中 ρ——电阻率,$\Omega \cdot mm^2/m$;

l——导体长度,m;

S——导体横截面积,m^2。

物体根据导电能力,可分为导体、绝缘体和半导体。

①导体

能很好地传导电流的物体,如金属、盐水等,其电阻值小。

②绝缘体

基本上不能传导电流的物体,如橡胶、陶瓷、玻璃、棉纱、石蜡、塑料以及干燥的木材、空气等,其电阻值非常大。

③半导体

导电能力介于导体与绝缘体之间的物体,如锗、硅、氧化铜等,其电阻值介于导体和绝缘体之间。

（3）**电路的工作状态**

一般电路具有 3 种工作状态:通路、短路和断路。

1）通路(闭路)

将内外电路连通,构成闭合电路,电路中有电流通过。图 4.3 中,开关 S_1 闭合,S_2 断开即为通路状态。

2）短路

短路是指电路中电流不经过用电器直接与电源两极相连接的电路。图 4.3 中,开关 S_1 和 S_2 都闭合即为短路状态。短路会造成电路中电流过大,烧坏电源、开关、导线等。通常在电路中串接保险丝等进行保护。

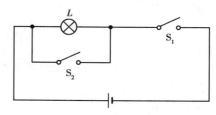

3）断路(开路)

当电路断开或电路中有断开的地方(导线断开

图 4.3　电路工作状态

或者线路接触不良等)使电路呈不闭合,无电流通过的状态。图 4.3 中,开关 S_1 和 S_2 都断开即为断路状态。

2.正弦交流电

（1）**概念**

大小和方向随时间作周期性变化且平均值为零的电动势、电压和电流,统称为交流电。其波形可以是正弦、三角形和矩形。本节讨论常见的正弦交流电,如图 4.4 所示。

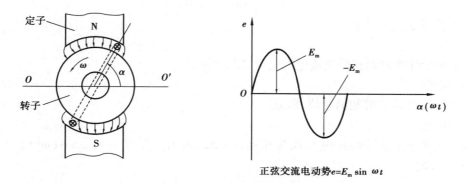

正弦交流电动势 $e=E_m\sin\omega t$

图 4.4　单相正弦交流电

（2）**正弦交流电的三要素**

1）正弦量变化的快慢

①周期 T

正弦量变化一周所需的时间，称为周期，单位为秒（s）。

②频率 f

正弦量每秒钟变化的周期数，称为频率，单位是赫［兹］（Hz）。

③角频率 ω

正弦量每秒钟所经历的弧度数，称为角频率，单位是弧度/秒（rad/s）。

三者关系为

$$\omega = \frac{2\pi}{T} = 2\pi f,\ f = \frac{1}{T},\ T = \frac{1}{f}$$

例 4.2 频率 $f = 50\ \text{Hz}$ 的正弦交流电，其周期及角频率分别是多少？

解 根据

$$T = \frac{1}{f} = \frac{1}{50}\ \text{s} = 0.02\ \text{s}$$

$$\omega = 2\pi f = 2 \times 3.14 \times 50\ \text{rad/s} = 314\ \text{rad/s}$$

2）正弦量的大小

①瞬时值

瞬时值是指正弦量在某一瞬间的数值，用小写字母 e、u、i 表示。

②最大值（幅值）

最大值（幅值）是指正弦量在一个周期中出现的最大瞬时值，用 E_{m}、U_{m}、I_{m} 表示。

③有效值

若一个直流电和一个交流电在该交流电的一个周期内通过相同的电阻产生的热量相等，则该直流电的数值为交流电的有效值，用大写字母 E、U、I 表示。

最大值与瞬时值之间的关系为

$$e = E_{\text{m}} \sin(\omega t + \varphi)$$

$$u = U_{\text{m}} \sin(\omega t + \varphi)$$

$$i = I_{\text{m}} \sin(\omega t + \varphi)$$

3）正弦量变化的状态

①相位

相位是指任意时刻正弦交流电的角度，即 $\omega t + \varphi$。

②初相位

初相位是指 $t = 0$ 时刻的相位，即 φ。

③相位差

两个同频率正弦量的相位差或初相差，用 $\Delta\varphi$ 表示。假设 $i_1 = I_{1\text{m}} \sin(\omega t + \varphi_1)$，$i_2 = I_{2\text{m}} \sin(\omega t + \varphi_2)$，则

$$\Delta\varphi = (\omega t + \varphi_1) - (\omega t + \varphi_2) = \varphi_1 - \varphi_2$$

当 $\Delta\varphi > 0$ 时，表示前者超前。

当 $\Delta\varphi = 0$ 时，表示两者同相。

当 $\Delta\varphi < 0$ 时，表示前者滞后。

3.三相交流电

（1）三相交流电的概念

三相交流电是由 3 个大小相等、频率相同、相位彼此相差 120°的交流电路组成的电力系统,如图 4.5 所示。其中,正序为 A—B—C,逆序为 A—C—B。其特点是 $e_A + e_B + e_C = 0$。在实际工程中,电力都是以三相交流电的形式生产、输送、分配和使用的。

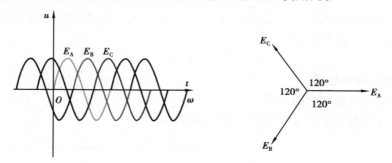

图 4.5　三相正弦交流电

（2）三相电源供电

1）星形连接

星形连接是将 3 个绕组的末端接在一起形成一个公共点(中性点、零点),如图 4.6 所示。

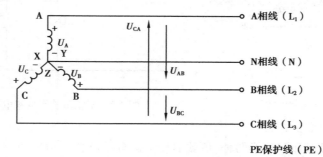

图 4.6　三相电源星形连接

①相线

由三相绕组的始端 A、B、C 分别引出 3 根线,称为相线(火线)。它们构成三相电源的星形连接形式。

②中线

把三相绕组的末端 X、Y、Z 连接在一起成为公共点,称为中性点 N。从中性点引出一根导线,称为中线。

③零线

三相电源的中性点常直接接地,故中性点又称为零点,中性线又称为零线。

④三相四线制

由于三相电源输出四根电源线,故称为三相四线制供电系统。

⑤保护线

为了防止设备因漏电对人造成伤害,工程中常从中性点接地处另外引出一条导线,与设备外壳连接,这条导线称为保护线。

为区分各电源线,常以不同的颜色区分。中线(N):用黑色或白色,在建筑内配线的中线一般用蓝色。相线:A 相线(L_1)、B 相线(L_2)和 C 相线(L_3)分别用黄、绿、红色导线。保护线(PE):用黄绿双色导线。

2)三角形连接

三角形连接是将电源一相绕组的末端与另一相绕组的首端依次相连,如图 4.7 所示。

线电压是相线与相线之间的电压,用 $U_线$ 表示。相电压是相线与中性线之间的电压,用 $U_相$ 表示。星形连接的特点是获得两种电压,且 $U_线 = \sqrt{3}\,U_相$,主要用在低压系统中。三角形连接的特点是只有一种电压,即

$$U_线 = U_相$$

(3)负载与电源的连接

1)单相负载与三相电源的连接

单相负载与三相电源的连接方式,如图 4.8 所示。

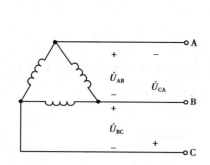

图 4.7　三相三线制电源

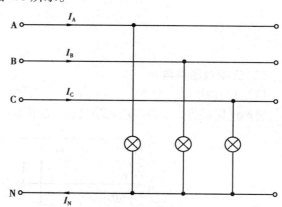

图 4.8　单相负载和三相电源的连接

2)三相负载与电源的连接

电源的接法有星形和三角形两种,负载的接法也有星形和三角形两种。因此,电源和负载两者的连接方法有 4 种。如图 4.9 和图 4.10 所示为三相电源和负载均为星形和三角形的连接形式。

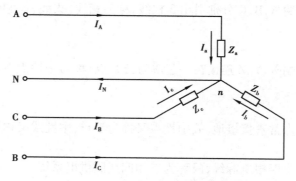

图 4.9　三相负载与电源的星形连接

154

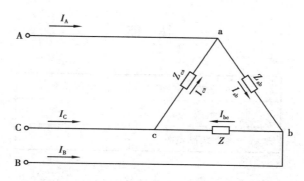

图4.10　三相负载与电源的三角形连接

在星形接法中

$$U_{相} = \frac{U_{线}}{\sqrt{3}}, I_{相} = I_{线}$$

在三角形接法中

$$U_{相} = U_{线}, I_{相} = \frac{I_{线}}{\sqrt{3}}$$

在380 V/220 V供电系统中,三相负载的连接方式需要根据负载的额定电压来确定。如果负载的额定电压为380 V,则可接成三角形连接方式;如果负载的额定电压为220 V,则只能连接为星形连接方式。

任务实施

关于任务导入部分的实施步骤请参阅任务引领部分。

任务拓展

知　识

一、填空题

1.一个完整的电路由_____、_____、_____及_____4部分组成。

2.电路的工作状态有_____、_____和_____3种。

3.描述电路的基本物理量有_____、_____、_____及_____。

二、问答题

1.正弦交流电的三要素是什么?如何描述?

2.什么是三相四线制供电?什么是相电压?什么是线电压?在三相四线制供电线路中,线电压与相电压有什么关系?

三、拓展题

1.查阅资料回答:什么是欧姆定律?什么是基尔霍夫定律?电阻的串并联阻值和总阻值间的关系是什么?

2.查阅资料,进一步明确无功功率补偿的原理和方法。

技　能

1.写出下列电气符号。

名称	电气符号
负载	
三相四线制电源	

2.画出负载与三相电源的连接图示(分单相负载与三相负载)。

任务2　电气工程常用材料

任务导入

任务1:以下线缆表示什么意义?

　　　1.识读 YJV-22-4×70。

　　　2.识读 NH-BV-5×6。

　　　3.识读 BV-4×70+1×35。

　　　4.识读 WDZN-BYJ(F)4×70+1×50-SC70-FC。

　　　5.识读 SYWV-75-9+12(SYWV-75-5)-SC32。

任务2:常用的导线材料有哪些? 各自有哪些用途?

任务3:常用的绝缘材料有哪些? 各自有哪些用途?

任务4:常用的安装材料有哪些? 各自有哪些用途?

任务引领

1.导电材料

(1)导线

导线又称电线,常用导线可分为裸导线和绝缘导线。导线的线芯要求导电性较好,机械强度大,质地均匀,表面光滑,无裂缝,耐热性好。导线的绝缘材料要求绝缘性能好,质地柔软且具有相当的机械强度,能耐酸、碱、油、臭氧的侵蚀。

1)裸导线

裸导线是无绝缘层的导线,由铝、铜、钢等制成。按照线芯的性能,可分为硬裸导线和软裸导线。硬裸导线主要用于高、低压架空电力线路输送电能;软裸导线主要用于电气装置的接线、元件的接线及接地线等。裸导线的文字符号含义见表4.1,常用裸导线型号及其主要用途见表4.2。

表 4.1　裸导线文字符号的含义

线芯材料		特　性								派生	
		形状		加工		软、硬		轻、加强			
符号	意义	符号	意义	符号	意义	符号	意义	符号	意义	符号	意义
T L	铜线 铝线	Y G	圆形 沟形	J X	绞制 镀锡	R Y F	柔软 硬 防腐	G Q J	钢芯 轻型 加强型	1 2 3	第一种 第二种 第三种

表 4.2　常用裸导线的型号及主要用途

型　号	名　称	导线截面/mm^2	主要用途
LJ	铝绞线	10	短距离输配电线路
LGJ	钢芯铝绞线	10	高、低压架空电力线路
LGJQ	轻型钢芯铝绞线	150	高、低压架空电力线路
LGJJ	加强型钢芯铝绞线	150	高、低压架空电力线路
TJ	铜绞线	10	短距离输配电线路
TJR	软铜绞线	0.012	引出线、接地线及电器设备部件间连接用
TJRX	镀锡软绞线	0.012	引出线、接地线及电器设备部件间连接用

2）绝缘导线

绝缘导线是具有绝缘包层（单层或多层）的电线,称为绝缘导线。常用绝缘导线的文字符号见表 4.3。

表 4.3　常用绝缘导线的文字符号

性能		分类代号 或用途		线芯材料		绝缘		护套		派生	
符号	意义	符号	意义	符号	意义	符号	意义	符号	意义	符号	意义
ZR NH	阻燃 耐火	B Y T HR HP	安装线 布电线 移动电器线 天线 电话软线 电话配线	T L	铜 铝	V F Y X XF	聚氯乙烯 氟塑料 聚乙烯 橡皮 氯丁橡皮	V H B N SK L	聚氯乙烯 橡套 编制套 尼龙套 尼龙丝 腊克	P R S B D P1	屏蔽 软 双绞 平型 带型 缠绕屏蔽

　　绝缘导线按绝缘材料可分为橡皮绝缘导线和塑料绝缘导线。橡皮绝缘导线主要用于室内外敷设。常用橡皮绝缘导线型号及其主要用途见表4.4。

表 4.4　常用橡皮绝缘导线型号及主要用途

型号	名　称	导线截面 /mm²	主要用途
BX	铜芯橡皮线	0.75	用于交流 500 V 及以下,直流 1 000 V 及以下的户内外架空、明设、穿管固定敷设的照明及电气设备电路
BLX	铝芯橡皮线	2	
BXR	铜芯橡皮软线	0.75	用于交流 500 V 及以下,直流 1 000 V 及以下电气设备及照明装置要求电线比较柔软的室内安装
BXF	铜芯氯丁橡皮线	0.75	用于交流 500 V 及以下,直流 1 000 V 及以下的户内外架空、明设、穿管固定敷设的照明及电气设备电路
BLXF	铝芯氯丁橡皮线	2.5	

例 4.3　以下标示线缆的符号代表什么意义?

1)BLXF-10;

2)BX-2.5。

解　1)BLXF-10 表示电线截面为 10 mm² 的铝芯氯丁橡皮线。

　　2)BX-2.5 表示导线截面为 2.5 mm² 的铜芯橡皮线。

　　塑料绝缘导线具有耐油、耐酸、耐腐蚀、防潮、防霉等特点,常用作 500 V 以下室内照明线路。常用绝缘导线的型号及主要用途见表4.5。

表 4.5　常用绝缘导线的型号及主要用途

型　号	名　称	导线截面	主要用途
BLV	铝芯塑料线	1.5	交流 500 V 及以下,直流 1 000 V 及以下室内固定敷设
BV	铜芯塑料线	0.03	
ZR-BV	阻燃铜芯塑料线	0.03	交流 500 V 及以下,直流 1 000 V 及以下室内较重要场所固定敷设
NH-BV	耐火铜芯塑料线	0.03	交流 500 V 及以下,直流 1 000 V 及以下室内重要场所固定敷设
BVR	铜芯塑料软线	0.75	交流电压 500 V 以下,要求电线比较柔软的场所固定敷设
BLVV	铝芯塑料护套线	1.5	交流电压 500 V 以下,直流电压 1 000 V 以下室内固定敷设
BVV	铜芯塑料护套线	0.75	

续表

型 号	名 称	导线截面	主要用途
RVB	铜芯平行塑料连接软线	0.012	250 V 室内连接小型电器,移动或半移动敷设时用
RVS	铜芯双绞塑料连接软线	0.012	
RV	铜芯塑料连接软线	0.012	

例 4.4 标示线缆的符号 NH-BV-25 代表什么意义?

解 NH-BV-25 表示导线截面为 25 mm² 的耐火铜芯塑料线。

(2)电缆

电缆是一种多芯导线,即在一个绝缘软套内裹有多根互相绝缘的线芯。其基本结构由缆芯、绝缘层和保护层 3 部分组成。按用途,可分为电力电缆、控制电缆、通信电缆、其他电缆。如图 4.11 所示为电缆结构及其断面结构。

绞合裸铜线　聚氯乙烯护套
聚氯乙烯绝缘

(a)电缆结构

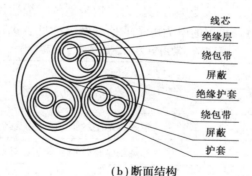

线芯
绝缘层
绕包带
屏蔽
绝缘护套
绕包带
屏蔽
护套

(b)断面结构

图 4.11 电缆及断面结构

电缆型号的组成和含义见表 4.6。

表 4.6 电缆型号的组成和含义

性能	类别	电缆种类	线芯材料	内护层	其他特征	外护层	
						第 1 个数字	第 2 个数字
ZR 阻燃	电力电缆不表示	Z 油浸纸绝缘	T 铜 (省略)	Q 铅护套	D 不滴流	2 双钢带	1 纤维护套

续表

性能	类别	电缆种类	线芯材料	内护层	其他特征	外护层	
						第1个数字	第2个数字
NH 耐火	K 控制电缆	X 橡皮	L 铝	L 铝护套	F 分相铝包	3 细圆钢丝	2 聚氯乙烯护套
	Y 移动式软电缆	V 聚氯乙烯		H 橡套	P 屏蔽	4 粗圆钢丝	3 聚乙烯护套
	P 信号电缆	Y 聚乙烯		(H)F 非燃性橡套	C 重型		
	H 市内电话电缆	YJ 交联聚乙烯		V 聚氯乙烯护套			
				Y 聚乙烯护套			

1）电力电缆

电力电缆是用来输送和分配大功率电能的导线。无铠装的电缆适用于室内、电缆沟内、电缆桥架内及穿管敷设,但不可承受压力和拉力。钢带铠装电缆适用于直埋敷设,能承受一定的压力,但不能承受拉力。常用的电力电缆的信号及名称见表4.7。

表 4.7　常用电力电缆的型号及名称

型号		名称
铜芯	铝芯	
VV	VJV	聚氯乙烯绝缘聚氯乙烯护套电力电缆
VV_{22}	VLV_{22}	聚氯乙烯绝缘钢带铠装聚氯乙烯护套电力电缆
ZR-VV	ZR-VLV	阻燃聚氯乙烯绝缘聚氯乙烯护套电力电缆
$ZR-VV_{22}$	$ZR-VLV_{22}$	阻燃聚氯乙烯绝缘钢带铠装聚氯乙烯护套电力电缆
NH-VV	NH-VLV	耐火聚氯乙烯绝缘聚氯乙烯护套电力电缆
$NH-VV_{22}$	$NH-VLV_{22}$	耐火聚氯乙烯绝缘钢带铠装聚氯乙烯护套电力电缆
YJV	YJLV	交联聚乙烯绝缘聚氯乙烯护套电力电缆
YJV_{22}	$YJLV_{22}$	交联聚乙烯绝缘钢带铠装聚氯乙烯护套电力电缆

例 4.5　标示线缆的符号 VV_{22}-4 * 70+1 * 25 代表什么意义?

解　VV_{22}-4 * 70+1 * 25 表示 4 芯截面为 70 mm^2 和 1 芯截面积为 25 mm^2 的铜芯聚氯乙烯绝缘钢带铠装聚氯乙烯护套的电力电缆。其相线和中性线的截面积均为 70 mm^2,接地保护线的截面积为 25 mm^2。

2）控制电缆

控制电缆用于配电装置、继电保护和自动控制回路中传送控制电流、连接电器仪表及电气元件等。其构造与电力电缆相似。常用控制电力的型号及名称见表 4.8。

表 4.8　常用控制电缆的型号及名称

型号	名　称
KVV	铜芯聚氯乙烯绝缘聚氯乙烯护套控制电缆
KVV$_{22}$	铜芯聚氯乙烯绝缘钢带铠装聚氯乙烯护套控制电缆

3）通信电缆

建筑通信中常用的通信电缆有双绞线、同轴电缆及光缆。

①双绞线

双绞线（Twisted Pair，TP）由两根具有绝缘保护层的铜导线组成。把两根绝缘的铜导线按一定密度互相绞在一起，可降低信号干扰的程度，每一根导线在传输中辐射出来的电波会被另一根线上发出的电波抵消。双绞线一般由两根 22—26 号绝缘铜导线相互缠绕而成。

目前，双绞线可分为非屏蔽双绞线（Unshielded Twisted Pair，UTP，也称无屏蔽双绞线）和屏蔽双绞线（Shielded Twisted Pair，STP）。屏蔽双绞线电缆的外层由铝箔包裹着，如图 4.12 所示。

图 4.12　6 类双绞线（左）、超 5 类双绞线（右）

双绞线可分为屏蔽双绞线与非屏蔽双绞线两大类。在这两大类中，又可分为 100 Ω 电缆、双体电缆、大对数电缆、150 Ω 屏蔽电缆。通信电缆中，3 类、4 类、5 类、超 5 类、6 类使用较多。双绞线分类如图 4.13 所示。

图 4.13 的分类说明如下：

3 类：用于语音传输及最高传输速率为 10 Mbit/s 的数据传输，目前已基本淘汰。

4 类：用于语音传输和最高传输速率 16 Mbit/s 的数据传输。

5 类：用于语音传输和最高传输速率为 100 Mbit/s 的数据传输，是构建 10 M/100 M 局域网的主要通信介质。

超 5 类：用于语音传输和最高传输速率为 155 Mbit/s 的数据传输。与普通 5 类双绞线相比，超 5 类双绞线在传送信号时衰减更小，抗干扰能力更强，是目前使用最广泛的类型。

6 类：可传输语音、数据和视频，足以应付未来高速和多媒体网络的需要。

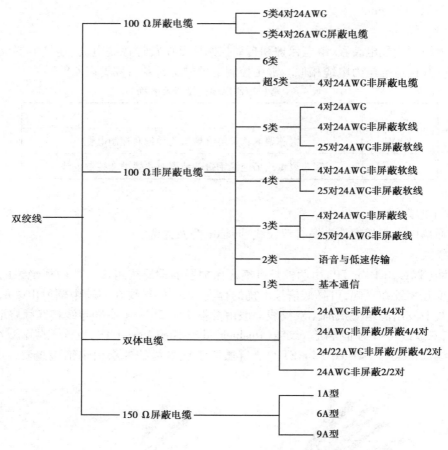

图 4.13　双绞线分类

②同轴电缆

同轴电缆是由一根空心的外圆柱导体及其所包围的单根内导线所组成。柱体铜导线用绝缘材料隔开,其频率特性比双绞线好,能进行较高速率的传输。由于它的屏蔽性能好,抗干扰能力强,通常多用于基带传输。同轴电缆是由中心导体、绝缘材料层、网状织物构成的屏蔽层以及外部隔离材料层组成,如图 4.14 所示。

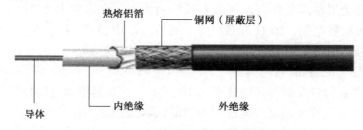

图 4.14　同轴电缆结构示意图

同轴电缆型号组成见表 4.9。

表 4.9　同轴电缆型号组成

电缆型号标准	→	特性阻抗	→	芯线绝缘外径	→	结构序号

162

同轴电缆型号标准见表4.10。

表4.10　电缆型号标准

分类代号		绝缘材料		护套材料		派生特征	
符号	含义	符号	含义	符号	含义	符号	含义
S	同轴射频电缆	Y	聚乙烯	V	聚氯乙烯	P	屏蔽
SE	对称射频电缆	W	稳定聚乙烯	Y	聚乙烯	Z	综合
SJ	强力射频电缆	F	氟塑料	F	氟塑料		
SG	高压射频电缆	X	橡皮	B	玻璃丝编制浸渍有机漆		
ST	特性射频电缆	I	聚乙烯空气绝缘	H	橡皮		
SS	电视电缆	D	稳定聚乙烯空气绝缘	M	棉纱编织		

例4.6　SYV-75-3-1型电缆表示什么意义?

解　SYV-75-3-1型电缆是同轴射频电缆,用聚乙烯绝缘,用聚氯乙烯作护套,特性阻抗为75 Ω,芯线绝缘外径为3mm,结构序号为1。

③光缆

光导纤维是一种传输光束的细而柔韧的媒质。光导纤维电缆由一捆纤维组成,简称为光缆,如图4.15所示。

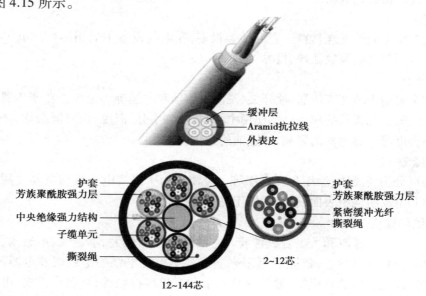

图4.15　光缆结构

光缆是数据传输中最有效的一种传输介质,它有以下4个优点:宽的频带,磁绝缘性能好,衰减较小,中继器的间隔距离较大。

根据工艺不同可分为单模光纤和多模光纤两类。

光纤的特点有:传输速度快,距离远,内容多,并且不受电磁干扰,不怕雷击,很难在外部窃听,不导电,在设备之间没有接地的麻烦等。

常用的光纤缆如下:

①8.3 μm 芯,125 μm 外层,单模。

②62.5 μm 芯,125 μm 外层,多模。

③50 μm 芯,125 μm 外层,多模。

④100 μm 芯,140 μm 外层,多模。

(3)母线

母线(又称汇流排)是用来汇集和分配电流的导体,有硬母线和软母线之分,软母线用在 35 kV 及以上的高电压配电装置中,硬母线用在工厂高低压配电装置中。

硬母线按材料分为硬铜母线(TMY)和硬铝母线(LMY),其截面形状有矩形、管形、槽形等,矩形母线的规格用母线标称尺寸表示。

2.绝缘材料

绝缘材料又称电介质,是一种不导电的物质。绝缘材料的主要作用是把带电部分与不带电部分及电位不同的导体相互隔开。

绝缘材料按化学性质,可分为无机绝缘材料、有机绝缘材料及混合绝缘材料。无机绝缘材料有云母、石棉、大理石、瓷器、玻璃、硫黄等,多用于电动机和电器的绝缘绕组、开关的底板及绝缘子等。有机绝缘材料有树脂、橡胶、棉纱、纸、麻、丝、塑料、石油等,多用于制造绝缘漆和绕组导线的被覆绝缘物。

(1)树脂

树脂是有机凝固性绝缘材料。它的种类很多,在电气设备中应用很广。电工常用树脂有酚醛树脂、环氧树脂、聚氯乙烯、松香等。

(2)绝缘油

绝缘油主要用来填充变压器、油开关、浸渍电容器和电缆等。绝缘油在变压器和油开关中,起着绝缘、散热和灭弧的作用。在使用中,常常受到水分、温度、金属混杂物、光线及设备清洗的干净程度等外界因素的影响,加速油的老化。

(3)绝缘漆

绝缘漆可分为浸渍漆、涂漆和胶合漆等。浸渍漆用于浸渍电动机和电器线圈。涂漆用于涂刷线圈和电动机绕组表面;胶合漆用于黏合各种物质。

(4)橡胶和橡皮

橡胶可分为天然橡胶和人工合成橡胶。它的特点是弹性大、不透气、不透水、有良好的绝缘性能,但耐热、耐油性差,硫化后可用来制成各类电缆电线的绝缘层及电器的零部件。合成橡胶是碳硫化合物的合成物,常用的有氯丁和有机硅橡胶等,可制成橡皮、电缆的防护层及导线的绝缘层等。橡皮是由橡胶经硫化处理而制成的,可分硬质橡皮和软质橡皮两类。硬质橡皮主要用来制作绝缘零部件及密封剂和衬垫等;软质橡皮主要用于制作电缆和导线绝缘层、橡皮包布和安全保护用具等。

(5)玻璃丝

电工用的玻璃丝是用无碱、铝鹏硅酸盐的玻璃纤维制成的。它可做成许多种绝缘材料,如玻璃丝、玻璃纤维管以及电线的编织层。

（6）绝缘包带

绝缘包带主要用于电线、电缆接头的绝缘。绝缘包带的种类有很多，常见的有下列3种：

1）黑胶布带

黑胶布带又称黑胶带，用于低压电线、电缆接头时作为包缠用绝缘材料。它是在棉布上挂胶、卷切而成。黑胶布耐电性要求在交流 1 000 V 电压下保持 1 min 不击穿。

2）橡胶带

橡胶带用于电缆接头，作包缠绝缘材料，可分为生橡胶带和混合橡胶带两种。

3）塑料绝缘带

采用聚氯乙烯和聚乙烯制成的绝缘胶黏带都称为塑料绝缘带。它的绝缘性能好，耐潮性和耐蚀性好，可替代绝缘胶带，也能作绝缘防腐密封保护层。

（7）电瓷

电瓷是用各种硅酸盐或氯化物的混合物制成的。其性质稳定、机械强度高、绝缘性能好、耐热性能好。电瓷主要用于制作各种绝缘子、绝缘套管、灯座、开关、插座、熔断器底座等。

3.安装材料

（1）常用导管

由金属材料制成的导管称为金属导管。它分为水煤气管、金属软管和薄壁钢管等。由绝缘材料制成的导管称为绝缘导管，可分为硬塑料管、半硬塑料管、软塑料管及塑料波纹管等。

1）水煤气管

水煤气管在配线工程中适用于有机械外力或轻微腐蚀气体的场所作明敷设和暗敷设。

2）金属软管

金属软管又称为蛇皮管，由双面镀锌薄钢带加工压边卷制而成。金属软管既有相当好的机械强度，又有很好的弯曲性，常用于弯曲部位较多的场所和设备出口处。

3）薄壁钢管

薄壁钢管又称电线管，其管壁较薄，管子内、外涂有一层绝缘漆，适用于干燥场所敷设。

4）PVC 塑料管

PVC 塑料管适用于民用建筑或室内有酸碱腐蚀性介质的场所。PVC 塑料管规格见表4.11。

表 4.11　PVC 塑料管规格

标准直径/mm	16	20	25	32	40	50	63
标准壁厚/mm	1.7	1.8	1.9	2.5	2.5	3.0	3.2
最小内径/mm	12.2	15.8	20.6	26.6	34.4	43.1	55.5

5）半硬塑料管

半硬塑料管多用于一般居住和办公室等场所的电气照明、暗敷设配线。

（2）**电工常用成型钢材**

1）扁钢

扁钢可用来制作各种抱箍、撑铁、拉铁和配电设备的零配件、接地母线和接地引线等。规格以"宽度 a×厚度 d"表示，如 25×4 表示宽度 25 mm、厚度为 4 mm 的扁钢。

2）角钢

角钢是钢结构中最基本的钢材，可作为单独构件，也可组合使用。它广泛用于桥梁、建筑输电塔构件、横担、撑铁、接户线中的各种支架及电器安装底座、接地体等。其规格以"长边 a×短边 b×边厚 d"表示，如 ∟63×40×5 表示该角钢长边为 63 mm、短边为 40 mm、边厚为 5 mm。

3）工字钢

工字钢由两个翼缘和一个腹板构成。工字钢广泛用于各种电气设备的固定底座、变压器台架等。其规格是以"腹板高度 h×腹板厚度 d"表示，其型号是以腹高（cm）数来表示。如 10 号工字钢，表示其腹高为 10 cm。

4）圆钢

圆钢主要用来制作各种金属、螺栓、接地引线及钢索等，它有镀锌圆钢和普通圆钢之分。其规格是以直径（mm）表示，如 $\phi8$ 表示公称直径为 8 mm 的圆钢。

5）槽钢

槽钢一般用来制作固定底座、支承、导轨等。其规格的表示方法与工字钢基本相同，如"槽钢 120×53×5"表示其腹板高度（h）为 120 mm，翼宽（b）为 53 mm，腹板厚为 5 mm。

6）钢板

钢板按照是否镀锌分为镀锌钢板和不镀锌钢板。按照厚度一般分为薄钢板（厚度小于 4 mm）、中厚钢板（厚度为 4.5~60 mm）、特厚钢板（厚度大于 60 mm）。钢板可制作各种电器及设备的零部件、平台、垫板、防护壳等。

7）铝板

铝板用来制作设备零部件、防护板、防护罩及垫板等。

（3）**常用紧固件**

常用紧固件包括操作面紧固件和两元件之间的固定件。前者包括塑料胀管、膨胀螺栓和预埋螺栓。后者包括六角头螺栓、双头螺栓、木螺钉及机螺钉。

1）塑料胀管

塑料胀管加木螺钉用于固定较轻的构件。该方法多用于砖墙或混凝土结构，不需要水泥预埋。具体方法是用冲击钻钻孔，孔的大小及深度应与塑料胀管的规格匹配，在孔中填入塑料胀管，然后靠木螺钉的拧进使胀管胀开，拧紧后使原件固定在操作面上。

2）膨胀螺栓

膨胀螺栓用于固定较重的构件。该方法与塑料胀管固定方法相同。

3）预埋螺栓

预埋螺栓用于固定较重的构件。预埋螺栓一头为螺扣，另一头为圆环或燕尾，可分别埋在地面内、墙面和顶板内，通过螺扣一端拧紧螺母使元件固定。

4）六角头螺栓

一头为螺母，另一头为丝扣螺母，将六角螺栓穿在两元件之间通过拧紧螺母固定两元件。

5)双头螺栓

两头都为丝扣螺母,将双头螺栓穿在两元件之间,通过拧紧两端螺母固定两元件。

6)木螺钉

木螺钉用于木质件之间及非木质件与木质件之间的连接。

7)机螺钉

机螺钉用于受力不大且不需要经常拆装的场合。其特点是一般不用螺母,而把螺钉直接旋入被连接件的螺纹孔中,使被连接件紧密连接起来。

4.线路的标注、敷设方式及敷设部位

(1)线路的敷设方式及符号

线路的敷设方式及文字符号见表4.12。

表4.12　线路敷设方式及文字符号

敷设方式	新符号	旧符号	敷设方式	新符号	旧符号
焊接钢管敷设	SC	G	金属线槽敷设	MR	GC
电线管敷设	MT	DG	塑料线槽敷设	PR	XC
硬塑料导管敷设	PC	VG	钢线槽	SR	
阻燃半硬塑料导管敷设	PPC		电缆沟敷设	TC	
塑料波纹电线管敷设	KPC		混凝土排管敷设	CE	
可挠金属电线保护套管敷设	CP		钢索敷设	M	
镀锌钢管敷设	RC		桥架敷设	CT	

(2)线路的敷设部位及符号

线路敷设部位文字符号见表4.13。

表4.13　线路敷设部位文字符号

敷设部位	新符号	旧符号	敷设方式	新符号	旧符号
沿或跨梁(屋架)敷设	AB	LM	暗敷设在墙内	WC	QA
暗敷设在梁内	BC	LA	沿天棚面或顶板面敷设	CE	PM
沿或跨柱敷设	AC	ZM	暗敷设在顶棚内	CC	PA
暗敷设在柱内	CLC	ZA	吊顶内敷设	SCE	
沿墙面敷设	WE	QM	地板或地面下敷设	FC	DA

(3)线路的文字标注格式及意义

线路的文字标注基本格式为

$$ab\text{-}c(d*e\text{+}f*g)i\text{-}jh$$

其中　a——线缆编号；

　　　　b——型号；

　　　　c——线缆根数；

　　　　d——线缆线芯数；

　　　　e——线芯截面；

　　　　f——PE、N 线芯数；

　　　　g——线芯截面；

　　　　i——线路敷设方式；

　　　　j——线路敷设部位；

　　　　h——线路敷设安装高度。

上述字母无内容时，则省略该部位。

例 4.7　标示线缆的符号 N1-BLX-3×4-SC20-WC 代表什么意义？

解　N1-BLX-3×4-SC20-WC 表示编号为 N1 的电缆，有 3 根截面为 4 mm^2 的铝芯橡皮绝缘导线，穿直径为 20 mm 的焊接钢管沿墙暗敷设。

5.常用线缆的电气图形符号

常用导线、线缆及其标注的电气符号见表4.14。

表 4.14　常用导线、线缆及其标注的电气图形符号

名　称	符　号	名　称	符　号
连线，一般符号（导线；电缆；电线；传输通路）		接地线	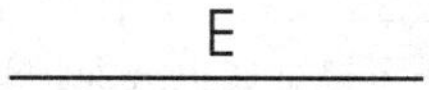 E
导线组（示出导线数）	 形式一 / 形式二	水下线路	
线束内导线数目的表示	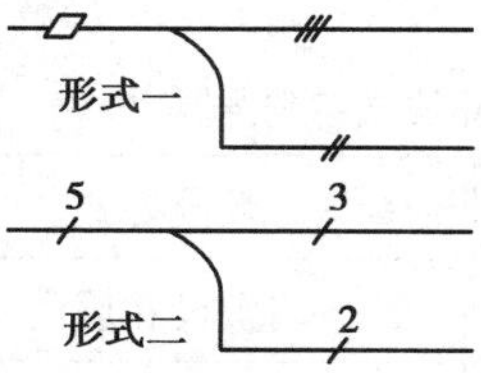 形式一 / 形式二 5 3 2	架空线路	
软连接		T 形连接	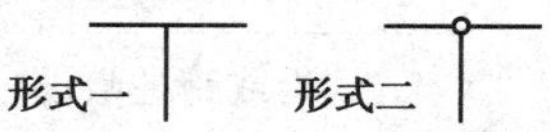 形式一　形式二
导线的双 T 连接	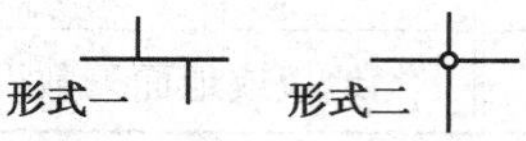 形式一　形式二	跨接连接	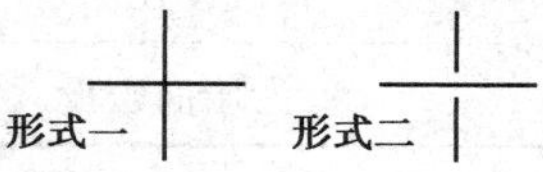 形式一　形式二
绞合连接；示出两根导线	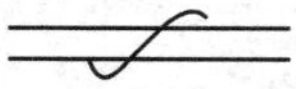	向上配线；向上布线	

续表

名　称	符　号	名　称	符　号
屏蔽导体	―――○―――	向下配线； 向下布线	
地下线路	――― $\bar{\equiv}$ ―――	垂直通过配线； 垂直通过布线	
带接头的地下线路	――― $\bar{\ominus}\equiv$ ―――		

任务实施

根据任务引领的内容,任务 1 的问题解决如下:

①YJV-22-4×70 表示 4 根横截面积为 70 mm² 的交联聚乙烯绝缘钢带铠装聚氯乙烯护套电力电缆。

②NH-BV-5×6 表示 5 根横截面积为 6 mm² 的聚氯乙烯绝缘的铜芯耐火布电线。

③BV-4×70+1×35 表示 4 根 70 mm²、1 根 35 mm² 的铜芯聚氯乙烯绝缘的布电线。

④WDZN-BYJ(F)-4×70+1×50-SC70-FC 表示 4 根 70 mm² 和 1 根 50 mm² 的无卤低烟阻燃耐火聚乙烯绝缘辐照型铜芯导线,穿在直径为 70 mm 的焊接钢管中,沿地板暗敷设在地面内。

⑤SYWV-75-9+12(SYWV-75-5)-SC32 表示 1 根 SYWV-75-9 和 12 根(SYWV-75-5)的同轴电缆穿直径为 32 mm 的焊接钢管敷设。在 SYWV-75-9 中,SYWV 是聚乙烯物理发泡绝缘,聚氯乙烯护套的射频同轴电缆,特性阻抗是 75 Ω,芯线绝缘外径为 9 mm。

任务 2—任务 4 的解答,详见任务引领内容,此处不再赘述。

任务拓展

知　识

一、填空题

1.常用导线分为_____导线与_____导线。

2.按绝缘材料分_____导线与_____导线。

3.电缆的基本结构是由_____、_____和_____ 3 部分组成。

4.电缆按材质又分为_____电缆和_____电缆。

5.电缆按用途又分为_____电缆、_____电缆、_____电缆及_____电缆。

二、拓展题

1.电工常见工具有哪些? 各自如何使用?

2.查阅资料,学习大对数电缆。

技　能

1.BLXF-10 读作：_____。

2.BX-2.5 读作：_____。

3.NH-BV-25 读作：_____。

4.VV$_{22}$-4×70+1×25 读作：_____。

5.KVV-10×1.5 读作：_____。

6.N1-BLX-3×4-SC20-WC 读作：_____。

7.2［3(SYWV-75-5)-PVC32-FC］读作：_____。

任务 3　建筑电气配线

任务引入

任务 1:常用的建筑电气配线方式有哪几种?

任务 2:建筑电气配线的安装工艺有哪些?

任务引领

建筑电气配线是指从建筑物配电控制设备到用电器具的配电线路和控制线路的敷设。

1.建筑电气配线敷设方式

导线的敷设方法有许多种,按线路在建筑物内敷设位置的不同,可分为明配和暗配两种方式。明配是指线路沿墙壁、柱、梁、顶棚、钢结构支架等敷设在建筑物表面可以看得见的部位。导线明敷设是在建筑物全部完工以后进行,一般用于简易建筑或新增加的线路。暗配是指与建筑结构施工同步进行,在施工过程中首先把各种导管和预埋件置于建筑结构中,建筑完工后再完成导线敷设工作。暗敷设是建筑物内导线敷设的主要方式。不同敷设方法的差异主要是由于导线在建筑物上的固定方式不同,所使用的材料、器件及导线种类也随之不同。按导线固定材料的不同,常用的建筑电气配线方式有以下 7 种:

（1）**夹板配线**

夹板配线使用瓷夹板或塑料夹板来夹持和固定导线。它适用于一般场所,如图 4.16 所示。

（2）**绝缘子配线**

绝缘子配线使用鼓形、针式、蝶式等绝缘子来支持和固定导线。瓷瓶的尺寸比夹板大,适用于导线截面较大、比较潮湿的场所,如图 4.17 所示。

（3）**线槽配线**

线槽配线使用塑料线槽或金属线槽支持和固定导线。这种方式适用于干燥场所。

（4）**塑料护套配线**

塑料护套配线使用塑料卡钉来支持和固定导线。这种方式适用于干燥场所。

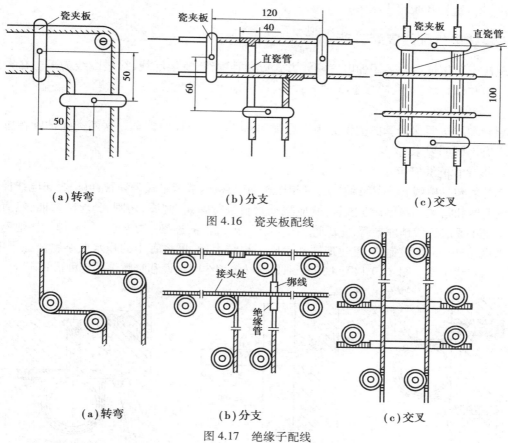

(a)转弯　　　　　　(b)分支　　　　　　(c)交叉

图 4.16　瓷夹板配线

(a)转弯　　　　　　(b)分支　　　　　　(c)交叉

图 4.17　绝缘子配线

（5）钢索配线

钢索配线是将导线悬吊在拉线的钢索上的一种配线方法。这种方式适用于大跨度场所,特别是大跨度空间照明。

（6）导管配线

导管配线是将导线穿在管中,然后再明敷或暗敷在建筑物的各个位置。使用不同的管材,可适用于各种场所,主要用于暗敷设。其常用的管材有电线管、焊接钢管、套接扣压式薄壁钢导管、套接紧定式钢导管、防爆钢管、可挠金属套管、金属软管、硬质聚氯乙烯管及刚性阻燃管。

（7）桥架配线

桥架配线是将导线放在桥架内。桥架分为梯架式、托盘式、槽式及网格式等结构,如图4.18 所示。桥架由支架、托臂和安装附件等组成。建筑物内桥架可独立架设,也可附设在

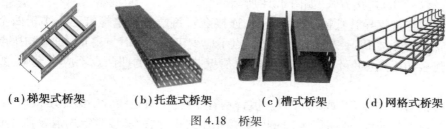

(a)梯架式桥架　　(b)托盘式桥架　　(c)槽式桥架　　(d)网格式桥架

图 4.18　桥架

各种建(构)筑物和管廊支架上。

2.建筑电气配线安装工艺

现代民用建筑室内采用的电气配线方式以导管配线、桥架配线、线槽配线为多。在大型工业厂房和体育场馆中,除以上3种方式外,还可采用钢索配线。

(1)导管配线

导管配线按照保护管的类型分为钢导管和刚性塑料导管两大类。这两类保护管在施工工艺中有不同的要求。

1)钢导管配线安装

钢导管包括电线管、焊接钢管、套接扣压式钢导管、套接紧定式钢导管、可挠金属电线保护管等的明敷和暗敷。钢导管在敷设前,应根据管材进行除锈、刷漆、切割、套丝和弯曲,然后配合土建施工逐层逐段预埋导管,完成管与管和管与箱(盒)的连接。必要时,还要焊接接地跨接线。当钢导管全部敷设完毕、土建地坪和粉刷工程结束后,再将管中的积水及杂物清除干净,进行管内穿线工作。图4.19和图4.20分别是钢导管配线明敷设和暗敷设的几种形式。

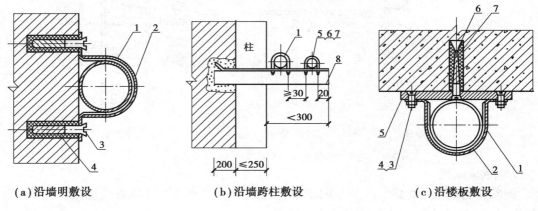

(a)沿墙明敷设　　　　**(b)沿墙跨柱敷设**　　　　**(c)沿楼板敷设**

图4.19　钢导管明敷设

(a)(b)1—钢管;2—管卡子;3—木螺钉;4—塑料胀管;5—U形螺丝管卡;

6—螺母;7—垫圈;8—角钢支架

(c)1—钢管;2—管卡子;3—沉头螺钉;4—螺母;5—底板;6—木螺钉;7—塑料胀管

钢导管配线安装时,应符合以下的技术要求:

①焊接钢管、接线盒、配件等均应按工程设计规定镀锌或涂漆。如果没有特殊要求,可刷樟丹一道,灰漆一道。

②焊接钢管在连接时严禁对口焊接,镀锌和壁厚不大于2 mm的焊接钢管不应套管焊接,采用管箍(丝扣)连接方式,如图4.21所示。

③套接紧定型钢导管管径DN≥32时,连接套管每端的紧定螺钉不应小于两个。套接扣压式型钢导管管径DN≤25时,每端扣压点不应少于两处;DN≥32时,每端扣压点不应少于3处。连接扣压点深度不应小于1.0 mm。管壁扣压形成的凹凸点不应有毛刺,如图4.22所示。

④焊接钢管应连接PE或PEN线。镀锌钢管、可挠金属电线管采用专用接地夹跨接,两点间连线为铜芯软线,截面积≥4 mm²;套接扣压式钢导管、套接紧定式钢导管可不设置跨

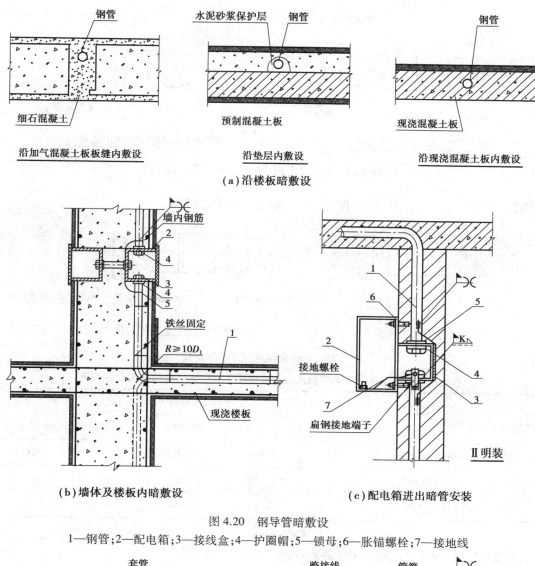

图 4.20　钢导管暗敷设

1—钢管;2—配电箱;3—接线盒;4—护圈帽;5—锁母;6—胀锚螺栓;7—接地线

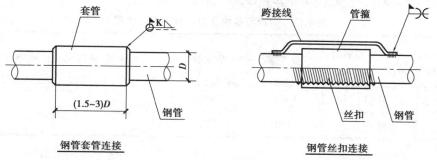

图 4.21　焊接钢管连接

接地线,如图 4.23 所示。

⑤管路沿水平方向或垂直方向直线段敷设时,固定点间最大允许距离应符合表 4.15 的要求。

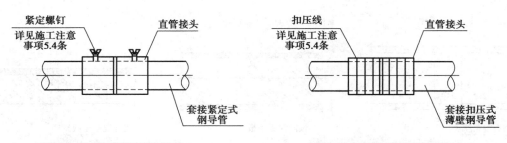

图 4.22　套接紧定式和扣压式钢导管连接

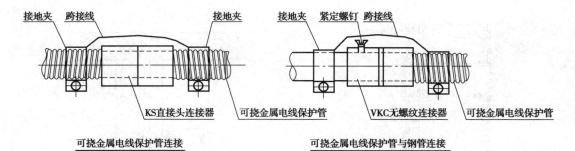

图 4.23　可挠金属电线保护管连接

表 4.15　管路沿水平方向或垂直方向直线段敷设时固定点间最大允许距离

最大允许距离 导管种类	DN/mm				
	15~20	25~32	32~40	50~65	65 以上
壁厚>2 mm 刚性钢导管	1 500	2 000	2 500	2 500	3 500
壁厚≤2 mm 刚性钢导管	1 000	1 500	2 000	—	—
可挠金属电线保护管	<1 000				

⑥钢管与各种管道之间的最小距离应符合表 4.16 的要求。

表 4.16　钢管与各种管道之间的最小距离

最小允许距离/mm	管道名称	蒸汽管	热水管	通风、给排水及压缩空气管
平行	管道上	1 000	300	100
	管道下	500	200	

对采取保温设施的蒸汽管道,上下净距可减至 200 mm;当与水管同侧敷设时,最好敷设在水管上方;管线互相交叉时的距离,不宜小于相应情况的平行净距。

⑦管路暗敷设应沿最短的线路,并尽量减少弯曲次数。管路超过下列长度时,应加装拉线盒,其位置应便于穿线:

a.管子长度超过 30 m 无弯曲时。

b.管子长度超过 20 m 有一个弯曲时。

c.管子长度超过 15 m 有两个弯曲时。

d.管子长度超过 8 m 有 3 个弯曲时。

⑧暗敷于地下的管路不宜穿过设备基础,当穿过建筑物基础时,应加保护管保护;当穿过建筑物变形缝时,应设补偿装置,如图 4.24 所示。

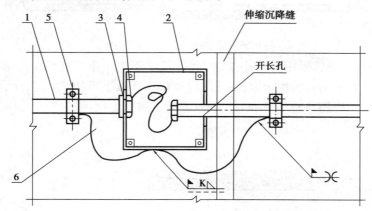

图 4.24　过伸缩沉降缝的补偿装置
1—钢管;2—接线盒;3—锁母;4—护圈帽;5—管卡子;6—接地线

2)刚性塑料导管配线

刚性塑料导管除具有抗压力强、耐腐蚀、防虫害、阻燃、绝缘等特点外,在施工过程中,与钢导管相比,还具有质量轻、运输便利、易截易弯曲等优点,给施工带来极大的方便。因此,刚性塑料导管配线大量用于室内场所和有酸碱腐蚀介质的场所。但由于它的材质较脆,高温易变形,因此,在高温和易受机械损伤的场所不宜采用明敷设。

刚性塑料导管按其抗压、抗冲击等性能,可分为超重型、重型、中型、轻型及超轻型 5 种类型。暗敷于墙内或混凝土内的刚性塑料导管,应选用中型及以上管材。刚性塑料导管暗敷或埋地敷设时,引出地(楼)面的管路应采取防止机械损伤的措施,如图 4.25 所示。当刚性塑料导管布线的管路较长或转弯较多时,宜加装拉线盒

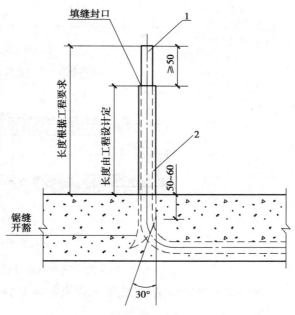

图 4.25　刚性塑料导管暗敷引出地面做法
1—刚性塑料导管;2—保护钢管

(箱)或加大管径,加装拉线盒(箱)的具体要求与钢导管的要求一致。沿建筑的表面或在支架上敷设的刚性塑料导管,在线路直线段部分每隔 30 m 加装伸缩接头或其他温度补偿装置,如图 4.26 所示。刚性塑料导管(槽)布线,在线路连接、转角、分支及终端处应采用专用附件。

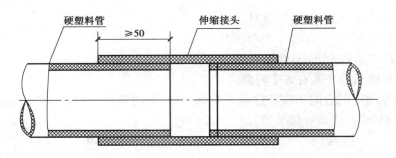

图 4.26　伸缩接头补偿装置做法

　　刚性塑料导管与导管采用套管连接时,套管长度不应小于管径的 1.5 倍,如图 4.27 所示。施工时,应将管子插入段擦干净,在插入段外壁周围抹上专用 PVC 胶水,用力将管子插入套管内,插入后不得随意转动,1 min 后管材套接完成。

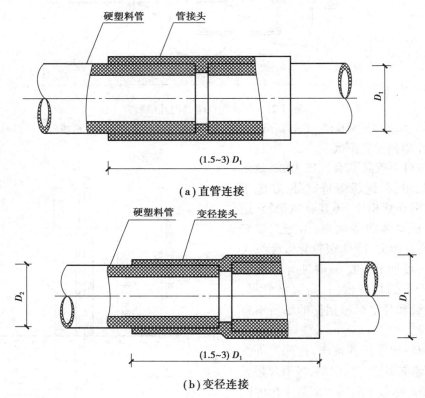

（a）直管连接

（b）变径连接

图 4.27　刚性塑料导管与导管套接连接

　　刚性塑料导管用吊架、支架敷设或贴墙安装时,固定点之间的距离应符合表 4.17 所列的数值。

表 4.17　固定点之间的最大距离

管径/mm	DN20 及以下	DN25~40	DN50 及以上
固定点间距/m	1.0	1.5	2.0

（2）**桥架配线**

由于高层建筑物内机电设备种类繁多、数量较大,造成了有限空间内多种专业管线平行交叉。缆线敷设除了采用导管敷设方式外,往往在电缆数量较多而且较为集中的电气竖井和室内天棚吊顶内采用桥架配线,其路线的选择和安装方式要根据电路走向的要求,以及建筑结构和水暖电等管线的位置加以确定。桥架在敷设时,应满足以下技术要求:

①金属桥架及其支架和引入或引出的金属电缆导管应可靠接地,全长不少于两处与接地保护导线相连接;非镀锌桥架间连接板的两端跨接铜芯接地线,接地线最小允许截面积不小于 4 mm²。

②钢制电缆桥架直线段长度超过 30 m、铝合金或玻璃钢制电缆桥架长度超过 15m 时,应设置伸缩节;电缆桥架跨越建筑物变形缝处设置补偿装置。

③当设计无要求时,桥架水平安装的支架间距为 1.5~3 m;垂直安装的支架间距不大于2 m。

④电缆桥架水平敷设时的距地高度不宜低于 2.5 m,垂直敷设时距地高度不宜低于1.8 m。除敷设在电气专用房间内外,当不能满足要求时,应加金属盖板保护。

⑤当电缆桥架敷设在易燃易爆气体管道和热力管道的下方时,与管道的最小净距,应符合表 4.18 的规定。

表 4.18 电缆桥架和金属线槽与各种管道的最小净距/m

管道类别		平行净距	交叉净距
一般工艺管道		0.4	0.3
易燃易爆气体管道		0.5	0.5
热力管道	有保温层	0.5	0.3
	无保温层	1.0	0.5

⑥电缆桥架不得在穿过楼板或墙壁处进行连接,因为不便于安装连接附件和进行防火封堵。

⑦电缆桥架多层敷设时,电力电缆桥架间不应小于 0.3 m;电信电缆与电力电缆桥架间不宜小于 0.5 m,当有屏蔽盖板时可减少到 0.3 m;控制电缆桥架间不应小于 0.2 m;桥架上部距顶棚、楼板或梁等障碍物不宜小于 0.3 m。

（3）**线槽配线**

线槽配线按照材质,可分为塑料线槽和金属线槽。它们适用于室内场所明敷。其中,25 mm宽的塑料线槽适用于弱电和照明配线;金属线槽由于具有一定的深度和封闭性,适用于民用建筑中绝缘导线及电缆的敷设。它既可在室内架设,也可在电缆沟、电气竖井内敷设。

塑料线槽的截取采用钢锯切割,金属线槽宜采用砂轮切割机切割,切割后要除去毛刺。金属线槽敷设时,宜在不同部位设置吊架或支架:直线段不大于 2 m 及线槽接头处;线槽首端、终端及进出接线盒 0.5 m 处;线槽转角处。金属线槽布线与各种管道平行或交叉时,其最小净距的要求与电缆桥架的要求相同。金属线槽不得在穿过楼板或墙体等处进行连接。

金属线槽及其支架应可靠接地,且全长不应少于两处与接地干线(PE)相连。金属线槽布线的直线段长度超过30 m时,宜设置伸缩节;跨越建筑物变形缝处宜设置补偿装置,如图4.28所示。

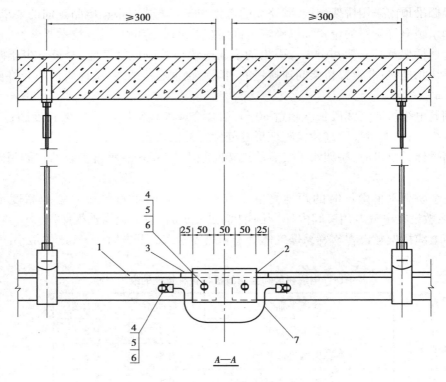

图4.28 金属线槽过伸缩缝安装

1—金属线槽;2—橡胶衬圈;3—连接盖板;4—螺钉;5—螺母;6—垫圈;7—跨接线

线槽安装应保证外形平直,敷设线缆前应清理槽内杂物。沿墙垂直安装的线槽宜每隔1~1.2 m用线卡将导线、电缆束固定于线槽或线槽接线盒上,以免由于导线电缆自重使接线端受力。塑料线槽底固定间距要求见表4.19。

金属线槽沿墙水平安装时线槽的固定点距离为500 mm。当线槽宽度 $W<120$ mm时,每个固定点采用一个塑料胀管;当线槽宽度 $120\leqslant W\leqslant200$ mm时,每个固定点采用两个塑料胀管,且交错设置。

表4.19 塑料线槽底固定间距

槽宽度 W	a/mm	b/mm
25	500	—
40	800	—
60	1 000	30
80、100、120	800	50

（4）线缆穿管和线槽敷线

电线、电缆穿管前,应清除管内杂物和积水。管口应有保护措施,不进入接线盒（箱）的垂直管口穿入电线、电缆后,管口应密封。穿金属导管的交流线路,应将同一回路的所有相导体和中性导体穿于同一根导管内。不同回路、不同电压等级和交流与直流的电线,不应穿于同一导管内;同一交流回路的电线应穿于同一金属导管内,且管内电线不得有接头。当采用多相供电时,同一建筑物、构筑物的电线绝缘层颜色选择应一致,即保护地线（PE 线）应是黄绿相间色,零线用淡蓝色;相线用:A 相——黄色,B 相——绿色,C 相——红色。穿导管的绝缘电线（两根除外）,其总截面积（包括外护层）不应超过导管内截面积的 40%。

线槽敷线应符合下列规定,电线在线槽内应有一定余量,不得有接头;电线按回路编号分段绑扎,绑扎点间距不应大于 2 m;同一回路的相线和零线,敷设于同一金属线槽内;同一路径无电磁兼容要求的配电线路,可敷设于同一金属线槽内。线槽内电线或电缆的总截面（包括外护层）不应超过线槽内截面的 20%,载流导体不宜超过 30 根。控制和信号线路的电线或电缆的总截面不应超过线槽内截面的 50%,电线或电缆根数不限。有电磁兼容要求的线路与其他线路敷设于同一金属线槽内时,应用金属隔板隔离或采用屏蔽电线、电缆。

任务实施

任务 1 和任务 2 的实施具体参考任务引领的内容,此处不再赘述。

任务拓展

知　识

一、填空题

1.导线的敷设方法有许多种,按线路在建筑物内敷设位置的不同,它分为_____和_____两种方式。

2.导管配线中的常用管材有_____、_____、_____及_____等。

3.电缆桥架水平敷设时的距地高度不宜低于_____m,垂直敷设时距地高度不宜低于_____m。

4.电缆桥架多层敷设时,电力电缆桥架间不应小于_____m;电信电缆与电力电缆桥架间不宜小于_____m,当有屏蔽盖板时可减少到_____m;控制电缆桥架间不应小于_____m;桥架上部距顶棚、楼板或梁等障碍物不宜小于_____m。

5.电线按回路编号分段绑扎,绑扎点间距不应大于_____m;同一回路的相线和零线,敷设于同一金属线槽内。

二、问答题

1.建筑电气配线方式常用的方式有哪些?

2.导管配线的安装要求有哪些?

3.刚性塑料导管配线安装要求有哪些?

4.线槽配线安装要求有哪些?

5.线缆穿管和线槽敷线安装要求有哪些?

技　能

看附图内容回答以下问题：

1.电气配线有哪几种形式？分别是什么？

2.上述电气配线主要材料的规格和型号是什么？

3.上述电气配线敷设流程有哪些？

任务4　电缆敷设

任务导入

任务 1:常用的电缆敷设方式有哪几种？

任务 2:直埋电缆敷设安装工艺有哪些要求？

任务 3:电缆沟和电缆隧道内的电缆敷设安装工艺有哪些要求？

任务 4:如何制作电缆终端和接头？

任务引领

1.电缆敷设要求

电缆敷设方式有直接埋地敷设、电缆沟敷设、电缆隧道敷设、电缆桥架敷设、电缆排管敷设、穿管敷设或用支架及托架等方法敷设。根据相关规范的要求,无论采用哪种方式,都应遵守以下规定:

①电缆路径的选择应符合下列要求:

a.应避免电缆遭受机械性外力、过热、腐蚀等危害;

b.应便于敷设、维护;

c.应避开场地规划中的施工用地或建设用地;

d.应在满足安全条件下,使电缆路径最短。

②敷设前,应按设计和实际路径计算每根电缆的长度,合理安排每盘电缆,减少电缆接头。中间接头位置应避免设置在交叉路口、建筑物门口、与其他管线交叉处或通道狭窄处。

③三相四线制系统中应采用四芯电力电缆,不应采用三芯电缆另加一根单芯电缆或以导线、电缆金属护套作中性线。

④电缆敷设时,为了不使电缆的绝缘层和保护层过分弯曲扭伤,任何弯曲部位都应满足允许弯曲半径的要求。电缆的最小允许弯曲半径,不应小于表 4.20 中的规定。

表 4.20　电缆最小允许弯曲半径

电缆种类	最小允许弯曲半径
无铅包和钢铠护套的橡皮绝缘电力电缆	$10d$
由钢铠护套的橡皮绝缘电力电缆	$20d$

续表

电缆种类	最小允许弯曲半径
聚氯乙烯绝缘电力电缆	10d
交联聚乙烯绝缘电力电缆	15d
控制电缆	10d

注:d 为电缆外径。

⑤电缆各支持点间的距离应符合设计规定。当设计无规定时,不应大于表 4.21 中所列的数值。电缆支架采用钢制材料时,应采取热镀锌防腐。

表 4.21　电缆各支持点间的距离/mm

电缆种类		敷设方式	
		水平	垂直
电力电缆	全塑型	400	1 000
	除全塑型外的中低压电缆	800	1 500
	35 kV 及以上高压电缆	1 500	2 000
控制电缆		800	1 000

注:全塑型电力电缆水平敷设沿支架能把电缆固定时,支持点间的距离允许为 800 mm。

⑥每根电力电缆宜在进户处、接头、电缆终端头等处留有一定余量。

⑦电缆敷设时应排列整齐,不宜交叉,加以固定,并及时装设标志牌。

2.直埋电缆的敷设

直埋电缆是一种成本低,易实施的电缆布线方式。当沿同一路径敷设的室外电缆小于或等于 8 根且场地有条件时,采用电缆直接埋地敷设。另外,在城镇较易翻修的人行道下或道路边,也可采用电缆直埋敷设。埋地敷设的电缆宜采用有外护层的铠装电缆,防止由于承受车辆通过产生的机械应力和开挖施工对电缆造成的损伤而引起的故障。

电缆直埋敷设的施工程序为:电缆检查→挖电缆沟→铺砂或软土→电缆敷设→铺砂或软土→盖砖或保护板→回填土→埋标示桩。

(1)电缆直埋敷设要求

①电缆外皮距地面的距离不应小于 0.7 m,穿越农田或在车行道下敷设时不应小于 1 m;在引入建筑物、与地下建筑物交叉及绕过地下建筑物处,可浅埋,但应采取保护措施;在寒冷地区,电缆宜埋设于冻土层以下。当无法深埋时,应采取措施,防止电缆受到损伤。

②直埋电缆的上下分别均匀铺设不小于 100 mm 厚的软土或沙层,并加盖混凝土保护板或砖块,其覆盖宽度应超过电缆两侧各 50 mm,如图 4.29 所示。其中,$d_1—d_6$ 为电缆外径。

③电缆通过有振动和承受压力的下列各地段应穿导管保护,保护管的内径不应小于电缆外径的 1.5 倍。

a.电缆引入引出建筑物和构筑物的基础、楼板和穿过墙体等处,如图 4.30 所示。

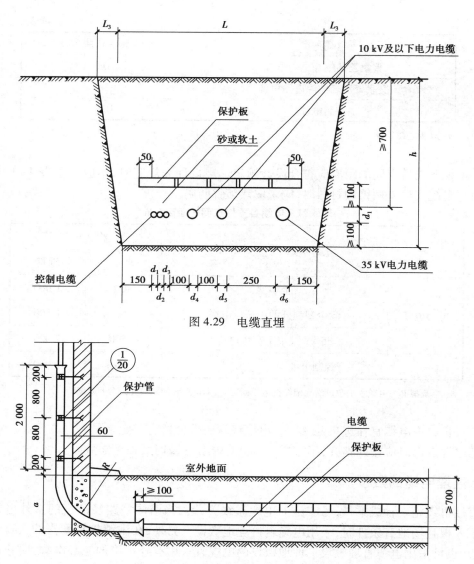

图 4.29 电缆直埋

图 4.30 电缆由电缆沟内引入建筑物的敷设方法
R—电缆弯曲半径

b.电缆通过道路和可能受到机械损伤等地段。

c.电缆引出地面 2 m 至地下 0.2 m 处的一段和人容易接触使电缆可能受到机械损伤的地方。

④埋地敷设的电缆严禁平行敷设于地下管道的正上方或下方。电缆与电缆及各种设施平行或交叉的净距离,应满足表 4.22 的规定。

⑤电缆与建筑物平行敷设时,电缆应埋设在建筑物的散水坡外。电缆进出建筑物时,所穿保护管应超出建筑物散水坡 200 mm,且应对管口实施阻水堵塞。

⑥直埋电缆在直线段每隔 50~100 m 处、电缆接头处、转弯处、进入建筑物等处,应设置明显的方位标志或标桩,如图 4.31 所示。

⑦直埋电缆回填土前,应经隐蔽工程验收合格,并分层夯实。

表 4.22　电缆与电缆或其他设施相互间允许最小净距/m

项　目	敷设条件	
	平行	交叉
建筑物、构筑物基础	0.5	—
电杆	0.6	—
乔木	1.0	—
灌木丛	0.5	—
10 kV 及以下电力电缆之间,以及与控制电缆之间	0.1	0.5(0.25)
不同部分使用的电缆	0.5(0.1)	0.5(0.25)
热力管沟	2.0(1.0)	0.5(0.25)
上、下水管道	0.5	0.5(0.25)
油管及可燃气体管道	1.0	0.5(0.25)
公路	1.5(与路边)	(1.0)(与路面)
排水明沟	1.0(与沟边)	(0.5)(与沟底)

注:1.表中所列净距,应自各种设施(包括防护外层)的外缘算起。

2.路灯电缆与道路灌木丛平行距离不限。

3.表中括号内数字是指局部地段电缆穿导管、加隔板保护或加隔热层保护后允许的最小净距。

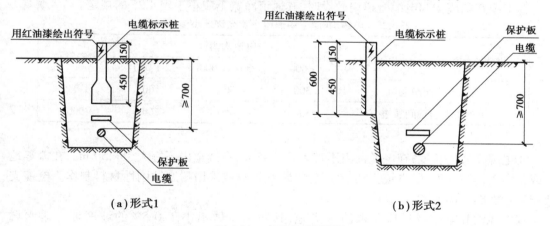

(a)形式1　　　　　　　　　　(b)形式2

图 4.31　直埋电缆标示桩

(2)电缆沟和电缆隧道内的电缆敷设

电缆沟和电缆隧道都是敷设电缆的地下专用通道。在电缆沟内维修电缆时,一般采用人工开启地沟盖板。由于电缆隧道的净高不低于 1.9 m,因此,维修人员能方便地在隧道内巡视和维护线路。在电缆与地下管网交叉不多、地下水位较低或道路开挖不便并且电缆需分期敷设的地段,如果同一路径的电缆根数小于或等于 18 根时,采用电缆沟敷设电缆;若电缆多于 18 根时,建议采用电缆隧道布线。

电缆沟和电缆隧道内的电缆敷设要求如下:

①电缆在电缆沟或电缆隧道内敷设时,支架间或固定点间的距离不应大于表 4.23 的规定。

183

表 4.23　电缆支架间或固定点间的最大距离/mm

电缆特征	敷设方式	
	水平	垂直
末端金属套、铠装的全塑小截面电缆	400*	1 000
除上述情况外的 10 kV 及以下电缆	800	1 500
控制电缆	800	1 000

注：* 能维持电缆平直时，该值可增加 1 倍。

②电缆在电缆沟和电缆隧道内敷设时，其支架层间垂直距离不应小于表 4.24 的规定。

表 4.24　电缆支架层间垂直距离的允许最小值/mm

电缆电压级和类型，敷设特征		普通支架、吊架	桥架
控制电缆明敷		120	200
电力电缆明敷	10 kV 及以下，但 6~10 kV 交联聚乙烯电缆除外	150~200	250
	6~10 kV 交联聚乙烯	200~250	300
电缆敷设在槽盒中		h+80	h+100

注：h 表示槽盒外壳高度。

③电缆在电缆沟和电缆隧道内敷设时，其通道净宽不应小于表 4.25 的规定。

表 4.25　电缆沟、隧道中通道净宽允许最小值/mm

电缆支架配置及其通道特征	电缆沟沟深			电缆隧道
	<600	600~1 000	>1 000	
两侧支架间净通道	300	500	700	1 000
单列支架与壁间通道	300	450	600	900

④电缆支架的长度，在电缆沟内不宜大于 0.35 m；在隧道内不宜大于 0.50 m。在盐雾地区或化学气体腐蚀地区，电缆支架应涂防腐漆、热镀锌或采用耐腐蚀刚性材料制作。电缆支架安装示意图如图 4.32 所示。

⑤电缆沟和电缆隧道应采取防水措施，其底部应做不小于 0.5% 的坡度坡向集水坑（井）。积水可经逆止阀直接接入排水管道或经集水坑（井）用泵排出。

⑥在多层支架上敷设电力电缆时，电力电缆宜放在控制电缆的上层。1 kV 及以下的电力电缆和控制电缆可并列敷设。当两侧均有支架时，1 kV 及以下的电力电缆和控制电缆宜与 1 kV 以上的电力电缆分别敷设在不同侧支架上。

⑦电缆沟在进入建筑物处应设防火墙。电缆隧道进入建筑物及配变电所处，应设带门的防火墙，此门应为甲级防火门并应装锁。

⑧电缆隧道应每隔不大于 75 m 的距离设安全孔（人孔）；安全孔距隧道的首、末端不宜超过 5 m。安全孔的直径不得小于 0.7 m。

（3）桥架内电缆敷设

电缆桥架配线适用于电缆较集中的场所。桥架内电缆敷设应排列整齐，水平敷设的电

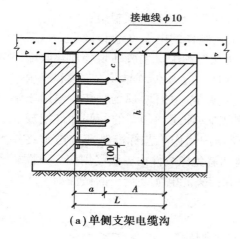

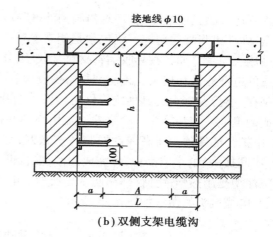

（a）单侧支架电缆沟　　　　　　　　　　　（b）双侧支架电缆沟

图4.32　电缆支架安装示意图

缆，首尾两端、转弯两侧及每隔5~10 m处设固定点；敷设于垂直桥架内控制电缆、全塑型电力电缆固定点的间距不应大于1 m，除全塑型外的电力电缆固定点的间距不应大于1.5 m。电缆的首端、末端和分支处应设标志牌。标志牌如图4.33所示。在电缆托盘上可以无间距敷设电缆。电缆总截面积与托盘内横断面积的比值，电力电缆不应大于40%；控制电缆不应大于50%。不同电压和不同用途的电缆，不宜敷设在同一层桥架上，例如：

①1 kV以上和1 kV以下的电缆。

②向同一负荷供电的两回路电源电缆。

③应急照明和其他照明的电缆。

④电力和电信电缆。

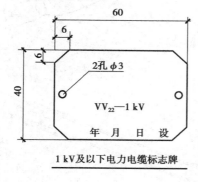

1 kV及以下电力电缆标志牌

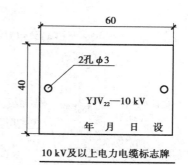

10 kV及以上电力电缆标志牌

图4.33　电力电缆标志牌

当受条件限制必需安装在同一层桥架上时，应用隔板隔开。

当采用导管内电缆敷设时，穿入管中电缆的数量应符合设计要求，交流单芯电缆不得单独穿入钢管内。电缆进入建筑物、隧道、穿过楼板及墙壁处以及其他可能受到机械损伤的地方，电缆应有一定机械强度的保护管或加装保护罩。敷设电缆前，管道内部应无积水和杂物堵塞。穿电缆时，可采用无腐蚀性的润滑剂（粉），避免管道对电缆外护层的损伤。

（4）电缆终端和接头的制作

通常一根电缆有两个终端，中间的电缆接头根据设计需要确定。电缆终端和接头是在电缆敷设就位后现场制作，它包括电缆线芯的连接和电缆绝缘的处理。常用的终端和接头

185

形式除传统的壳体灌注型、环氧树脂型外,还有自黏带绕包型、热缩型、预制型、冷收缩型、模塑型、弹性树脂浇注型等。绕包型是用自黏性橡胶带绕包制作的电缆终端和接头。热缩型是由热收缩管件如各种热收缩管材料、热收缩分支套、雨裙等和配套用胶在现场加热收缩组合成的电缆终端和接头。预制型是由橡胶模制的一些部件如应力锥、绝缘套(一般和降雨裙预制在一起)及配合的其他绝缘件与构件等组成,或直接做成一体件,现场套装在电缆末端构成的电缆终端和接头。冷收缩型是用高弹性橡胶制成的,使用预制型的一些部件组成一体,由扩张部件预先将高弹性橡胶件扩张好,套装在现场按制作工艺标准制成的电缆终端(或中间接头)的半成品上,即完成制作,安装更为便捷和避免橡胶件内界面受划伤。弹性树脂浇注型是用热塑性弹性体树脂现场成型的电缆终端和接头。电缆终端头的做法如图 4.34 所示,电缆接头的做法如图 4.35 所示。

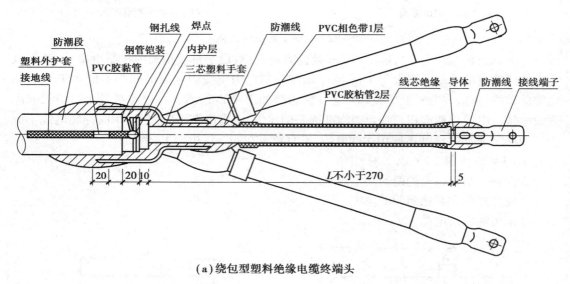

(a)绕包型塑料绝缘电缆终端头

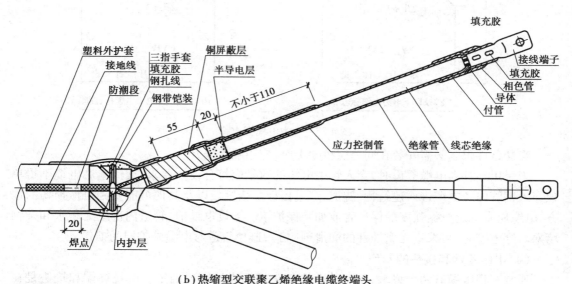

(b)热缩型交联聚乙烯绝缘电缆终端头

图 4.34　电缆终端头的做法

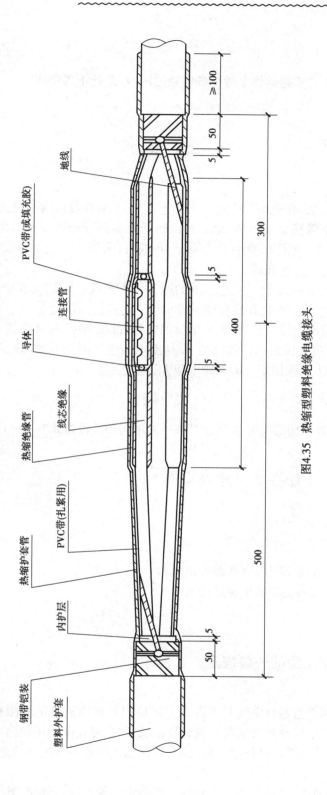

图 4.35 热缩型塑料绝缘电缆接头

任务实施

任务1—任务4的实施具体参考任务引领的内容,此处不再赘述。

任务拓展

知 识

填空题

1.电缆支架的长度,在电缆沟内不宜大于_____ m;在隧道内不宜大于_____ m。

2.在电缆与地下管网交叉不多、地下水位较低或道路开挖不便并且电缆需分期敷设的地段。如果同一路径的电缆根数小于或等于18根时,采用_____敷设电缆;若电缆多于18根时,建议采用_____布线。

3.电缆隧道应每隔不大于_____ m的距离设安全孔(人孔);安全孔距隧道的首、末端不宜超过_____ m。安全孔的直径不得小于_____ m。

4.桥架内电缆敷设应排列整齐,水平敷设的电缆,首尾两端、转弯两侧及每隔_____ m处设固定点;敷设于垂直桥架内控制电缆、全塑型电力电缆固定点的间距不应大于_____ m,除全塑型外的电力电缆固定点的间距不应大于_____ m。

技 能

考查学生所在教学楼的电源从何处引来?采用何种敷设方式?

任务5 建筑电气施工图识图基础

任务导入

任务1:建筑电气施工图由哪几部分组成?
任务2:识读电气施工图的步骤是什么?

任务引领

1.建筑电气施工图的一般规定

(1)绘图比例

一般,绘图比例是指各种电气的平面布置图使用与相应建筑平面图相同的比例。在这种情况下,如需确定电气设备安装的位置或导线长度时,可在图上用比例尺直接量取。

与建筑图无直接联系的其他电气施工图,可任选比例或不按比例示意性地绘制。

(2)图线使用

电气施工图的图线,其线宽应遵守建筑工程制图标准的统一规定,其线型与统一规定基本相同。各种图线的使用如下:

①粗实线(b)。用于绘制电路中的主回路线。

②虚线($0.25b$)。用于绘制事故照明线、直流配电线路、钢索或屏蔽等,以虚线的长短区分用途。

③点画线($0.25b$)。用于绘制控制及信号线。

④双点画线($0.25b$)。用于绘制50 V及以下电力、照明线路。

⑤中粗线($0.5b$)。用于绘制交流配电线路。

⑥细实线($0.25b$)。用于绘制建筑物的轮廓线。

2.电气施工图的特点及组成

电气施工图所涉及的内容往往根据建筑物不同的功能而有所不同,主要有建筑供配电、动力与照明、防雷与接地、建筑弱电等方面,用以表达不同的电气设计内容。

（1）**特点**

①建筑电气工程图大多是采用统一的图形符号并加注文字符号绘制而成的。

②电气线路都必须构成闭合回路。

③线路中的各种设备、元件都是通过导线连接成为一个整体的。

④在进行建筑电气工程图识读时应阅读相应的土建工程图及其他安装工程图,以了解相互间的配合关系。

（2）**组成**

1）图纸目录与设计说明

具体包括图纸内容、数量、工程概况、设计依据以及图中未能表达清楚的各有关事项。例如,供电电源的来源、供电方式、电压等级、线路敷设方式、防雷接地、设备安装高度及安装方式、工程主要技术数据、施工注意事项等。

2）主要材料设备表

具体包括工程中所使用的各种设备和材料的名称、型号、规格、数量等,它是编制设备、材料计划的重要依据之一。

3）系统图

系统图如变配电工程的供配电系统图、照明工程的照明系统图、电缆电视系统图等。系统图反映了系统的基本组成、主要电气设备、元件之间的连接情况,以及它们的规格、型号、参数等。

4）平面布置图

平面布置图是电气施工图中的重要图纸之一,如变、配电所电气设备安装平面图、照明平面图、防雷接地平面图等,用来表示电气设备的编号、名称、型号及安装位置、线路的起始点、敷设部位、敷设方式及所用导线型号、规格、根数、管径大小等。通过阅读系统图,了解系统基本组成之后,就可依据平面图编制工程预算和施工方案,然后组织施工。

5）控制原理图

具体包括系统中各电气设备的电气控制原理,用以指导电气设备的安装和控制系统的调试运行工作。

6）安装接线图

具体包括电气设备的布置与接线,应与控制原理图对照阅读,进行系统的配线和调校。

7)安装大样图(详图)

安装大样图是详细表示电气设备安装方法的图纸,对安装部件的各部位注有具体图形和详细尺寸,是进行安装施工和编制工程材料计划时的重要参考。

3.电气施工图的阅读方法

①熟悉电气图例符号,弄清图例符号所代表的内容。常用的电气工程图例及文字符号可参见国家颁布的《电气图形符号标准》。

②针对一套电气施工图,一般应先按以下顺序阅读,然后再对某部分内容进行重点识读:

a.看标题栏及图纸目录。了解工程名称、项目内容、设计日期及图纸内容、数量等。

b.看设计说明。了解工程概况、设计依据等,了解图纸中未能表达清楚的各有关事项。

c.看设备材料表。了解工程中所使用的设备、材料的型号、规格和数量。

d.看系统图。了解系统基本组成,主要电气设备、元件之间的连接关系以及它们的规格、型号、参数等,掌握该系统的组成概况。

e.看平面布置图。如照明平面图、防雷接地平面图等。了解电气设备的规格、型号、数量及线路的起始点、敷设部位、敷设方式和导线根数等。平面图的阅读可按照以下顺序进行:电源进线→总配电箱→干线→支线→分配电箱→电气设备。

f.看控制原理图。了解系统中电气设备的电气自动控制原理,以指导设备安装调试工作。

g.看安装接线图。了解电气设备的布置与接线。

h.看安装大样图。了解电气设备的具体安装方法、安装部件的具体尺寸等。

③抓住电气施工图要点进行识读。在识图时,应抓住要点进行识读。

a.在明确负荷等级的基础上,了解供电电源的来源、引入方式及路数。

b.了解电源的进户方式是由室外低压架空引入还是电缆直埋引入。

c.明确各配电回路的相序、路径、管线敷设部位、敷设方式以及导线的型号和根数。

d.明确电气设备、器件的平面安装位置。

④结合土建施工图进行阅读。电气施工与土建施工结合得非常紧密,施工中常常涉及各工种之间的配合问题。电气施工平面图只反映了电气设备的平面布置情况,结合土建施工图的阅读还可了解电气设备的立体布设情况。

⑤熟悉施工顺序,便于阅读电气施工图。如识读配电系统图、照明与插座平面图时,就应首先了解室内配线的施工顺序。

a.根据电气施工图确定设备安装位置、导线敷设方式、敷设路径及导线穿墙或楼板的位置。

b.结合土建施工进行各种预埋件、线管、接线盒、保护管的预埋。

c.装设绝缘支持物、线夹等,敷设导线。

d.安装灯具、开关、插座及电气设备。

e.进行导线绝缘测试、检查及通电试验。

f.验收。

⑥识读时,施工图中各图纸应协调配合阅读。对于具体工程来说,为说明配电关系时,

需要有配电系统图;为说明电气设备、器件的具体安装位置时,需要有平面布置图;为说明设备工作原理时,需要有控制原理图;为表示元件连接关系时,需要有安装接线图;为说明设备、材料的特性、参数时,需要有设备材料表,等等。这些图纸各自的用途不同,但相互之间是有联系并协调一致的。在识读时,应根据需要将各图纸结合起来识读,以达到对整个工程或分部项目全面了解的目的。

任务实施

根据任务引领的内容,完成任务导入中的任务1、任务2,此处不再赘述。

任务拓展

认真阅读以下内容,明确建筑电气识图报告的内容:

1.工程概况。建筑概貌、结构类型以及其他专业工程情况简介。

2.电气施工图的设计范围。电气工程的强电、弱电的具体设计范围内容。

3.电气设计说明内容:

(1)工程的电源来源及电压等级。

(2)低压配电系统的接地形式。

(3)电能的计量方式。

(4)电缆与导线的选择及具体敷设方式。

(5)电气设备的安装方式及安装高度。

(6)工程接地与防雷措施。

(7)电话、电视、对讲、消防等弱电系统概况。

(8)图形符号及文字符号的使用情况。

4.电气系统图分析:

(1)强电系统中配电箱、柜的组成,电能的接受、计量和传输分配情况。画出强电系统的组成框图,图中标出进户线编号、配电箱编号、干线编号。

(2)电源进户线的型号规格、配线方式和敷设方法。

(3)每台配电箱、柜的功能,箱、柜进线的型号规格、配线方式和敷设方法,箱、柜内主要电气设备元件的名称、型号规格及其功能作用。

(4)配电箱、柜的出线回路数,出线回路的编号、相序、容量大小以及导线的型号规格、配线方式和敷设方法,出线回路的去向。

(5)火灾自动报警系统的组成,系统中主要电气设备的规格型号、功能作用。

(6)防盗对讲系统的组成,系统中主要电气设备。

5.电气平面图分析:

(1)电源进户的具体位置,进户后接入的配电箱,电气井道的具体位置。

(2)各楼层电源的引入位置,楼层内各配电箱的位置,配电箱出线回路的供电范围、线路的走向,支线回路出线口的数量,导线根数的组成。

(3)各楼层所安装灯具、开关、插座的型号规格、安装位置,局部等电位的材料和做法。

(4)各楼层弱电信号的引入位置,楼层内各弱电箱、盒的位置,各管线的走向。

6.基础接地平面图分析：

（1）工程的接地系统组成，接地体、接地干线、接地支线材料的型号规格，接地网的位置、走向。

（2）防雷引下线的数量、位置。

（3）接地电阻测试点的数量、位置，测试要求。

（4）总等电位、局部等电位施工要求和材料要求。

7.防雷平面图分析：

（1）建筑物的防雷等级。

（2）接闪器的形式，接闪器的材料规格。

（3）接闪器的安装敷设方式和位置。

（4）引下线的数量、敷设方式和位置。

项目 **5**

建筑电气工程

建筑供配电系统学习供配电的组成及高低压设备安装要求;建筑电气照明学习各种光源及其照明设备的安装要求;安全用电及建筑防雷分别学习安全用电的措施和防雷及其设施的安装要求。

任务 1 建筑供配电系统

任务导入

任务 1:电力系统由哪些部分组成? 我国的电压等级是如何划分的? 建筑用电负荷分级及供电要求是什么? 低压配电方式有哪些?

任务 2:变配电所有哪些形式? 如何布置? 变压器的工作原理是什么? 如何安装?

任务 3:高低压开关设备和仪用互感器有哪些? 各有什么作用?

任务 4:高低压配电装置如何分类? 安装要求有哪些?

任务 5:电气系统如何调试?

任务 6:识读某学院 3#教学楼干线竖向系统图和 2AL1 箱系统图(见电子资源),明确以下内容:

1.图中各符号表示什么意义?

2.干线竖向系统图分哪几个部分? 各部分中总配电箱和分配电箱的连接形式是什么? 每个配电箱的进线回路和出线回路分别用什么电缆? 电缆如何敷设?

3.在箱系统图中开关设备有哪些? 型号含义是什么?

任务引领

1.建筑供配电系统的组成

(1)电力系统

由各种电压等级的电力线路将发电厂、变电所、配电所和电力用户联系起来的一个发电、输电、变电、配电和用电的整体,称为电力系统,如图 5.1 所示。

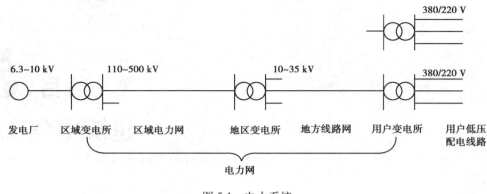

图 5.1 电力系统

1)发电厂

发电厂是指将一次能源转换为电能,并向外输出电能的工厂。

2)变电所、配电所

变电所是接收电能、变换电压的场所。单纯用来接受和分配电能而不改变电压的场所,称为配电所。一般变电所、配电所建在同一地点。

3)电力网

电力网是指不同电压等级的电力线路及其所联系的变电所。

4)输电网

输电网是指 35 kV 以上的输电线路。

5)配电网

配电网是指 10 kV 及以下的配电线路和配电变压的电力用户。

6)电力用户

电力用户也称电力负荷。在电力系统中,一切消费电能的用电设备均称为电力用户。

(2)**电压等级**

第 1 类:额定电压在 100 V 以下,主要用于安全照明、蓄电池、断路器及其他开关设备操作电源。我国安全电压值的等级有 42、36、24、12、6 V 这 5 种。

第 2 类:额定电压为 100~1 000 V,主要用于低压动力和照明。国家规定的电压等级有220 V/380 V、380 V/660 V。

第 3 类:额定电压大于 1 000 V,主要作为高压用电设备及发电、输电的额定电压。常用的电压等级有 6、10、35、110、220、330、500、1 000 kV。

正常运行情况下,用电设备的电压波动(以标称电压的百分数表示)宜符合下列要求:

①对于照明,室内场所宜为±5%;对于远离变电所的小面积一般工作场所,难以满足上述要求时,可为+5%、-10%;应急照明、景观照明、道路照明和警卫照明宜为±5%、-10%。

②一般用途电动机宜为±5%。

③电梯电动机宜为±7%。

(3)**建筑物的用电负荷的分类及供电要求**

用电负荷根据供电可靠性及中断供电所造成的损失或影响的程度,可分为一级负荷、二级负荷及三级负荷。民用建筑中的用电负荷分级及供电要求见表 5.1。

表 5.1　民用建筑中的用电负荷分级及供电要求

负荷分级要求	供电要求
a.中断供电将造成人身伤亡 b.中断供电将造成重大影响或重大损失 c.中断供电将破坏有重大影响的用电单位的正常工作,或造成公共场所秩序严重混乱 （注:符合以上条件之一时,为一级负荷）	一级负荷应由两个或两个以上电源供电,当一个电源发生故障时,另一个电源应能自动投入运行,不应同时受到损坏 对于一级负荷中的特别重要负荷,应增设应急电源,并严禁将其他负荷接入应急供电系统
a.中断供电将造成较大影响或损失 b.中断供电将影响重要用电单位的正常工作或造成公共场所秩序混乱 （注:符合以上条件之一时,为二级负荷）	二级负荷的供电系统,宜由两回路供电。在负荷较小或地区供电条件困难时,二级负荷可由一回路 6 kV 及以上专用的架空线路或电缆供电。当采用架空线时,可为一回路架空线供电;当采用电缆线路时,应采用两根电缆组成的线路供电,且每根电缆应能承受100%的二级负荷
不属于一级和二级负荷的一般电力负荷,均属于三级负荷。	三级负荷对供电电源无要求,一般为一路电源供电即可,但在可能的情况下,也应提高其供电的可靠性

（4）民用建筑的供电形式

1）小型民用建筑的供电

小型民用建筑供电只需一个 6~10 kV 的降压变电所。用电设备容量在 250 kW 及以下或需用变压器容量在 160 kVA 及以下时,不必单独设置变压器,用 220/380 V 低压供电,如图 5.2（a）所示。

2）中型民用建筑的供电

中型民用建筑的供电的电源进线一般为 6~10 kV,经高压配电所,将高压配线连至各建筑物变电所,降为 220/380 V,如图 5.2（b）所示。

3）大型民用建筑的供电

大型民用建筑的供电由于用电负荷大,电源进线一般为 35 kV,需经两次降压,第一次由 35 kV 降为 6~10 kV,再将 6~10 kV 高压配线连至各建筑物变电所,降为 220/380 V,如图 5.2（c）所示。

（5）低压配电方式

低压配电方式是指低压干线的配线方式。低压配电一般采用 380/220 V 中性点直接接地的系统。低压配电的接线方式主要有放射式、树干式、链式及混合式 4 种,如图 5.3 所示。

在多层建筑的低压配电系统中,对容量较大和较重要的用电负荷从低压配电室以放射式配电;由低压配电室至各层配电箱或分配电箱,采用树干式或放射与树干相结合的混合式配电。在高层建筑的低压配电系统中,对于容量较大的集中负荷或重要用电负荷,从配电室以放射式配电。高层建筑各层配电间的配线采用分区树干式或由首层到顶层垂直干线的方式;首层配电箱至用电负荷的分支回路,可采用树干式或放射与树干相结合的混合式配电。

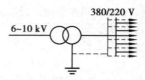

（a）小型民用建筑的供电形式

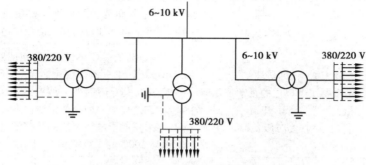

（b）中型民用建筑的供电形式

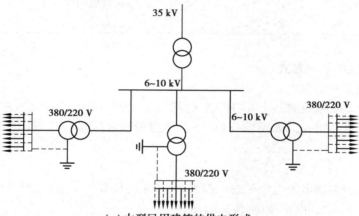

（c）大型民用建筑的供电形式

图 5.2　民用建筑的供电形式

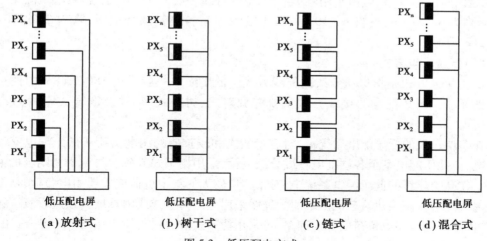

（a）放射式　　　（b）树干式　　　（c）链式　　　（d）混合式

图 5.3　低压配电方式

2.变(配)电所及变压器

(1)变(配)电所的形式与布置

1)变(配)电所的形式

按照变压器的安装位置,变(配)电所分为以下 7 种形式:

①露天变电所

变压器位于露天地面上的变电所。

②半露天变电所

变压器位于露天地面上的变电所,但变压器的上方有顶板或挑檐。

③附设变电所

变电所的一面或数面墙与建筑物的墙共用,且变压器室的门和通风窗通向建筑物外。

④车间内变电所

位于车间内部的变电所,且变压器室的门向车间内开。

⑤独立变电所

变电所为一座独立建筑物。

⑥预装式变电站

预装式变电站是经过形式试验的成套设备,通常由高压配电装置、变压器和低压配电装置组成,并组合在一个或数个箱体内,简称为"箱式变",如图 5.4 所示。

⑦杆上式变电所

安装在一根或多根电杆上的户外变电所。

(a)外形1　　　　(b)外形2

图 5.4　箱式变压器外形

高层或大型民用建筑内,宜设户内变电所或预装式变电站;负荷小而分散的民用建筑和城市居民区,宜设独立变电所或户外预装式变电站,当条件许可时,也可设附设变电所;城镇居民区、农村居民区和工业企业的生活区,宜设户外预装式变电站,当环境允许且变压器容量小于或等于 400 kVA 时,可设杆上式变电站。对于住宅建筑,如有相应地下层,变配电所宜设置在地下层。住宅区变电所不应与住户上下及左右相邻,并考虑变压器噪声及电磁环境对住户的影响。图 5.4 是两种箱式变压器外形图。

2)变(配)电所的布置

建筑物室内变配电所布置应符合下列规定:

①非充油的高、低压配电装置和非油浸型的电力变压器,可设置在同一房间内,当二者相互靠近布置时,二者的外壳均应符合现行国家标准《外壳防护等级(IP 代码)》防护等级的有关规定。

②户内变电所每台油量大于或等于 100 kg 的油浸三相变压器,应设在单独的变压器室内,并应有储油或挡油、排油等防火设施。

③有人值班的变配电所应设单独的值班室。值班室应能直通或经过走道与 10(6) kV 配电装置室和相应的配电装置室相通,并应有门直接通向室外或走道。当变配电所设有低压配电装置时,值班室可与低压配电装置室合并,且值班人员工作的一端,配电装置与墙的

净距不应小于 3 m。

在高层民用建筑中,户内变配电所一般选用干式变压器,设置在地下层。其常见的布置形式如图 5.5 所示。图中变压器高低压侧进线方式可根据具体工程变动。

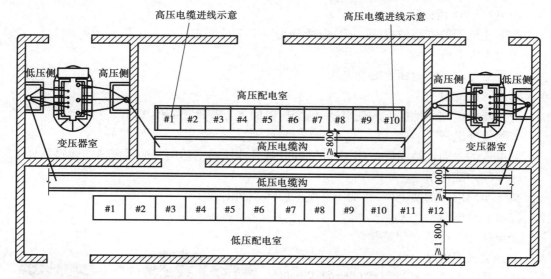

图 5.5　10 kV 配电室布置

(2)变压器

1)变压器工作原理

①概念

变压器是变换交流电压等级的电气设备,它用来把某一电压的交流电变换成同频率的另一种电压的交流电。变压器在改变交流电源电压高低和电流大小的同时也传递了电能。

②构造及原理

变压器是由闭合铁芯和套在铁芯上的绕组及油箱、储油柜、冷却装置、呼吸器、防爆管、绝缘套管、分接开关等组成。此外,还有气体继电器和温度信号保护装置,如图 5.6(a)所示。

变压器包含电路(线圈)和磁路(铁芯)两部分。当初级绕组从交流电源接受交流电时,通过初级绕组的电感生磁和次级绕组的磁感生电的电磁感应原理来实现能量的转换与传递。在图 5.6(b)中变压器初级和次级电压分别是 U_1、U_2,变压器绕组初级和次级匝数分别是 n_1 和 n_2。变压器在工作中遵循两点规律:

a.电压与匝数成正比,即

$$\frac{U_1}{U_2} = \frac{n_1}{n_2} = n_u$$

其中,n_u 称为变压器的电压比,当 $n_u > 1$ 时,变压器是降压变压器;当 $n_u < 1$ 时,变压器是升压变压器。

b.电流与匝数成反比,即

$$\frac{I_1}{I_2} = \frac{n_2}{n_1} = n_i$$

其中,n_i 称为变压器的电流比。

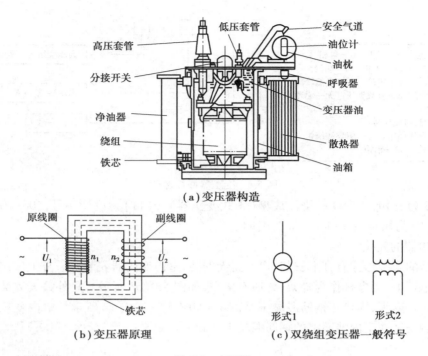

（a）变压器构造

（b）变压器原理　　　　（c）双绕组变压器一般符号

图 5.6　变压器

双绕组变压器电气符号如图 5.6（c）所示。

③变压器的种类

变压器按用途,可分为电力变压器和特种变压器;按变压方式,可分为升压和降压变压器;按绕组数,可分为自耦变压器、双绕组变压器、三绕组变压器及多绕组变压器;按相数,可分为单相和三相变压器;按冷却方式和冷却介质,可分为干式、油浸式和充气式变压器,如图 5.7 所示;按调压方式,可分为无励磁调压变压器和有载调压变压器。

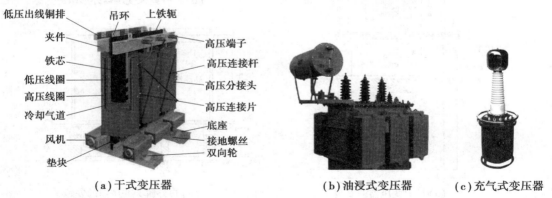

（a）干式变压器　　　　　（b）油浸式变压器　　　（c）充气式变压器

图 5.7　变压器外形图

④变压器的型号含义

变压器型号含义如图 5.8 所示。

例 5.1　变压器型号 SC9-500/10,S11-M-100/10 分别表示什么意义?

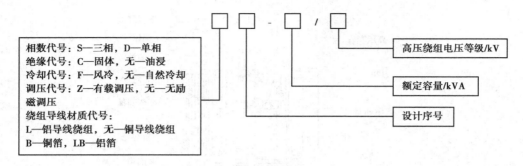

图 5.8　变压器型号含义

解　S 为三相,C 为树脂浇注成型(干式变压器),9(11)为设计序号,500(100)为容量(kV·A),10 为额定电压(kV),M 为密闭。

2)变压器的安装

变压器的安装形式有杆上安装、户外露天安装、室内变压器安装等。杆上安装是将变压器固定在电杆上,用电杆作为骨架,离地面架空,如图 5.9(a)所示。户外露天安装是将变压器安装在户外露天,固定在钢筋混凝土基础上,如图 5.9(b)、(c)所示。室内变压器安装是指将变压器安装在室内地面上的钢筋混凝土基础上。

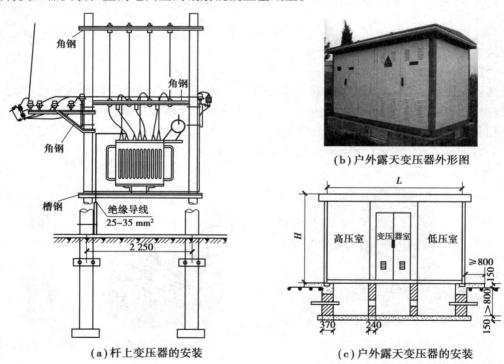

图 5.9　变压器安装

变压器经过长途运输和装卸,到达现场后,应由运行单位、制造厂和施工单位共同进行开箱检查。经检查设备完好齐全且无质量缺陷时,方可进行变压器安装。

主要安装程序是:变压器就位及注油保护→变压器附件清扫和检查→变压器器身吊罩检查→变压器附件安装→变压器交接试验→变压器试运行。

由于油浸式变压器的铁芯和绕组都浸入绝缘油中,在安装现场绝缘油必须具有绝缘性质和导热性质,因此,还要进行绝缘油的干燥(除去水分)和净化(除去脏物)。

户外露天安装的变压器四周应设高度不低于 1.8 m 的固定围栏或围墙,变压器外廓与围栏或围墙的净距不应小于 0.8 m,变压器底部距地面不应小于 0.3 m。相邻油浸变压器外廓之间的净距应符合下列要求:

①油重小于 1 000 kg 的相邻油浸变压器外廓之间的净距不应小于 1.5 m。

②油重 1 000~2 500 kg 的相邻油浸变压器外廓之间的净距不应小于 3.0 m;油重大于 2 500 kg 的相邻油浸变压器外廓之间的净距不应小于 5 m。

③当不能满足上述要求时,应设置防火墙。设置在变电所内的非封闭式干式变压器,应装设高度不低于 1.8 m 的固定围栏,围栏网孔不应大于 40 mm×40 mm。变压器的外廓与围栏的净距不宜小于 0.6 m,变压器之间的净距不应小于 1.0 m。

3.高低压开关设备及仪用互感器

(1)高压开关设备

在电力系统中,高压开关是最重要的电气设备之一。它是用于分断或接通电压为 3 kV 及以上线路的机械开关装置。其承担的主要任务是:在系统正常工作时,可靠地接通或断开电路,并通过高压开关的切换操作灵活地改变运行方式:在系统发生故障时,迅速切断故障,以保证非故障部分能正常运行;在系统设备检修时,隔离带电部分,以保证工作人员安全。根据其在电路中担负的任务不同,可分为高压断路器、隔离开关、负荷开关及熔断器等。

1)高压断路器

高压断路器在电路中具有控制和保护作用,它不仅可带电切合高压电路中的空载电流和负荷电流,而且当系统发生故障时通过继电器保护装置,能够切断过负荷电流和短路电流。它具有完善的灭弧结构和足够的断流能力,可分为油断路器(多油断路器、少油断路器)、六氟化硫断路器(SF_6 断路器)、真空断路器、压缩空气断路器等,如图 5.10 所示。高压断路器的类型和性能特征是用汉语拼音字母和数字来表示的,具体表示见表 5.2。

表 5.2 高压断路器型号

型号序列	序列含义	代 号
① ② ③ - ④ ⑤ / ⑥ - ⑦	1:表示产品名称	D:多油断路器;S:少油断路器;Z:真空断路器;Q:产气断路器;K:空气断路器;C:磁吹断路器;L:六氟化硫断路器
	2:表示使用环境	W:户外;N:户内
	3:表示设计序号	
	4:表示额定电压(kV)	
	5:表示系列标识	Ⅰ、Ⅱ、Ⅲ…,表示同型系列中不同规格或派生品种;G:改进型;C:手车型;D:带有电动操作机构
	6:表示额定电流(A)	
	7:表示额定开断电流(kA)	

例 5.2 ZN23-40.5C/2000-31.5 表示什么断路器？

解 表示设计序号为 23 的户内手车式真空断路器，其额定电压是 40.5 kV，额定电流是 2 000 A，额定短路开断电流是 31.5 kA。

（a）ZW31-12型户外真空断路器

（b）ZW23-40.5C/2000-31.5户内真空断路器

（c）DW10-10系列户外
高压多油断路器

（d）户内少油断路器
SN10-10/630A

（e）LW8-40.5系列
SF_6断路器

图 5.10　高压断路器外形图

高压断路器的类型很多，结构比较复杂，但从总体上由以下 5 部分组成：

①开断元件。包括断路器的灭弧装置和导电系统的动、静触头等。

②支持元件。用来支承断路器器身，包括断路器外壳和支持瓷套。

③底座。用来支承和固定断路器。

④操动机构。用来操动断路器分、合闸。

⑤传动机构。将操动机构的分合运动传动给导电杆和动触头。

高压断路器结构如图 5.11 所示。

油断路器以变压器油作为绝缘和灭弧介质，不允许频繁操作，频繁操作轻则引起喷油，重则导致断路器爆炸。真空断路器以真空作为绝缘介质，没有油或其他易燃易爆物质，具有很高的可靠性和安全性，适合频繁操作的场合使用。六氟化硫断路器是以 SF_6 为绝缘和灭弧介质，它和真空断路器一样，适用于频繁操作，维修简单，但 SF_6 的电弧分解物有毒。因此，检修其灭弧室时要采取防护措施，防止人员中毒。

高压断路器在断开位置时没有明显的断开点，为了保证检修时停电的可靠性，在断路器与电源之间必须串联一台隔离开关（电源侧的隔离开关）。

2）隔离开关

隔离开关俗称刀闸，它在分闸状态有明显的可见断口，并有足够的绝缘距离，因此隔离开关主要用来将需要检修的电气设备与带电部分可靠的隔离，以保证人员能安全地检修电气设备。此外，在高压成套配电装置中，隔离开关常用作电压互感器、避雷器、厂用（所用）变压器及计量柜的高压控制电器。隔离开关没有灭弧装置，不能用来切断负荷电流和短路电流，故隔离开关要和断路器配合使用，分闸时，必须在断路器切断电流以后，才能拉开隔离开

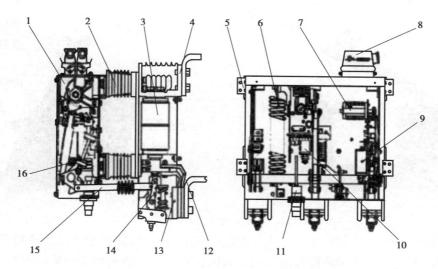

图 5.11　高压断路器结构

1—机构箱体;2—绝缘子;3—灭弧室;4—上出线端;5—安装板;

6—合闸弹簧;7—辅助开关;8—二次插头;9—分闸电磁铁;10—合闸电磁铁;

11—油缓冲;12—软连接;13—下出线端;14—变直传动机构;15—绝缘推杆;16—分闸弹簧

关;合闸时,必须先合上隔离开关,然后才能合断路器。

隔离开关按安装地点不同,可分为户内式和户外式;按绝缘支柱数目,可分为单柱式、双柱式和三柱式;按接地方式,可分为带接地闸刀和不带接地闸刀。隔离开关的主要型号见表5.3。

表 5.3　高压隔离开关型号

型号序列	序列含义	代　号
$\boxed{1}\boxed{2}\boxed{3}$-$\boxed{4}\boxed{5}$/$\boxed{6}$	1:表示产品名称	G:隔离开关
	2:表示使用环境	W:户外;N:户内
	3:表示设计序号	
	4:表示额定电压(kV)	
	5:表示系列标识	Ⅰ、Ⅱ、Ⅲ…,表示同型系列中不同规格或派生品种; G:改进型;T:统一设计;C:瓷套管出线;D:带接地闸刀; K:快分式
	6:表示额定电流(A)	

高压隔离开关主要由导电部分、绝缘部分、传动部分及底座组成,如图5.12所示。

3)高压负荷开关

高压负荷开关可以接通、承载和分断额定电流范围内的负荷电流和过负荷电流,但不能断开短路电流。高压负荷开关有简单的灭弧装置,故可分合负荷电流;断开时有明显的断开点,故可像隔离开关一样起到电气隔离作用,为设备或线路提供可靠的停电必要条件。它可

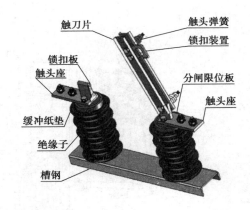

图 5.12　高压隔离开关 GW9-12/630

安装在配电变压器的高压侧,也可应用于配电线路上,作为线路自动分段的控制设备,可与高压熔断器组合使用,起到断路器的作用。高压负荷开关一般用在 35 kV 以下的高压电路中,按照安装地点分为户内式和户外式;按照灭弧介质和作用原理有压气式、油浸式、产气式、真空式及六氟化硫式等,如图 5.13 所示。其型号具体见表 5.4。

(a)FN5-12户内压气式　　　　　　(b)FN25-12系列

图 5.13　高压真空负荷开关

表 5.4　高压负荷开关型号

型号序列	序列含义	代　号
1|2|3|-|4|5|6|/|7|	1:表示产品名称	F:负荷开关
	2:表示使用环境	W:户外;N:户内
	3:表示设计序号	
	4:表示额定电压(kV)	
	5:是否带高压熔断器	R:带有熔断器,不带熔断器的省略
	6:表示熔断器的安装位置	S:装在上面,安装在下面省略
	7:表示额定电流(A)	

　　高压负荷开关主要由导电部分、绝缘部分、灭弧部分、传动部分和底座组成,如图 5.14 所示。

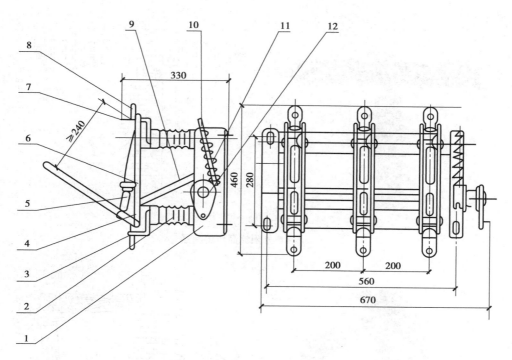

图 5.14 FN5-12 户内高压负荷开关

1—框架;2—支柱绝缘子;3—支座接线座;4—刀片;5—灭弧管;

6—扭簧及扭簧销轴;7—导向片;8—触座接线板;9—拉杆;

10—负荷开关转轴;11—弹簧储能机构;12—操作机构

4)高压熔断器

高压熔断器串联在电路中,当电路发生短路或连续过负荷时,熔断器过热,达到其熔点时即自行熔断,将电路切断,从而起到保护电气设备的作用。在 35 kV 及以上的高压系统中,熔断器广泛应用于保护电压互感器、小容量的配电变压器和线路,以代替断路器,节省投资。根据使用环境不同,高压熔断器可分为户内型和户外型;根据灭弧方式,可分为限流型和喷射型。高压熔断器外观及结构如图 5.15 所示,其型号见表 5.5。

表 5.5 高压熔断器型号

型号序列	序列含义	代　号
①②③-④⑤/⑥	1:表示产品名称	R:熔断器
	2:表示使用环境	W:户外;N:户内
	3:表示设计序号	
	4:表示额定电压(kV)	
	5:表示熔断器的额定电流	
	6:表示熔体的额定电流(A)	

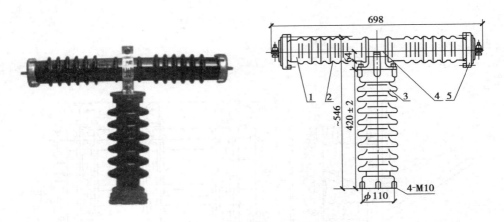

（a）户外限流高压熔断器

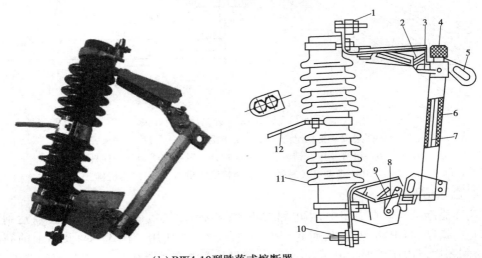

（b）RW4-10型跌落式熔断器

图 5.15 高压熔断器

（a）户外限流高压熔断器

1—熔断管；2—瓷套；3—棒式支柱绝缘子；4—紧固法兰；5—接线端帽

（b）RW4-10 型跌落式熔断器

1—上接线端；2—上静触头；3—上动触头；4—管帽；5—操作环；

6—熔管；7—熔丝；8—下动触头；9—下静触头；10—下接线端；

11—绝缘子；12—固定安装板

（2）低压开关设备

低压开关通常是指工作在工频交流 1 000 V 或直流 1 500 V 以下电路中的电气设备。它能够根据外界的信号和要求，手动或自动地接通、断开电路，对电能的输送、分配和应用起着切换、控制、保护和调节的作用。低压电器可分为配电电器和控制电器两大类，是成套电气设备的基本组成元件。其分类及用途见表5.6。

表 5.6　低压电器的分类与用途

分类名称		主要产品	用　途
配电电器	断路器	万能式断路器、塑壳式断路器、塑壳式剩余电流断路器、双电源自动转换开关	用于不频繁通断操作电流,实现交、直流线路过载、短路或欠压保护;剩余电流断路器用于人身触电保护;双电源自动转换开关自动将一个或几个负载电路从一个电源接至另一个电源,以保证负载电路的正常供电
	熔断器	配电线路保护熔断器、元器件保护熔断器、半导体保护熔断器	用作交、直流线路和设备的过载、短路保护
	刀型开关	开启式刀开关、开启式刀式转换开关	适用于交流 50 Hz、额定电压 380 V、直流 220 V、额定电流 3 000 A 的成套配电装置中,作为不频繁地手动接通和分断交、直流电路或作隔离开关用
	隔离开关	抽屉式隔离开关、固定式隔离开关、户外单极隔离开关、熔断器式隔离开关	适用于工业企业配电系统中做不频繁接通与分断电路及隔离电路之用
	负荷开关	封闭式负荷开关、开启式负荷开关	适用于额定工作电压 380 V、额定工作电流 600 A,频率为 50 Hz 的交流电路中,可作为手动不频繁地接通分断有负载的电路,并对电路有过载和短路保护作用
控制电器	接触器	交流接触器、直流接触器、空气接触器、真空接触器	用于远距离频繁启动或控制电动机以及接通分断正常工作的主电路和控制电路
	启动器	电动机控制器、自耦降压启动器、星三角启动器、电磁启动器	用作交流电动机的启动或正反向控制
	控制继电器	通用继电器、功率继电器、中间继电器、时间继电器、脉冲继电器、接触式继电器、过载继电器	在控制系统中,可控制其他电器,也可保护主电路
	主令电器	行程开关、微动开关、按钮、信号灯、万能转换开关、组合开关	主要用于闭合、断开和转换控制电路,以发布命令或对生产过程实行程序控制

下面分别介绍几种常用的低压电器。

1)断路器

自动空气开关又称断路器,是低压配电网络和电力拖动系统中非常重要的一种电器,它集控制和多种保护功能于一身。除了能对电路进行正常的通断操作外,还能对电路或电气设备发生的短路、严重过载及欠电压等进行保护。

断路器的分类有不同的标准：

①按极数,可分为单极、两极和三极。

②按保护形式,可分为电磁脱扣器式、热脱扣器式、复合脱扣器式(常用)及无脱扣器式。

③按全分断时间,可分为一般和快速式(先于脱扣机构动作,脱扣时间在 0.02 s 以内)。

④按结构形式,可分为万能式和塑壳式。

如图 5.16 所示为几种常见的断路器外形图。

图 5.16　断路器外形图

如图 5.17 所示为断路器的型号含义。

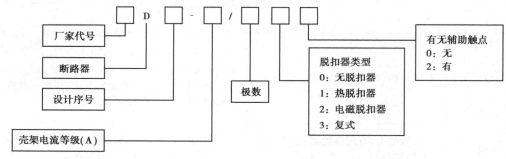

图 5.17　断路器的型号含义

2)剩余电流动作断路器

图 5.18　NM7LE 系列
剩余电流动作断路器

剩余电流动作保护器是对有致命危险的人身触电提供间接接触保护。额定剩余动作电流不超过 0.03 A 的剩余电流动作断路器在其他保护措施失效时,也可作为直接接触的补充保护,但不能作为唯一的直接接触保护。同时,还可用来防止由于接触故障电流而引起的电气火灾,并可用来保护线路的过载、短路,也可作为线路的不频繁转换之用。如图 5.18 所示为 DZL33-10 漏电保护器的外形图。

剩余电流动作断路器的型号含义如图 5.19 所示。

例 5.3　HTM1L-20/2P 表示什么意义?

解　HTM1L-20/2P 表示正泰公司(HT)生产的塑料外壳式(M),设计序号为 1,壳架等级电流为 20A 的二极(2P)剩余电流动作断路器(L)。

3)熔断器

熔断器是一种保护电器,是人为地在电网中设置一个最薄弱的发热元件,当过载或短路

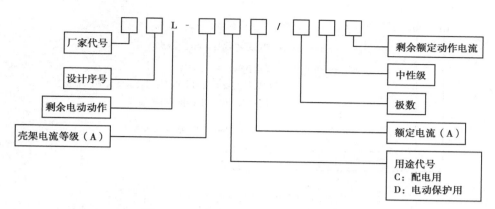

图 5.19   剩余电流动作断路器的型号含义

电流流过该元件时,利用元件(即熔体)本身产生的热量将自己熔断,从而使电路断开,达到保护电网和电气设备的目的。熔断器主要由熔体和安装熔体用的绝缘器组成,如图 5.20 所示为 RT36N 系列刀型触头熔断器外形图。

熔断器的型号含义如图 5.21 所示。

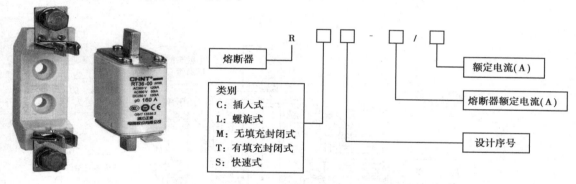

图 5.20   RT36N 系列刀型触头
熔断器外形图

图 5.21   熔断器的符号含义

4)低压接触器

低压接触器是电气传动和自动控制系统中应用最广泛的一种电器。它适用于远距离频繁的接通和分断交、直流电路及大容量控制电路。其主要控制对象是电动机,也可用于控制照明设备、电焊机及电热设备等其他负载。其外形如图 5.22 所示。

图 5.22   低压接触器

接触器型号及含义以 CJ20 系列为例说明,如图 5.23 所示。

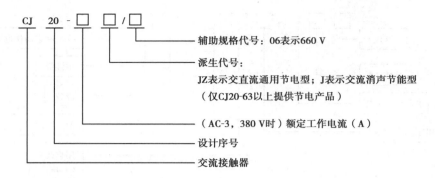

图 5.23　CJ20 系列接触器型号及含义

接触器的工作原理是:当接触器线圈通电后,线圈电流会产生磁场,产生的磁场使静铁芯产生电磁吸力吸引动铁芯,并带动交流接触器主触点闭合,同时常闭触点断开,常开触点闭合,两者是联动的。当线圈断电时,电磁吸力消失,衔铁在释放弹簧的作用下释放,使主、辅触点复原,即常开触点断开,常闭触点闭合。接触器的结构图及图形符号如图 5.24 所示。交流接触器主要应用于电气设备自动控制中。

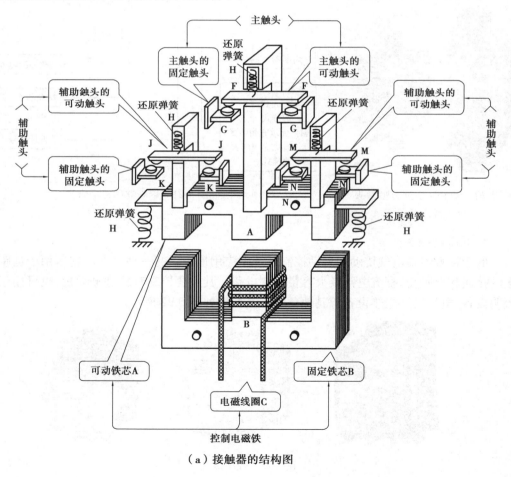

（a）接触器的结构图

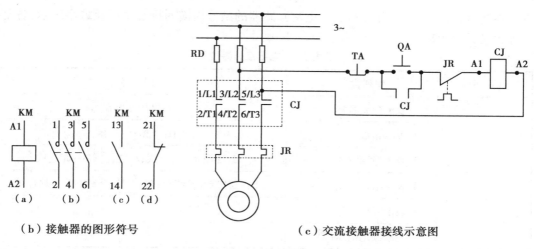

（b）接触器的图形符号　　　　　　　　（c）交流接触器接线示意图

图 5.24　接触器

（3）仪用互感器

仪用互感器是一种特殊用途的变压器,是电力系统实现一次系统和二次系统互相联络的重要设备。它把一次系统的高电压和大电流变换成统一标准的低电压和小电流,供给测量仪表、继电保护和自动调节装置等二次系统。根据电量变换的差别,互感器可分为电压互感器(PT)和电流互感器(TA)两大类。将高电压变为低电压的,称为电压互感器;将大电流变为小电流的,称为电流互感器。仪用互感器常用符号形式如图 5.25 和图 5.26 所示。

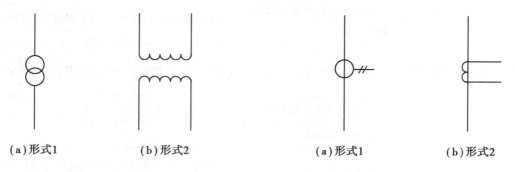

（a）形式1　　　　（b）形式2　　　　　　　　　（a）形式1　　　　（b）形式2

图 5.25　电压互感器常用符号　　　　　　　　图 5.26　电流互感器常用符号

1）电压互感器

我国电网的额定电压已标准化(如 10、35、110、220、330、500 kV 等),二次电压统一定为 100 V 或 100/$\sqrt{3}$ V。按安装场所不同,电压互感器可分为户内式和户外式;按相数不同,可分为单相式和三相式;按绕组数目不同,可分为双绕组式和三相绕组式;按绝缘方式不同,可分为干式、浇注式、油浸式及充气式。通常电压互感器的型号用横列拼音字母及数字表示,各部位字母含义见表 5.7。

2）电流互感器

电流互感器一次侧的额定电流有不同的等级标准,如 75、100、150 A 等,其二次侧的额定电流统一定为 5 A。按其安装场所不同,可分为户内式、户外式和装入式;按一次绕组的匝数不同,可分为单匝式和多匝式;按结构不同,可分为干式、浇注式、油浸式及电容式;按安装方法不同,可分为穿墙式和支持式。电流互感器的型号用横列拼音字母及数字表示,各部位字母含义见表5.8。

表 5.7　电压互感器型号

型号序列	序列含义	代　　号
①②③④⑤-⑥	1:表示产品名称	J:电压互感器
	2:表示相数	D:单相;S:三相
	3:表示绝缘方式	J:油浸式;G:干式;Z:浇注式;C:充气式
	4:表示结构形式	B:三柱带补偿绕组;W:五柱三绕组;J:接地保护
	5:表示设计序号	
	6:表示额定电压(kV)	

表 5.8　电流互感器型号

型号序列	序列含义	代　　号
①②③④-⑤/⑥-⑦⑧	1:表示产品名称	L:电流互感器
	2:表示结构特点	R:套管式(装入式);B:支持式;Q:线圈式;Z:支柱式;V:倒立式
	3:表示绝缘方式及其他特征	J:树脂浇注;G:改进型;Z:浇注绝缘;C:瓷绝缘
	4:表示使用特点	B:保护级;Q:加强型;J:加大容量;D:差动保护
	5:表示额定电压(kV)	
	6:表示准确级	
	7:表示特殊用途	GY:高压地区用;TA:干热带地区用;TH:湿热带地区用;W:污秽地区用
	8:表示额定电流比	

4.高低压配电装置

(1)高低压配电装置的分类

在建筑电气工程中,应按照电气接线要求将开关设备、保护电器、测量仪表和辅助设备组装在封闭或半封闭金属柜中或屏幅上,构成高低压配电装置,即配电柜(屏、箱、盘)。它是建筑供配电系统中的重要组成部分,起着接受和分配电能的作用。高低压配电装置按结构特征和用途分类如下:

1)固定面板式开关柜

固定面板式开关柜常称开关板或配电屏。它是一种有面板遮拦的开启式开关柜,正面有防护作用,背面和侧面仍能触及带电部分,防护等级低,只能用于对供电连续性和可靠性要求较低的工矿企业,作变电室集中供电用。

2)防护式(即封闭式)开关柜

防护式(即封闭式)开关柜是指除安装面外,其他所有侧面都被封闭起来的一种低压开关柜。这种柜子的开关、保护和监测控制等电气元件,均安装在一个用钢或绝缘材料制成的封闭外壳内,可靠墙或离墙安装。柜内每条回路之间可不加隔离措施,也可采用接地的金属板或绝缘板进行隔离。通常门与主开关操作有机械联锁。另外,还有防护式台型开关柜(即控制台),面板上装有控制、测量和信号等电器。

3)抽屉式开关柜

这类开关柜采用钢板制成封闭外壳,进出线回路的电器元件都安装在可抽出的抽屉中,构成能完成某一类供电任务的功能单元。功能单元与母线或电缆之间,用接地的金属板或塑料制成的功能板隔开,形成母线、功能单元和电缆 3 个区域。每个功能单元之间也有隔离措施。抽屉式开关柜有较高的可靠性、安全性和互换性,是比较先进的开关柜。目前生产的开关柜,多数是抽屉式开关柜。它们适用于要求供电可靠性较高的工矿企业、高层建筑,可作为集中控制的配电中心。

4)动力、照明配电控制箱

多为封闭式垂直安装。因使用场合不同,外壳防护等级也不同。它们主要作为民用建筑和工矿企业生产现场的配电装置。

配电装置外形如图 5.27 所示。

(a)防护式配电柜　　　　　(b)抽屉式开关柜的功能单元　　　　(c)照明配电箱

图 5.27　配电装置外形图

高低压配电装置按组装方式的不同,可分为装配式(组装式)和成套式两类。装配式(组装式)配电装置就是按照图纸的设计要求,在施工现场将开关等各种电气设备组合在一起而形成的综合配电装置;成套式配电装置就是在制造厂将开关等各种电气设备按接线要求组装成一个整体,然后运至现场整体安装使用的配电装置。

(2)配电柜(屏、箱、盘)的安装

配电柜、配电屏安装前应埋设基础型钢,并对柜、屏下的电缆沟等相关建筑物检查合格后,才能安装柜、屏;室内外落地动力配电箱的基础验收合格,且对埋入基础的电线导管、电缆导管进行检查,才能安装箱体;墙上明装的动力、照明配电箱(盘)的预埋件(金属埋件、螺栓),在抹灰前预留和预埋;暗装的动力、照明配电箱的预留孔和动力、照明配线的线盒及电线导管等,经检查确认到位,才能安装配电箱(盘)。配电柜(屏、箱、盘)几种常见的安装方式如图 5.28 所示。照明配电板底边距楼地面一般不小于 1.8 m;当设计无要求时,照明配电箱安装高度应符合表 5.9 的规定。

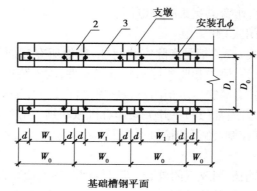

基础槽钢平面

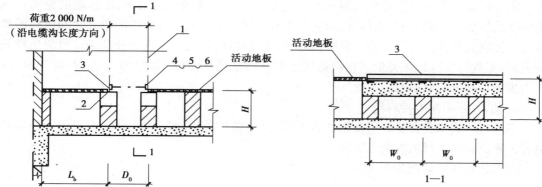

(a)低压配电柜地面上安装示意图

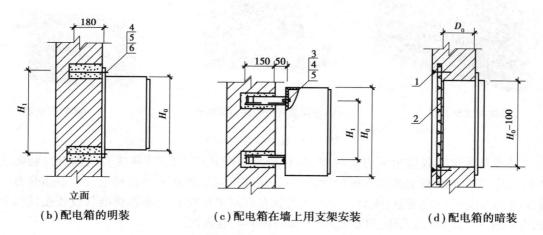

(b)配电箱的明装   (c)配电箱在墙上用支架安装   (d)配电箱的暗装

图 5.28 配电柜(屏、箱、盘)几种常见的安装方式
(a):H—地面抬高高度;L_b—配电柜柜后距墙距离;1—低压配电柜;
2—埋件;3—槽钢;4—螺栓;5—螺母;6—垫圈
(b):4—螺栓;5—螺母;6—垫圈
(c):3—螺栓;4—螺母;5—垫圈
(d):1—钢钉;2—0.5 厚的钢丝网

表 5.9　照明配电箱安装高度

配电箱高度/mm	配电箱底边距楼地面高度/m
600 以下	1.3~1.5
600~800	1.2
800~1 000	1.0
1 000~1 200	0.8
1 200 以上	落地安装,潮湿场所箱柜下应设 200 mm 高的基础

配电柜(屏、箱、盘)的金属框架及基础型钢必须接地(PE)或接零(PEN)可靠;装有电器的可开启门,门和框架的接地端子间应用裸编织铜线连接,且有标识。低压成套配电柜(屏)和动力、照明配电箱(盘)应有可靠的电击保护。配电柜(屏、箱、盘)内保护导体应有裸露的连接外部保护导体的端子,当设计无要求时,配电柜(屏、箱、盘)内保护导体最小截面积 S_p 不应小于表 5.10 的规定。

表 5.10　保护导体的截面积

相线的横截面积 S/mm^2	相应保护导体的最小截面积 S_p/mm^2
$S \leq 16$	S
$15 < S \leq 35$	16
$35 < S \leq 400$	$S/2$
$400 < S \leq 800$	200
$S > 800$	$S/4$

注:S 指柜(屏,台,箱,盘)电源进线相线截面积,且两者(S、S_p)材质相同。

配电装置的布置应便于设备的操作、搬运、检修和试验,并应考虑电缆或架空线进出线方便。当 10(6)kV 配电装置成排安装在室内时,其各种通道的净宽不应小于表 5.11 中的规定;低压成排布置的配电屏,其屏前和屏后的通道净宽不应小于表 5.12 中的规定。

表 5.11　10(6)kV 配电装置室内各种通道的最小净宽/m

开关柜布置方式	柜后维护通道	柜前操作通道	
		固定式	手车式
单排布置	0.8	1.5	单车长度+1.2
双排面对面布置	0.8	2.0	双车长度+0.9
双排背对背布置	1.0	1.5	单车长度+1.2

注:1.固定式开关柜靠墙布置时,柜后与墙净距应大于 0.05 m,侧面与墙净距应大于 0.2 m。

2.通道宽度在建筑物的墙面遇有柱类局部凸出时,凸出部位的通道宽度可减少 0.2 m。

表 5.12　低压配电屏前屏后的通道净宽/m

布置方式 装置种类	单排布置		双排面对面布置		双排背对背布置	
	屏　前	屏　后	屏　前	屏　后	屏　前	屏　后
固定式	1.5	1.0	2.0	1.0	1.5	1.5
抽屉式	1.8	1.0	2.3	1.0	1.8	1.0
控制屏(柜)	1.5	0.8	2.0	0.8	—	—

注:1.当建筑物墙面遇有柱类局部凸出时,凸出部位的通道宽度可减少 0.2 m。

　　2.各种布置方式,屏端通道均不应小于 0.8 m。

5.电气系统的调试

(1)电力变压器系统调试

电气系统的调试工作内容包括变压器、断路器、互感器、隔离开关、风冷及油循环冷却系统电气装置,以及常规保护装置等一、二次回路的调试及空投实验。

1)三相电力变压器的调试

①绝缘电阻和吸收比的测量

变压器绝缘电阻一般用兆欧表测量,1 kV 以下变压器选用 500~1 000 V 兆欧表,1 kV 及以上变压器选用 2 500 V 兆欧表。

吸收比是用兆欧表分别测 60 s 和 15 s 时的绝缘电阻来确定。

②直流电阻的测量

测量三相电力变压器绕组的直流电阻,其目的是检查分接开关、引线和高低压套管等载流部分是否接触良好,绕组导线规格和导线接头的焊接质量是否符合设计要求,三相绕组匝数是否相等。通常采用直流电桥测量法,如被测电阻 $R_x \le 10 \ \Omega$ 时,选用直流双臂电桥;如 $R_x > 10 \ \Omega$ 时,可选用直流单臂电桥。

③绕组连接组别的测试

在施工现场常采用直流校验法来判断变压器的连接组别。校验时,只需将测试的一组结果与变压器连接组别规律表对照,结合被测变压器铭牌给出的绕组接法,即可判断其连接组别。

④变压器的变比测量

变压器变比是两台及两台以上变压器能否并联运行的重要条件之一。测量变压器变比通常采用变压比电桥法和双电压表法。

⑤变压器空载试验

变压器空载试验是在低压侧施加额定电压,高压侧开路时测量空载电流 I_0 和空载功率损耗 P_0。三相变压器空载损耗可采用"三瓦特表法"和"二瓦特表法"测量。

⑥工频交流耐压试验

工频交流耐压试验主要检查电力变压器主绝缘性能及其耐压能力,进一步检查变压器是否受到损伤或绝缘存在缺陷。在试验过程中,如果测量仪表指示稳定且被测变压器无放电声及其他异常现象时,则表明变压器试验合格;否则,将可能存在变压器主绝缘损坏,或油内含有气泡杂质和铁芯松动等故障,须进行吊芯检查处理。

⑦额定电压冲击合闸试验

变压器制造厂用冲击高压发生器模拟雷击引起的大气过电压做冲击合闸试验,以检验变压器主绝缘的绝缘强度。当变压器现场安装及上述试验完成后,还需进行额定电压冲击合闸试验。

2)互感器的调试

①电压互感器的交接试验

电压互感器的交接试验包括电压互感器的绝缘电阻测试、电压互感器的变压比测定和电压互感器工频交流耐压试验。

②电流互感器的交接试验

电流互感器的交接试验包括电流互感器的绝缘电阻测试、电流互感器变流比误差的测定和电流互感器的伏安特性曲线测试。

3)室内高压断路器测试

①少油高压断路器的测试

少油高压断路器的测试包括断路器安装垂直度检查、总触杆总行程和接触行程检查调整、三相触头周期性的调整及少油高压断路器的交接试验。

②高压断路器操作机构的调试包括支持杆的调整,分、合闸铁芯的调整,以及断路器及其操作机构的电气检查试验。

(2)送配电装置系统调试

送配电装置系统调试的工作内容包括自动开关或断路器、隔离开关、常规保护装置、电测量仪表、电力线缆等一、二次回路系统的调试。

1)低压断路器调试

低压断路器调试包括:欠压脱扣器的合闸、分闸电压测定试验;过电流脱扣器的长延时、短延时和瞬时动作电流的整定试验。

2)线路的检测与通电试验

线路的检测与通电试验包括绝缘电阻试验、测量重复接地装置的接地电阻、检查电度表接线及线路通电检查。

6.电气设备常用图形符号

表 5.13 为电气设备的常用图形符号。

表 5.13　电气设备的常用图形符号

名　称	图形符号	名　称	图形符号
电气柜(屏)箱、台,其中 * 是 AL、AP、ALE、APE 分别表示照明配电箱、动力配电箱、应急照明配电箱、应急动力配电箱	▭*	熔断器式隔离器	

续表

名　称	图形符号	名　称	图形符号
断路器		熔断器	
带隔离功能断路器		带机械连杆撞击熔断器	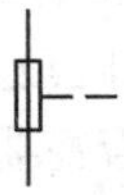
剩余电流保护开关	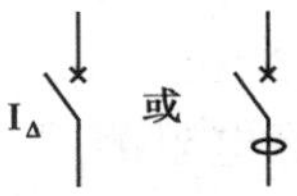 I_Δ　或	手动操作开关,一般符号	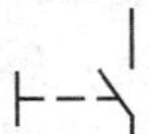
报警式剩余电流保护器	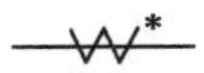	1个手动三极开关	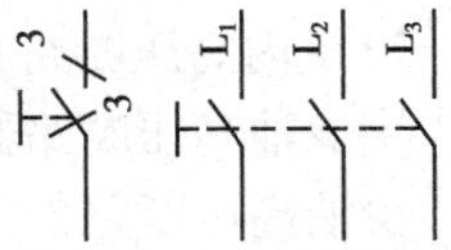 形式1　　形式2
熔断器式开关		3个手动三极开关	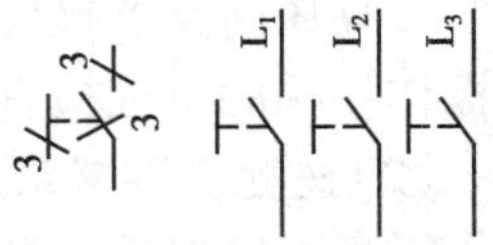 形式1　　形式2

表 5.14 是电气设备的标注方式。

表 5.14　电气设备的标注方式

电气设备	标注方式	说　明
用电设备	a/b	a:参照代号 b:额定容量(kW,kVA)
系统图电气箱(柜、屏)	a+b/c	a:参照代号 b:位置信息 c:型号
平面图电气箱(柜、屏)	a	a:参照代号
照明、安全、控制变压器	a　b/c　d	a:参照代号 b/c:一次电压/二次电压 d:额定容量

任务实施

任务 1—任务 4 的内容见任务引领部分,此处不再赘述。

任务 6 的实施如下：

1.识读干线系统图

在 3#楼干线竖向系统图中,动力配电和照明配电分别设置。图的左边部分是动力配电部分,右边是照明配电。

动力配电部分,一层配电箱 1LAL 的电源使用 YJV-22-4＊70 线缆由学校配电室引来。其 6 路输出 WL1—WL6,使用 YJV-5＊16 线缆分别连接一层的六个配电箱 1YAL1—1YAL6,而这 6 个配电箱的输出及连接由二次装修确定。配电箱 1LAL 的另一路输出使用 NH-BV-5＊6 线缆给四楼的排烟机供电,4AP 和 4AP1 之间使用 NH-BV-5＊6 线缆连接。配电箱之间接线方式是混合式。

照明配电部分,一层配电箱 1AL 的电源使用 YJV-22-4＊95 线缆由学校配电室引来。1AL 箱在一层使用 BV-4＊35+1＊16 线缆和 1AL1 和 1AL2 箱连接,而 1AL1 箱的一个回路使用同样的线缆和二层的 2AL1 箱连接。为保证供电的安全和可靠,1AL 箱使用了两种不同的电缆分别和 2AL,3AL,4AL 连接:一路使用 BV-4＊70+1＊35 线缆,另一路使用 NH-BV-5＊10 线缆。

所有配电箱的额定功率在图中明确标注了,此处不再赘述。

2.识读箱系统图

在 2AL1 箱系统图中,由线缆 BV-4＊35+1＊16 供电,分为两路:一路通过断路器 HTM1-16/1PY 连接 2AL-WL1 供应急照明使用,另一路经过一个带隔离功能的型号为 HTM1G-63/3 的三相开关连接 12 个断路器。这 12 个断路器分别引出照明、插座和备用的回路。其中,照明回路是 2AL1-WL1～2AL1-WL4,都是通过型号为 HTM1-16/1P 的断路器连接的。插座回路是 2AL1-WX1,是通过带漏电保护的型号为 HTM1L-20/2P 的断路器连接的。备用回路分别通过连接 3 种断路器引出:一种带漏电保护的型号为 HTM1L-25/4P 断路器;另一种是带漏电保护的型号为 HTM1L-20/2P 断路器;还有一种是不带漏电的保护型号为 HTM1-16/1P 的断路器,便于不同环境下使用。所有带漏电保护的断路器的动作电流都是 30 mA。还有最左端的型号为 HTM1-16/3P 的断路器连接一个型号为 SDSZ-40-15kA 的浪涌保护器,该保护器接地。

任务拓展

知　识

填空题

1.电力系统由 _____、_____、_____ 及_____组成。

2.电力负荷分成_____级,分别是_____负荷,_____负荷和_____负荷。

3.低压配电方式有_____、_____和_____ 3 种。

4.常用的低压配电保护装置有_____、_____、_____及_____。

技　能

识读某学院 1#实验楼配电系统图及 1AL1 箱系统图(见电子资源)并撰写识读报告。

任务2 建筑电气照明

任务导入

任务1:照明方式有哪些?照明种类有哪些?常见的照明光源有哪些?这些光源各自用在什么场合?常用的灯具有哪些,各自适用于哪些场合?

任务2:灯具、开关、插座和风扇的安装要求有哪些?

任务3:识读某学院3#教学楼三层照明及开关平面图及一层插座平面图(见电子资源),明确以下问题:

1.图中各种符号表示什么意义?

2.各种灯具、开关和插座的数量、安装方式是什么?

3.开关、插座和配电箱连接回路是什么?

任务引领

1.电气照明基本知识

(1)照明方式

照明方式是指照明设备按其安装部位或使用功能构成的基本制式。它可分为一般照明、分区一般照明、局部照明和混合照明。

1)一般照明

一般照明是指为照亮整个场所而设置的均匀照明。对于工作位置密度较大而照明方向无特殊要求的场所,可单独装设一般照明。一般照明方式通常用于办公室、学校教室、商店、机场、车站等场所。

2)分区一般照明

分区一般照明是指同一场所中由于使用功能不同而分别采用不同照度标准的一般照明。当仅需要提高房间内某些特定工作区的照度时,宜采用分区一般照明。

3)局部照明

局部照明是指特定视觉工作用的、为照亮某个局部而设置的照明。对于局部地点需要高照度或者对照射方向有特殊要求时,应采用局部照明。需要说明的是,在工作场所不能只装设局部照明。

4)混合照明

混合照明是指由一般照明与局部照明组成的照明。对局部区域提供较高的作业照度,以满足视觉需求。

照明方式示意图如图5.29所示。

(2)照明的种类

照明的种类按其功能划分为正常照明、应急照明、值班照明、警卫照明、障碍照明、装饰照明及艺术照明等。

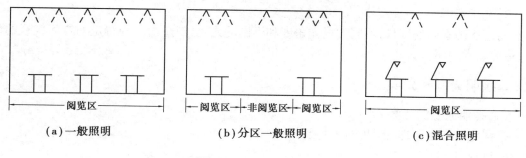

（a）一般照明　　　　　　（b）分区一般照明　　　　　（c）混合照明

图 5.29　照明方式示意图

1）正常照明

正常照明是指保证工作场所正常工作的室内外照明。正常照明一般单独使用,也可与应急照明和值班照明同时使用,但控制线路必须分开。

2）应急照明

在正常照明因故障停止工作时使用的照明,称为应急照明。应急照明又分为备用照明、安全照明和疏散照明。

①备用照明

备用照明是在正常照明发生故障时,用以保障正常活动继续进行的一种应急照明。凡存在因故障停止工作而造成重大安全事故,引起爆炸、火灾、人身伤亡等,或造成重大影响和经济损失的场所必须设置备用照明,且备用照明提供给工作面的照度不能低于正常照明照度的 10%。

②安全照明

在正常照明发生故障时,为保证处于危险环境中工作人员的人身安全而设置的一种应急照明,称为安全照明。其照度不应低于一般照明正常照度的 5%。

③疏散照明

当正常照明发生故障时,为保证人员安全疏散在通道和出口设置的疏散指示标志和照亮疏散通道的照明。疏散照明的照度应大于 0.5 Lx。

3）值班照明

在非工作时间供值班人员观察用的照明,称为值班照明。值班照明可单独设置,也可利用正常照明中能单独控制的一部分或利用应急照明的一部分作为值班照明。

4）警卫照明

用于警卫区内重点目标的照明,称为警卫照明,通常可按警戒任务的需要,在警卫范围内装设,应尽量与正常照明合用。

5）障碍照明

为保证飞行物夜航安全,在高层建筑或烟囱上设置障碍标志的照明,称为障碍照明。一般建筑物或构筑物的高度不小于 60 m 时,须装设障碍照明,且应装设在最高部位。

6）装饰照明

为美化和装饰某一特定空间而设置的照明,称为装饰照明。装饰照明可为正常照明和局部照明的一部分。

7) 艺术照明

通过运用不同的灯具,不同的投光角度和不同的光色,制造出一种特定的空间气氛的照明,称为艺术照明。

2.照明光源和灯具

（1）照明光源的分类

根据光的产生原理,照明光源主要分为以下 3 大类:

① 热辐射光源

它利用物体加热时辐射发光的原理制造的光源,包括白炽灯和卤钨灯。

② 气体放电光源

它利用气体放电时发光的原理制造的光源,如荧光灯、高压汞灯、高压钠灯、金属卤化物灯及氙灯都属此类光源。

③ 固体发光电光源

它是某种固体材料与电场相互作用而发光,如 LED 灯。

（2）常见照明光源

1) 卤钨灯

图 5.30　卤钨灯

在白炽灯的充填惰性气体中加入微量卤素或卤化物而制成的电光源。卤钨灯具有体积小、发光效率高、色温稳定、几乎无光衰、寿命长等优点。它的缺点是辐射出来的热量很大。如图 5.30 所示为一种卤钨灯的外形图。

2) 荧光灯

它是利用低气压的汞蒸气在放电过程中辐射紫外线,从而使荧光粉发出可见光的原理发光。因此,它属于低气压弧光放电光源。荧光灯最大的优点是节能,光效高,显色性赶不过白炽灯,但显色性基本符合日常照明,其高光效就标志着能源利用率高。其缺点是生产过程和报废后对环境有污染,主要是汞污染。如图 5.31 所示为荧光灯的连接示意图。

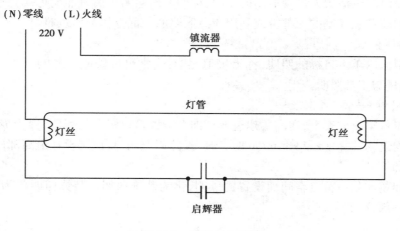

图 5.31　荧光灯的连接

3）节能灯

节能灯又称紧凑型荧光灯具有光效高（是普通灯泡的 5 倍），节能效果明显，寿命长（是普通灯泡的 8 倍），体积小，使用方便等优点。它的工作原理和荧光灯基本相同。一般来说，在同一瓦数之下，一盏节能灯比白炽灯节能 80%，平均寿命延长 8 倍，热辐射仅 20%。非严格的情况下，一盏 5 W 的节能灯光照可视为等于 25 W 的白炽灯，7 W 的节能灯光照约等于40 W 的白炽灯，9 W 的约等于 60 W 的白炽灯。如图 5.32 所示为几种形态的节能灯。

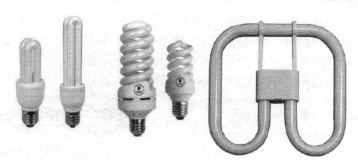

图 5.32　几种形态的节能灯

4）高压汞灯

高压汞灯是玻壳内表面涂有荧光粉的高压汞蒸汽放电灯。它有柔和的白色灯光，结构简单，低成本，低维修费用，可直接取代普通白炽灯，光效长，寿命长，省电经济的特点，适用于工业照明、仓库照明、街道照明、泛光照明、安全照明等。高压汞灯发出的光中不含红色，它照射下的物体发青，因此只适于广场、街道的照明。如图 5.33 所示为高压汞灯的外形及构造示意图。

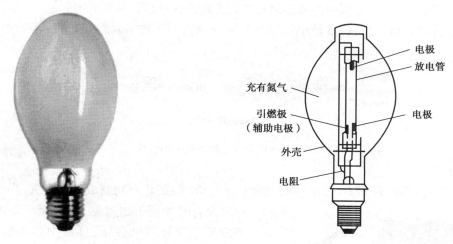

图 5.33　高压汞灯的外形及构造

5）高压钠灯

高压钠灯使用时发出金白色光，具有发光效率高、耗电少、寿命长、透雾能力强和不诱虫等优点，广泛应用于道路、高速公路、机场、码头、船坞、车站、广场、街道交汇处、工矿企业、公园、庭院照明及植物栽培。高显色高压钠灯主要应用于体育馆、展览厅、娱乐场、百货商店和宾馆等场所照明。如图 5.34 所示为一盏 400 W 的高压钠灯外观图。

图 5.34　高压钠灯

6）金属卤化物灯

金属卤化物灯（金卤灯）是在高压汞灯基础上添加各种金属卤化物制成的第三代光源。照明采用钪钠型金属卤化物灯，该灯具有发光效率高、显色性能好、寿命长等特点，是一种接近日光色的节能新光源，广泛应用于体育场馆、展览中心、大型商场、工业厂房、街道广场、车站、码头等场所的室内照明。如图 5.35 所示为一种金卤灯外观图。

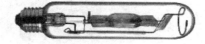

图 5.35　金卤灯

7）氙灯

氙灯是利用氙气放电而发光的电光源。由于灯内放电物质是惰性气体氙气，其激发电位和电离电位相差较小，因此，氙灯具有以下特点：

①辐射光谱能量分布与日光相接近，色温约为 6 000 K。

②连续光谱部分的光谱分布几乎与灯输入功率变化无关，在寿命期内光谱能量分布也几乎不变。

③灯的光、电参数一致性好，工作状态受外界条件变化的影响小。

④灯一经燃点，几乎是瞬时即可达到稳定的光输出；灯灭后，可瞬时再点燃。

⑤灯的光效较低，电位梯度较小。如图 5.36 所示为用于数字放映机上的一种氙灯。

图 5.36　一种用于数字放映机上的氙灯

8）LED 灯

发光二极管简称为 LED，由镓（Ga）与砷（AS）、磷（P）的化合物制成的二极管，当电子与空穴复合时能辐射出可见光，因而可以用来制成发光二极管，在电路及仪器中作为指示灯。LED 属于全固体冷光源，体积更小，质量更轻，结构更坚固，而且工作电压低，使用寿命长。如图 5.37 所示为两种不同形态的 LED 灯。

室内照明光源的确定应根据使用场所的不同，合理地选择光源的光效、显色性、寿命、启动点燃和再点燃时间等光电特性指标，以及环境

图 5.37　两种不同形态的 LED 灯

条件对光源光电参数的影响。各种常用光源的主要技术指标见表 5.15。

表 5.15　常用照明光源的技术指标

光源种类	额定功率范围 /W	发光效率 /(lm·W⁻¹)	光源色温范围 /K	显色性	光源寿命 /h
普通白炽灯	10~1 500	7.3~25	2 400~2 900	95~99	1 000~2 000
卤钨灯	60~5 000	14~30	2 800~3 300	95~99	1 500~2 000
普通卤粉直管荧光灯	4~200	60~70	3 500~6 600	60~72	6 000~8 000
三基色直管荧光灯	18~85	93~104	2 800~6 500	80~98	10 000~15 000
三基色单端荧光灯	3~65	44~87	2 800~6 500	80~85	5 000~8 000
荧光高压汞灯	50~1 000	32~55	3 300~4 300	35~40	5 000~10 000
金属卤化物放电灯	35~3 500	52~130	3 000~5 900	65~90	5 000~10 000
高压钠灯	35~1 000	64~140	1 950/2 200/2 500	23/60/85	12 000~24 000

国家发展和改革委员会等五部门 2011 年发布了"中国逐步淘汰白炽灯路线图",要求:2011 年 11 月 1 日—2012 年 9 月 30 日为过渡期,2012 年 10 月 1 日起禁止进口和销售 100 W 及以上普通照明白炽灯,2014 年 10 月 1 日起禁止进口和销售 60 W 及以上普通照明白炽灯,2015 年 10 月 1 日—2016 年 9 月 30 日为中期评估期,2016 年 10 月 1 日起禁止进口和销售 15 W 及以上普通照明白炽灯,或视中期评估结果进行调整。通过实施路线图,将有力促进中国照明电器行业健康发展,取得良好的节能减排效果。因此,目前的设计规范规定建筑室内照明一般场所不应采用普通照明白炽灯,但在特殊情况下,其他光源无法满足要求时,可采用 60 W 以下的白炽灯。

(3)灯具的分类

灯具自身的作用是固定与保护光源,并使光源与电源可靠的连接,灯具的另一个作用就是合理地分配光通量、美化和装饰环境。照明灯具的分类方法有很多,这里主要介绍以下 3 种分类方法:

1)按光通量在空间分布分类

①直射型灯具(直接配光)

直射型灯具 90%~100% 的光通向下,其余向上,即光通集中在下半球,直射型灯具效率高,但灯的上半部几乎没有光线,顶棚很暗,与明亮灯光容易形成对比眩光,又由于它的光线集中,方向性强,产生的阴影也较浓。

②半直射型灯具(半直接配光)

半直射型灯具 40%~90% 的光通向下,其余向上,向下光通仍占优势。它能将较多的光线照射到工作面上,又使空间环境得到适当的亮度,阴影变淡。

③漫射型灯具(均匀扩散配光)

漫射型灯具 40%~60% 的光通向下,其余向上,向上和向下的光通大致相等。这类灯具是用漫射透光材料制成封闭式的灯罩,造型美观,光线柔和,但光的损失较多。

④光间接型灯具(半间接配光)

光间接型灯具 10%~40% 的光通向下,其余向上。这种灯具上半部用透明材料,下半部用漫射透光材料做成,由于上半球光通量的增加,增强了室内反射光的照明效果,光线柔和,但灯具的效率低。

⑤间接型灯具(间接配光)

间接型灯具 0%~10% 的光通向下,其余向上。这类灯具全部光线都由上半球射出,经顶棚反射到室内光线柔和,没有阴影和眩光,但光损失大,不经济,适用于剧场、展览馆等。

表 5.16　灯具的配光分类

类　型		直接型	半直接型	漫射型	半间接型	间接型
光通量分布特性(占照明器总光通量)	上半球	0%~10%	10%~40%	40%~60%	60%~90%	90%~100%
	下半球	100%~90%	90%~60%	60%~40%	40%~10%	10%~0%
特　点		光线集中,工作面上可获得充分照度	光线能集中在工作面上,空间也能得到适当照度,比直接型眩光小	空间各个方向光强基本一致,可达到无眩光	增加了反射光的作用,使光线比较均匀柔和	扩散性好,光线柔和均匀。避免了眩光,但光的利用率低
示意图						

2)按结构特点分类

照明器按结构特点分类,主要有以下 3 种(图 5.38):

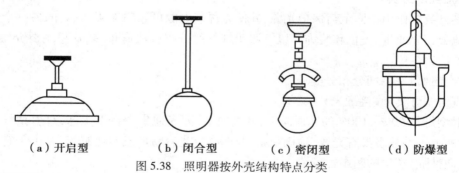

（a）开启型　　　（b）闭合型　　　（c）密闭型　　　（d）防爆型

图 5.38　照明器按外壳结构特点分类

①开启型

其光源与外界环境直接相通。

②闭合型

透明灯具是闭合的,它把光源包合起来,但内外空气仍能自由流通,如乳白玻璃球形灯等。

③密闭型

透明灯具固定处有严密封口,内外隔绝可靠,如防水防尘灯等。

④防爆型

符合《防爆电气设备制造检验规程》的要求,能安全地在有爆炸危险性介质的场所中使用。

3)按安装方式分类

按安装方式不同可分为吸顶式、壁式、线吊式、链吊式、管式、柱式及嵌入式等。

①吸顶式

光照整个空间,暗区少,使人心理感觉好,均匀度较高,不易受空间运动物体碰撞。缺点是下面照度低。适用于楼道、门厅、过街楼、会议厅、低矮房间、体育场等场所。

②壁式

安装于地上或门柱上,属于辅助照明或作为装饰用。一般安装高度低,容易产生眩光,所以常用小功率或漫反射灯具。

③线吊式

这种方式降低了灯具高度,提高了照度。灯具质量不超过 1 kg 时常用。线吊式中又分自在器线吊式、固定线吊式、防水线吊式、吊线器式等,广泛用于居室照明。

④链吊式

当灯具质量超过 1 kg、小于 3 kg 时,常用链吊式。它的照度高,使用方便,如日光灯等,广泛用于商店、办公室、教室等。当质量超过 3 kg,应预埋螺栓或铁件安装。

⑤嵌入式

安装于墙内或顶棚内,用于浴室、高级宾馆、医院、电影院等处。为避免眩光,嵌入墙内时,宜用漫反射灯具或用毛玻璃封挡。嵌入屋顶内时,如影剧院,常用光栅防止眩光。

(4)灯具的安装

灯具的安装方式有悬吊式(吊线式、吊链式、吊管式)、壁装式、吸顶式、嵌入式、吊顶内安装、支架上安装及柱上安装等方式。常见的几种安装方式如图 5.39 所示。

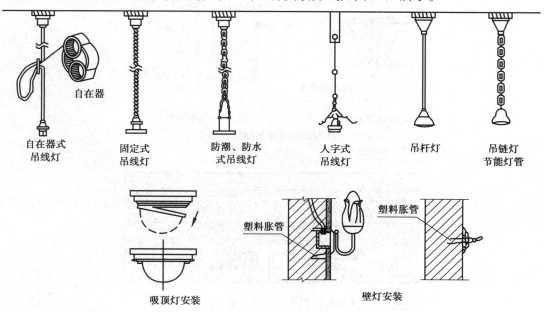

图 5.39　灯具的安装方式

悬吊式灯具能否固定牢固,对于人身安全是至关重要的,其安装应符合下面的规定:

①带升降器的软线吊灯在吊线展开后,灯具的下沿应高于工作台面 0.3 m。

227

②质量大于 0.5 kg 的普通软线吊灯,应增加吊链(绳)。

③质量大于 3 kg 的悬吊灯具,应固定在吊钩上,吊钩的圆钢直径不应小于 6 mm 且大于灯具挂销直径。

④采用钢管做灯具吊杆时,钢管应用防腐措施,其内径不应小于 10 mm,钢管厚度不应小于 1.5 mm。质量大于 10 kg 的灯具,其固定装置应按 5 倍灯具质量的恒定均布载荷作强度试验。嵌入式灯具的固定可采用专设框架,也可通过吊杆或吊链固定;其灯具的边框应紧贴安装面,接线盒引向灯具的电线要用导管进行保护,电线不得裸露;导管与灯具壳体必须采用专用接头连接。吸顶或墙面上安装的灯具固定用的螺钉或螺栓不少于两个。

当灯具表面及其附件的高温部分靠近可燃物时,要采取隔热、散热等防火保护措施。以卤钨灯或额定功率大于等于 100 W 的白炽灯为光源时,其吸顶灯、槽灯、嵌入灯必须采用瓷质灯头,同时引入线要使用瓷管、矿棉等不燃材料作隔热保护。高压汞灯、高压钠灯、金属卤化物灯安装时,光源及附件必须与镇流器、触发器和限流器配套使用,触发器与灯具本体灯具的距离要符合产品金属件要求。另外,当设计无要求时,在室外墙上安装的灯具,灯具底部距地面的高度不应小于 2.5 m。灯具常见的安装方法如图 5.40 所示。

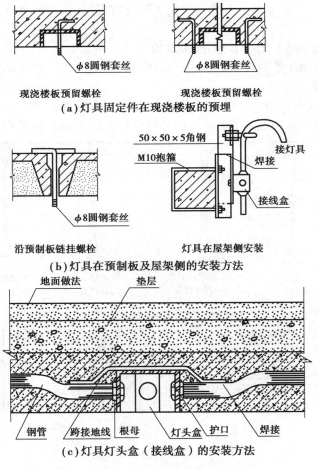

图 5.40 灯具的安装方法

应急照明是在电气事故、火灾等紧急情况下,有效指引人群安全疏散的照明,它属于专用照明。应急照明灯具必须采用经消防检测中心检测合格的产品。火灾应急照明除疏散道路照明外,还有安全出口标志灯和疏散指示标志灯等。安全出口标志灯应设置在疏散方向的里侧上方,灯具底边一般在门框(套)上方 0.2 m 处。疏散走道的疏散指示标志灯具,宜设置在走道及转角处离地面 1.0 m 以下墙面上、柱上或地面上,且间距不应大于 20 m。当厅室面积较大,必须装设在顶棚上时,灯具应明装,且距地不宜大于 2.5 m。疏散指示标志灯具体设置位置如图 5.41 所示。

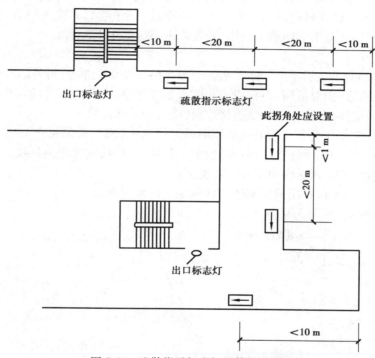

图 5.41　疏散指示标志灯具体设置位置

3.插座、开关及风扇

(1)插座的安装与接线

1)插座的安装

根据《建筑电气照明装置施工与验收规范》(GB 50617—2010),插座的安装应该符合下列规定:

①当住宅、幼儿园及小学等儿童活动场所电源插座底边距地面高度低于 1.8 m 时,必须选用安全型插座。

②当设计无要求时,插座底边距地面高度不宜小于 0.3 m;无障碍场所插座底边距地面高度宜为 0.4 m,其中,厨房、卫生间插座底边距地面高度宜为 0.7~0.8 m;老年人专用的生活场所插座底边距地面高度宜为 0.7~0.8 m。

③暗装的插座面板要紧贴墙面或装饰面,四周无缝隙,安装牢固,表面光滑整洁、无破裂、划伤,装饰帽(板)齐全;接线盒应安装到位,盒内要干净整洁无锈蚀。暗装在装饰面上的插座,电线不得裸露在装饰层内。

④地面插座应紧贴地面,盖板固定牢固,密封良好。地面插座应用配套接线盒。插座接线盒应干净整洁无锈蚀。

⑤同一室内相同标高的插座高度差不宜大于 5 mm;并列安装相同型号的插座高度差不宜大于 1 mm。

⑥应急电源插座应有标识。

⑦当设计无要求时,有触电危险的家用电器和频繁插拔的电插座,宜选用能断开电源的带开关的插座,开关断开相线;插座回路应设置剩余电流动作保护装置,每一回路插座数量不宜超过 10 个;用于计算机电源的插座数量不宜超过 5 个(组),并应采用 A 型剩余电流动作保护装置;潮湿场所应采用防溅型插座,安装高度不应低于 1.5 m。

2)插座的接线

根据《建筑电气照明装置施工与验收规范》(GB 50617—2010),插座的接线应符合下列规定:

①单相两孔插座,面对插座,右孔或上孔应与相线连接,左孔或下孔应与中性线连接;单相三孔插座,面对插座,右孔应与相线连接,左孔应与中性线连接。

②单相三孔、三相四孔及三相五孔插座的保护接地线(PE)必须接在上孔。插座的保护接地端子不应与中性线端子连接。同一场所的三相插座,接线的相序应一致。

③保护接地线(PE)在插座间不得串联连接。

④相线与中性线不得利用插座本体的接线端子转接供电。

插座的接线规定,如图 5.42 所示。

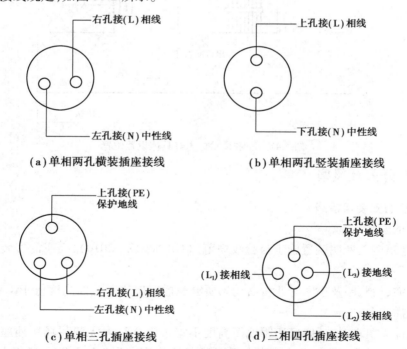

(a)单相两孔横装插座接线　　　(b)单相两孔竖装插座接线

(c)单相三孔插座接线　　　(d)三相四孔插座接线

图 5.42　插座的接线示意图

如图 5.43 所示为钢管暗进线插座安装示意图。

(2)开关的分类与安装

1)开关的分类

一般而言开关分为拉线式开关、翘板式开关和按键式开关。拉线开关的特点是节约导线,安全可靠。当导线采用暗敷设时,灯具的开关可以采用翘板开关。如图 5.44 所示为 3 种开关的外形图。按照控制方式,可分为单控开关、双控开关、触摸式开关及延时开关等;按照接线方式,可分为单联开关、双联开关和三联开关等。

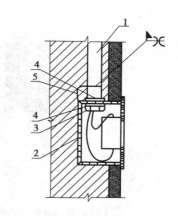

图 5.43　钢管暗进线插座安装
1—钢管;2—接线盒;3—护圈帽;
4—锁母;5—接地线

2)开关的安装

根据《建筑电气照明装置施工与验收规范》(GB 50617—2010),开关的安装应该符合下列规定:

①同一建筑物、构筑物内,开关的通断位置应一致,操作灵活,接触可靠。同一室内安装的开关控制有序不错位,相线应经开关控制。

②开关的安装位置应便于操作,同一建筑物内开关边缘距门框(套)的距离宜为 0.15 ~ 0.2 m。

（a）三联翘板开关

（b）拉线开关

（c）按钮开关

图 5.44　开关外形图

③同一室内相同规格相同标高的开关高度差不宜大于 5 mm;并列安装相同规格的开关高度差不宜大于 1 mm;并列安装不同规格的开关宜底边平齐;并列安装的拉线开关相邻间距不小于 20 mm。

④当设计无要求时,开关安装高度应符合下列规定:

a.开关面板底边距地面高度宜为 1.3~1.4 m。

b.拉线开关底边距地面高度宜为 2~3 m,距顶板不小于 0.1 m,且拉线出口应垂直向下。

c.无障碍场所开关底边距地面高度宜为 0.9~1 m。

d.老年人生活场所开关宜选用宽板按键开关,开关底边距地面高度宜为 1.0~1.2 m。

⑤暗装的开关面板应紧贴墙面或装饰面,四周应无缝隙,安装应牢固,表面应光滑整洁、无碎裂、划伤,装饰帽(板)齐全;接线盒应安装到位,接线盒内干净整洁,无锈蚀。安装在装饰面上的开关,其电线不得裸露在装饰层内。

如图 5.45 所示为钢管暗进线开关安装示意图。

（3）风扇的安装

风扇是一种利用电动机带动扇叶旋转,使空气加速流通的家用电器,主要用于清凉解暑和流通空气,也称为电扇。它主要由扇头、风叶、网罩和控制装置等部件组成。扇头包括电动机、前后端盖和摇头送风机构等。风扇的工作原理是通电线圈在磁场中受力而转动,它将

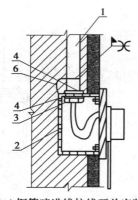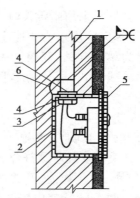

(a) 钢管暗进线拉线开关安装　　(b) 钢管暗进线翘板开关安装

图 5.45　钢管暗进线开关安装示意图

1—钢管;2—接线盒;3—护圈帽;4—锁母;5—调整板;6—接地线

电能主要转化为机械能,同时由于线圈有电阻,因此,不可避免地有一部分电能要转化为热能。常见的家用风扇有吊扇、台扇、落地扇、壁扇、顶扇、换气扇、转页扇及空调扇(即冷风扇)等,如图 5.46 所示。下面主要说明吊扇和壁扇的安装要求。

图 5.46　风扇外形图

1)吊扇的安装

根据《建筑电气照明装置施工与验收规范》(GB 50617—2010),吊扇安装应符合下列规定:

①吊扇挂钩应安装牢固,挂钩的直径不应小于吊扇挂销的直径,且不应小于 8 mm;挂钩销钉应设防震橡胶垫;销钉的防松装置应齐全可靠。

②吊扇扇叶距地面高度不应小于 2.5 m。

③吊扇组装严禁改变扇叶角度,扇叶固定螺栓防松装置应齐全。

④吊扇应接线正确,不带电的外露可导电部分保护接地应可靠。运转时,扇叶不应有明显颤动。

⑤吊扇涂层应完整,表面无划痕,吊杆上下扣碗安装应牢固到位。

⑥同一室内并列安装的吊扇开关安装高度应一致,控制有序不错位。

如图 5.47 所示为钢管暗进线吊扇安装示意图。

2)壁扇的安装

根据《建筑电气照明装置施工与验收规范》(GB 50617—2010),壁扇安装应符合下列规定:

①壁扇底座应采用膨胀螺栓固定,膨胀螺栓的数量不应少于 3 个,且直径不应小于 8 mm。底座固定应牢固可靠。

②壁扇防护罩应扣紧,固定可靠,运转时扇叶和防护罩均应无明显颤动和异常声响。壁扇不带电的外露可导电部分保护接地应可靠。

③壁扇下侧边缘距地面高度不应小于 1.8 m。

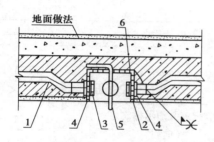

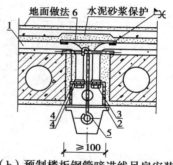

（a）现浇楼板钢管暗进线吊扇安装　　　　（b）预制楼板钢管暗进线吊扇安装

图 5.47　钢管暗进线吊扇安装示意图

1—钢管;2—接线盒;3—护圈帽;4—锁母;5—吊钩;6—接地线

④壁扇涂层完整,表面无划痕,防护罩无变形。

4.灯具、插座、开关的图形符号与文字标注

（1）灯具、插座、开关的图形符号

灯具、插座、开关的图形符号见表 5.17。

表 5.17　灯具、插座、开关的电气符号

电气设备	电气符号	电气设备	电气符号
信号灯的一般符号 　若需指示颜色,在旁边标出下列代码: 　RD:红 　YE:黄 　GN:绿 　BU:蓝 　WH:白 　若需指出指示灯的类型,则在符号旁边标示出下列代码: 　Ne:氖 　Xe:氙 　Na:纳气 　Hg:汞 　I:碘 　IN:白炽灯 　EL:电致发光的 　ARC:弧光 　FL:荧光的 　IR:红外线的 　UV:紫外线的 　LED:发光二极管	⊗	灯的一般符号 　若需指出灯具类型,则在"＊"位置标出数字或者下列字母: 　W:壁灯 　C:吸顶灯 　ST:备用照明 　R:筒灯 　EN:密闭灯 　SA:安全照明 　EX:防爆灯 　G:圆球灯 　E:应急灯 　P:吊灯 　L:花灯 　LL:局部照明灯	⊗＊

233

续表

电气设备	电气符号	电气设备	电气符号
闪光性信号灯	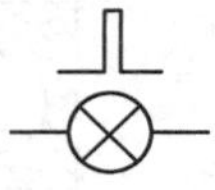	应急疏散指示标志灯	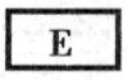 E
应急疏散指示标志灯（向左）		应急疏散指示标志灯（向右）	
应急疏散指示标志灯（向左、向右）		自带电源的应急照明灯	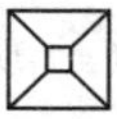
光源的一般符号 荧光灯的一般符号		双管荧光灯	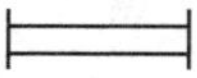
三管荧光灯	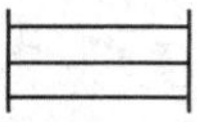	$n(>3)$ 管荧光灯	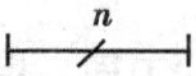 n
投光灯		聚光灯	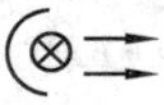
泛光灯		插座、插孔一般符号	
3 个插座	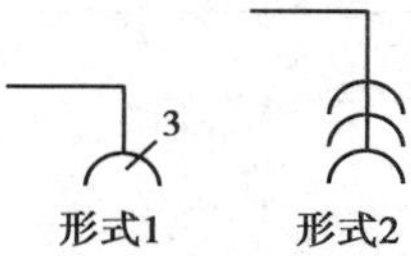 形式1　　形式2	带保护极插座	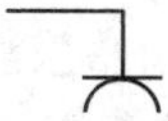
单相二、三极插座	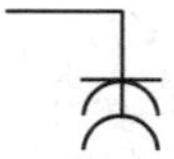	插座,☆ 为下列文字含义: 1P:单相 3P:三相 1C:单相暗敷 3C:三相暗敷 1EX:单相防爆 3EX:三相防爆 1EN:单相密闭 3EN:三相密闭	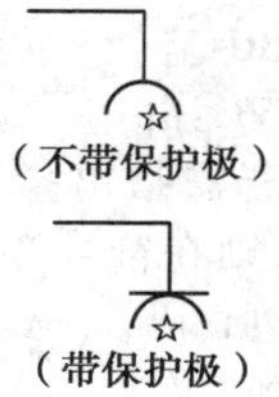 ☆（不带保护极） ☆（带保护极）
单联单控开关		双联单控开关	
三联单控开关		$n(>3)$联单控开关	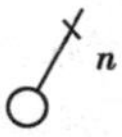 n
单极限时开关	 t	双极开关	
双控单极开关	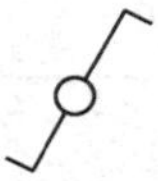	单极拉线开关	

（2）灯具的文字标注

照明灯具的文字标注为

$$a - b\frac{c \times d \times L}{e}f$$

其中：

a——同一平面内,同种型号灯具的数量；

b——灯具的型号；

c——每盏照明灯具中光源的数量；

d——每个光源的额定功率；

e——灯具的安装高度,若用"–"表示吸顶安装；

f——灯具的安装方式,见表 5.18；

L——光源种类,一般省略。

表 5.18　灯具的安装方式

名　称	符　号	名　称	符　号
线吊式	SW	顶棚内安装	CR
链吊式	CS	墙壁内安装	WR
管吊式	DS	支架上安装	S
壁装式	W	柱上安装	CL
吸顶式	C	座装	HM
嵌入式	R		

例 5.4　灯具的标注 $4\text{-YG-}2\frac{2 \times 40}{2.5}\text{CS}$ 表示什么意义？

解　在同一平面内 4 套型号为 YG-2 的灯具,每套灯具有两盏 40 W 的光源,以链吊式安装,安装高度是 2.5 m。

任务实施

1.识读 3#教学楼照明平面图（见表 5.19）

表 5.19　3#教学楼三层照明平面图识读结果

灯具的类型	数　量	安装高度	安装方式	供电回路	控制开关
楼梯及楼道口的壁灯	6	3.6 m	吸顶安装	3AL-WE1	6 只声光控开关
楼道出入口紧急疏散指示灯	3（2×11 W）	门框上部	壁装	3AL-WE2	常亮

235

续表

灯具的类型	数 量	安装高度	安装方式	供电回路	控制开关
楼梯和楼道中应急照明灯	10 (2×11 W)	2.5 m	壁装	3AL-WE2	3AL 箱内断路器控制
楼道疏散指示灯	4 (2×11 W)	0.5 m	壁装	3AL-WE2	3AL 箱内断路器控制
楼道中顶棚灯	10 (1×22 W)	3.6 m	吸顶	3AL-WE1	由楼道入口处的开关控制
黑板灯	28+14 (1×36 W)	2.8 m	管吊安装	3AL-WL1,3AL-WL2 3AL-WL3,3AL-WL4 3AL-WL5,3AL-WL6	由教室内的开关控制(安装高度是 1.3 m)
双管荧光灯	44+28 (2×36 W)	2.5 m	管吊安装	3AL-WL1,3AL-WL2 3AL-WL3,3AL-WL4 3AL-WL5,3AL-WL6	由教室内的开关控制(安装高度是 1.3 m)

2.识读 3#教学楼插座平面图

以下识图结果从西南角开始,沿逆时针进行。

表 5.20　3#教学楼一层插座平面图识图结果

位　　置	类　　型	数　　量	供电回路
教具室	双联二、三极安装插座	3	3AL-WX1
教室(50 人)(共 4 间)	双联二、三极安装插座	每间 2 个,共 8 个	3AL-WX3
教室(50 人)(共 3 间)	双联二、三极安装插座	每间 2 个,共 6 个	3AL-WX4
男卫生间	四极插座	1	3AL-WX6
女卫生间	四极插座	1	3AL-WX7
教师休息室合班教室(88 人)	双联二、三极安装插座	2+3	3AL-WX5
合班教室(88 人)(共两间)	双联二、三极安装插座	3+3	3AL-WX2

任务拓展

知　识

一、问答题

1.照明方式有哪几种？试举例说明。

2.照明的种类有哪些？

3.常见电光源的种类及各自的优缺点有哪些?

4.灯具按照安装方式可分为哪几类?

5.不同类型的插座的接线有什么要求?

二、拓展题

1.查阅资料,阐述光通量、照度、光亮度和光温的基本概念。

2.查阅规范,分别给出居住建筑、图书馆建筑、影剧院建筑、旅馆建筑、医院建筑及公用场所照度标准值。

3.查阅资料,写出灯开关和插座的型号含义并举例说明。

技　能

一、学习家庭电路的组成图

电路组成图如图5.48所示。

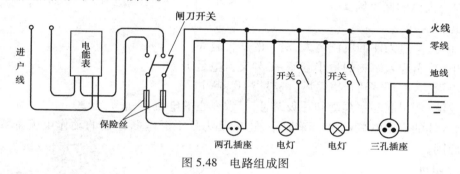

图5.48　电路组成图

二、读图练习

1.识读某学院1#实验楼一层照明平面图(见电子资源)。

2.识读某学院建院1#实验楼一层插座平面图(见电子资源)。

根据以上识图结果,撰写识图报告,报告包括以下内容:

(1)建筑电气施工图的设计内容。

(2)导线及电缆的敷设方式、灯具照明等的安装方式。

(3)建材、装修市场中实际设备、导线、灯具及插座的调研及询价。

任务3　安全用电及建筑防雷

任务导入

任务1:触电事故有哪几种? 电对人体的危害因素有哪些? 触电方式有哪几种?

任务2:供电系统的接地有哪些形式? 电击的防护措施有哪些?

任务3:雷电有哪几类? 建筑物的防雷等级如何划分? 如何防雷? 防雷装置安装要求有哪些?

任务4:识读某学院3#教学楼等电位系统图和防雷接地平面图(见电子资源),明确以下内容:

1.图中的符号表示什么含义?

2.总等电位是如何实现的?

3.防雷装置中的接闪器、引下线、接地装置分别是什么?

任务引领

1.安全用电

(1)电气危害的种类

电气危害一般分为两种:一种是对系统自身的危害,如短路、过电压、绝缘老化等;另一种是对用电设备、环境和人员的危害,如触电、电气火灾等。在人员的触电事故可分为两种:一种电击,另一种称为电伤。电击主要是指对人的内部脏器进行的伤害,而电伤主要是指对人的外部皮肤的伤害。

(2)电对人体的危害因素

1)电流的大小

一般而言,流过人体的电流越大,对人的伤害越大。

感知电流:引起人感觉的最小电流,工频交流电是 1 mA。

摆脱电流:人的理智还可以摆脱,一般指 10 mA 以下。

致命电流:能引起心室颤动和呼吸窒息,导致死亡的电流,一般大于 30 mA。

因此,人体的安全电流是 30 mA 以下,这就是为什么漏电断路器的动作电流都规定为 30 mA 的原因。

2)人体阻抗

一般在干燥环境中,人体电阻约为 2 kΩ;皮肤出汗时,约为 1 kΩ;皮肤有伤口时,约为 800 Ω。人体触电时,皮肤与带电体的接触面积越大,人体电阻越小。

3)触电时间

电流在人体内持续的时间越长,人体发热和电解越严重,电阻减小,使流过人体的电流逐渐增大,伤害越来越大。

4)电流途径

电流从头部到身体任何部位及从左手经前胸到脚的途径是最危险的。

5)电流频率

直流电、高频和超高频电流对人体的伤害程度较小。例如,人体能耐受 50 mA 的直流电流。实验证明对人体伤害最严重的是 15~100 Hz 的交流电。

6)触电电压

电压越高对人体的危险越大,通常规定 36 V 或 36 V 以下的电压为安全电压。

(3)触电方式

1)单相触电

单相触电是指人站在地面区域接地导体上,人体触及一相带电体的触电事故,如图 5.49 所示。

2)两相触电

人体的两处同时触及两相带电体的触电事故,这时人体承受的是 380 V 的线电压,如图

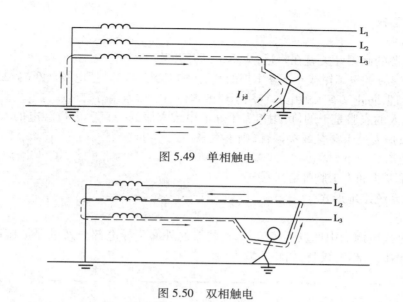

图 5.49　单相触电

图 5.50　双相触电

5.50 所示。

3) 跨步电压触电

在遭受雷击或者电线脱落的周围形成了以导线为圆心的同心圆,同心圆在高压接地点附近地面电位很高,距接地点越远则电位越低,两个同心圆之间的电位差称为跨步电压。降落了跨步电压的触电称为跨步电压触电,如图 5.51 所示。已受到跨步电压威胁者应采取单脚或双脚并拢方式迅速跳出危险区域。

图 5.51　跨步电源触电

（4）触电急救

①解脱电源

a.如果电源的闸刀开关就在附近,应迅速断开开关。

b.用绝缘良好的电工钳或有干燥木把的利器(如刀、斧、掀等)把电线砍断(砍断后,有电的一头应妥善处理,防止又有人触电),或用干燥的木棒、竹竿、木条等物迅速将电线拨离触电者。

c.若触电人的衣服是干的,可用包有干燥毛巾或衣服的一只手去拉触电的衣服,使其脱离电源。若救护人员未穿鞋或穿湿鞋,则不宜采用这样办法抢救。

②对症救治。

③人工呼吸法和人工胸外心脏按压。

（5）**供电系统接地形式**

1）IT 系统

IT 系统是指电源的中性点不接地,电气装置的外漏可导电部分通过保护接地线与接地极连接,即所谓的三相三线制,如图 5.52 所示。

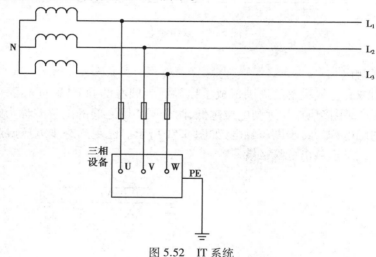

图 5.52　IT 系统

2）TT 系统

TT 系统是指电力系统有一点直接接地,电气设备的外漏可导电部分通过保护线接至与电力系统的接地点无关的接地极,如图 5.53 所示。

3）TN 系统

TN 系统是指电力系统有一点直接接地,电气装置的外露可导电部分通过保护线与该接地点相连接。具体分为 3 种形式:TN-S、TN-C 和 TN-C-S。

①TN-S 系统

TN-S 系统指电源的中性点接地,用电器的金属外壳通过与地线共点的保护线(PE)接地,即所谓的三相五线制,如图 5.54 所示。

②TN-C 系统

TN-C 系统是指电源的中性点接地,用电器的金属外壳也通过与地线共用的保护线(PEN)接地,即所谓的三相四线制,如图 5.55 所示。

③TN-C-S 系统

TN-C-S 系统是指电源的中性点接地,靠近电源一侧,使用 PEN 线,靠近用电器一侧,PE

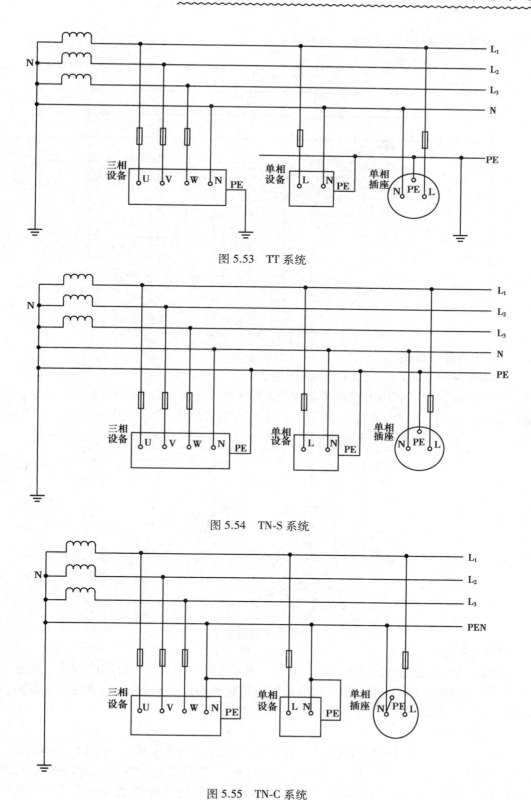

图 5.53　TT 系统

图 5.54　TN-S 系统

图 5.55　TN-C 系统

线和 N 线分开的接地形式,如图 5.56 所示。

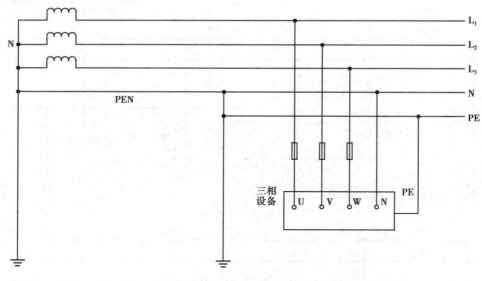

图 5.56 TN-C-S 系统

（6）**电击防护措施**

1）接地保护

在不接地电网中,把用电设备的金属外壳与接地体连接起来,使用电设备与大地紧密连通。采用接地保护,可使接触电压和跨步电压远小于设备故障时的对地电压,如图 5.57 所示。

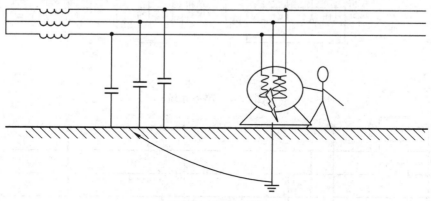

图 5.57 接地保护

2）接零保护

接零保护,就是把电气设备在正常情况下不带电的金属部分与电网的零线紧密地连接起来,如图 5.58 所示。接零保护利用电源零线使设备形成单相短路,促使线路上保护装置迅速动作切断电源。

3）重复接地

将电源中性接地点以外的其他点一次或多次接地,称为重复接地,如图 5.59 所示。

重复接地时,当系统中发生碰壳或接地短路时,一则可降低 PEN 线的对地电压;二则当 PEN 线发生断线时,可降低断线后产生的故障电压;在照明回路中,也可避免因零线断线所带来的三相电压不平衡而造成电气设备的损坏。

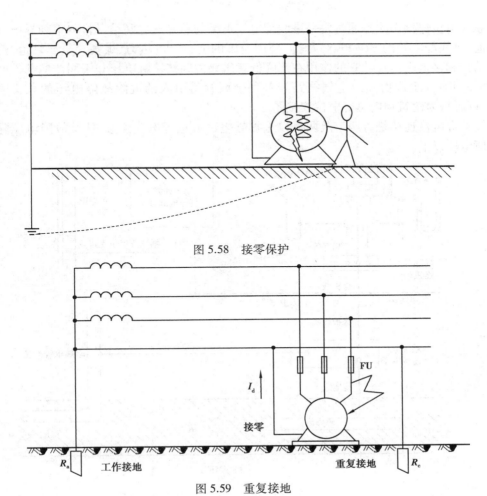

图 5.58　接零保护

图 5.59　重复接地

4)漏电保护器

当用电设备有泄漏电流,可使漏电保护器动作,从而断开电路,避免人身伤害。

漏电保护器可分为电磁式和电子式两种。电磁式保护器可靠性好,一般动作电流不小于 30 mA,应不小于电气线路和设备的正常泄漏电流的最大值的 2 倍。

为了缩小发生人身电击及接地事故切断电源时引起的停电范围,漏电保护器的分级保护一般分为 3 级。一级保护动作电流一般为 50~100 mA,末级保护一般为 30 mA。

对于以防止触电为目的的漏电保护器,宜选用动作时间为 0.1 s 以内,动作电流为30 mA以下的漏电保护器。

为保证供电的可靠性,不应盲目追求高的灵敏度。即使投入运行也会因经常动作而破坏供电的可靠性。

5)等电位连接

等电位连接是把建筑物内、附近的所有金属物,如混凝土内的钢筋、自来水管、煤气管及其他金属管道、机器基础金属物及其他大型的埋地金属物、电缆金属屏蔽层、电力系统的零线、建筑物的接地线统一用电气连接的方法连接起来(焊接或者可靠的导电连接)使整座建筑物成为一个良好的等电位体。

等电位连接分为总等电位连接(MEB)、局部等电位连接(LEB)和辅助等电位连接。

　　总等电位连接做法是通过每一进线配电箱近旁的总等电位联结母排将下列导电部分互相连通:进线配电箱的 PE(PEN)母排、公用设施的上、下水、热力、煤气等金属管道、建筑物金属结构和接地引出线。它的作用在于降低建筑物内间接接触电压和不同金属部件间的电位差,并消除自建筑物外经电气线路和各种金属管道引入的危险故障电压的危害。如图5.60(a)所示为建筑物内总等电位连接图。

　　辅助等电位连接是将两个及两个以上可导电部分进行电气连接,使其故障电压降至安全限值电压以下。

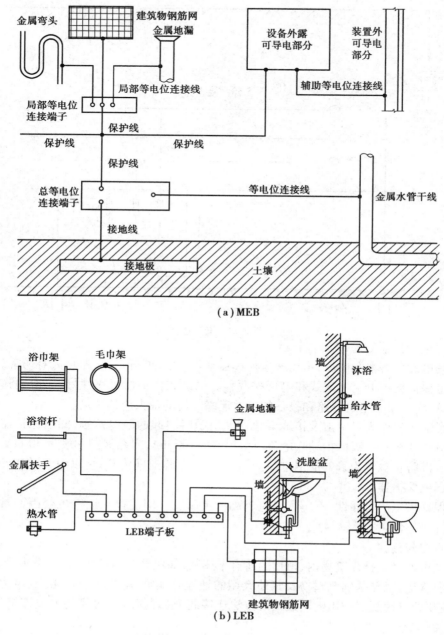

(a) MEB

(b) LEB

图 5.60　连接等电位

　　局部等电位连接做法是在一局部范围内通过局部等电位连接端子板将下列部分用 6 mm² 黄绿双色塑料铜芯线互相连通:柱内墙面侧钢筋、壁内和楼板中的钢筋网、金属结构件、公用设施的金属管道、用电设备外壳(可不包括地漏、扶手、浴巾架、肥皂盒等孤立小物件)等。一般是在浴室、游泳池、喷水池、医院手术室、农牧场等场所采用。要求等电位连接端子板与等电位连接范围内的金属管道等金属末端之间的电阻不超过 3 Ω。如图 5.60(b) 所示为卫生间的局部等电位连接图。

2.建筑物防雷

(1)雷电的形成及作用形式

　　雷电就是雷云之间或雷云对大地的放电现象。由于放电时的温度高达 26 000 ℃,空气受热急剧膨胀,发生强烈的弧光和声音,这就是闪电和雷鸣。雷电流是一个幅值很大,陡度很高的电流,具有很强的冲击性,其破坏性极大。雷击具有选择性,建筑物的檐角、女儿墙、屋檐、屋角、屋脊等容易受到雷击。

(2)雷电的分类

　　根据雷电产生和危害特点的不同,雷电可分为以下 4 种:直击雷、球形雷、感应雷、雷电侵入波。

　　直击雷是云层与地面凸出物之间的放电形成的。直击雷可在瞬间击伤击毙人畜。巨大的雷电流流入地下,令雷击点及其连接的金属部分产生极高的对地电压,能直接导致接触电压或跨步电压的触电事故。直击雷产生的数十万至数百万伏的冲击电压会毁坏发电机、电力变压器等电气设备绝缘,烧断电线或劈裂电杆造成大规模停电,绝缘损坏可能引起短路导致火灾或爆炸事故。另外,直击雷的巨大雷电流通过被雷击物,在极短时间内转换成大量的热能,造成易燃物品的燃烧或造成金属熔化、飞溅而引起火灾。

　　球形雷是一种发红光或极亮白光的火球,运动速度大约为 2 m/s。球形雷能从门、窗、烟囱等通道侵入室内,极其危险。

　　雷电感应可分为静电感应和电磁感应两种。静电感应是由于雷云接近地面,在地面凸出物顶部感应出大量异性电荷所致。在雷云与其他部位放电后,凸出物顶部的电荷失去束缚,以雷电波的形式,沿突出物极快地传播。电磁感应是由于雷击后,巨大雷电流在周围空间产生迅速变化的强大磁场所致。这种磁场能在附近的金属导体上感应出很高的电压,造成对人体的二次放电,并损坏电气设备。

　　雷电侵入波是由于雷击而在架空线路上或空中金属管道上产生的冲击电压沿线或管道而迅速传播的雷电波。雷电侵入波可毁坏电气设备的绝缘,使高压窜入低压,造成严重的触电事故。属于雷电侵入波造成的雷电事故很多,在低压系统中这类事故约占总雷害事故的 70%。

(3)防雷装置及接地

　　防雷装置是外部和内部雷电防护装置的统称。外部防雷装置由接闪器、引下线和接地装置组成,主要用以防直击雷。内部防雷装置由等电位连接系统、共用接地系统、屏蔽系统、合理布线系统、浪涌保护器等组成,主要用于减小和防止雷电流在需防空间内所产生的电磁效应,如图 5.61 所示。

1）接闪器

接闪器就是专门用来接受雷云放电的金属物体。接闪器的类型有避雷针、避雷线、避雷带、避雷网及避雷环等，都是经常用来防止直接雷击的防雷设备。

避雷针主要用来保护露天发电、配电装置、建筑物和构筑物。避雷针通常采用圆钢或焊接钢管制成，将其顶端磨尖，以利于尖端放电。

避雷线又称架空地线，由悬挂在架空线上的水平导线、接地引下线和接地体组成的。

避雷线一般采用截面积不小于 35 mm² 的镀锌钢绞线，架设在长距离高压供电线路或变电站构筑物上，以保护架空电力线路免受直接雷击。

避雷带和避雷网主要适用于建筑物。避雷带通常

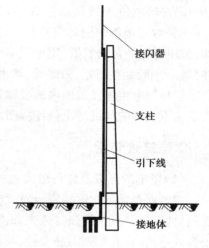

图 5.61　防雷装置

是沿着建筑物易受雷击的部位，如屋脊、屋檐、屋角等处装设的带形导体。避雷网是将屋面上纵横辐射的避雷带组成网格，网格大小按有关规范确定。避雷带和避雷网可采用圆钢或扁钢，但应优先采用圆钢。圆钢直径不得小于 8 mm，扁钢厚度不小于 4 mm，截面积不得小于 48 mm²。避雷带和避雷网的安装方法有两种方式：明装和暗装。

2）引下线

引下线是连接接闪器与接地装置的金属导体。其作用是构成雷电能量向大地泄放的通道。引下线一般采用圆钢或扁钢，要求镀锌处理。引下线应满足机械强度、耐腐蚀和热稳定性的要求。防雷引下线的数量多少影响到反击电压大小及引下的可靠性，故引下线及其布置应按防雷规范确定，一般不得少于两根。

3）接地装置

①接地体

接地体可分为自然接地体和人工接地。人工接地体又分为水平接地体和垂直接地体。

②接地线

接地线是连接接地体和引下线或电气设备接地部分的金属导体，它可分为自然接地线和人工接地线两种类型。

自然接地线可利用建筑物的金属结构，如梁、柱、桩等混凝土结构内的钢筋等，利用自然接地线必须符合下列要求：

1）应保证全长管路有可靠的电气通路。

2）利用电气配线钢管作接地线时管壁厚度不应小于 2.5 mm。

3）用螺栓或铆钉连接的部位必须焊接跨接线。

4）利用串联金属构件作接地线时，其构件之间应以截面不小于 100 mm² 的钢材焊接。

5）不得用蛇皮管、管道保温层的金属外皮或金属网作接地线。

（4）**建筑物的防雷分类**

根据建筑物的重要性、使用性质、受雷击可能性的大小和一旦发生雷击事故可能造成的

后果进行分类。按防雷要求分为3类,各类防雷建筑的具体划分方法,在《建筑物防雷设计规范》(GB 50057—2010)有明确规定。

①在可能发生对地闪击的地区,遇下列情况之一时,应划为第一类防雷建筑物:

a.凡制造、使用或储存火、炸药及其制品的危险建筑物,因电火花而引起爆炸、爆轰,会造成巨大破坏和人身伤亡者。

b.具有0区或20区爆炸危险环境的建筑物。

c.具有1区或21区爆炸危险环境的建筑物。因电火花而引起爆炸,会造成巨大破坏和人身伤亡。

②在可能发生对地闪击的地区,遇下列情况之一时,应划为第二类防雷建筑物。

a.国家级重点文物保护的建筑物。

b.国家级的会堂、办公建筑物、大型展览和博览建筑物、大型火车站和飞机场、国宾馆、国家级档案馆、大型城市的重要给水泵房等特别重要的建筑物(注:飞机场不含停放飞机的露天场所和跑道)。

c.国家级计算中心、国际通信枢纽等对国民经济有重要意义的建筑物。

d.国家特级和甲级大型体育馆。

e.制造、使用或储存火、炸药及其制品的危险建筑物,且电火花不易引起爆炸或不造成巨大破坏和人身伤亡者。

f.具有1区或21区爆炸危险环境的建筑物,且电火花不易引起爆炸或不造成巨大破坏和人身伤亡者。

g.具有2区或22区爆炸危险场所的建筑物。

h.有爆炸危险的露天钢封闭气罐。

i.年预计雷击次数 $N>0.05$ 次/a的部、省级办公物和其他重要或人员密集的公共建筑物以及火灾危险场所。

j.年预计雷击次数 $N>0.25$ 次/a的住宅、办公等一般性民用建筑物。

③在可能发生对地闪击的地区,遇下列情况之一时,应划为第三类防雷建筑物:

a.省级重点文物保护的建筑物及省级档案馆。

b.建筑物年预计雷击次数 0.05 次/a$\geqslant N \geqslant 0.01$ 次/a的部、省级办公建筑物和其他重要或人员密集的公共建筑物,以及火灾危险场所。

c.建筑物年预计雷击次数 0.25 次/a$\geqslant N \geqslant 0.05$ 次/a的住宅、办公楼等一般性民用建筑物或一般性工业建筑物。

d.在年平均雷暴日大于15d/a的地区,高度在15 m及以上的烟囱、水塔等孤立的高耸建筑物。

一类、二类、三类防雷建筑物采取的防雷措施有所不同,在此不再赘述。

3.防雷设备和接地装置的安装

(1)避雷针的安装

避雷针的安装分为独立避雷针和安装在高耸建筑物或构筑物上的避雷针。独立避雷针的安装内容包括制作、组装、焊接、吊装、找正、固定、补漆、埋设接地体、接地电阻测量、复测接地电阻等内容。高耸独立建筑物或构筑物是指水塔、烟囱、高层建筑、化工反应塔、桥头堡等高出周围建筑物或构筑物的物体。高耸独立物体的避雷针通常是将避雷针（$\phi25$ mm~$\phi30$ mm，顶部锻尖 70 mm，全长 1 500~2 000 mm 镀锌圆钢）固定在物体的顶部，然后焊接引下线，并与接地体连接。避雷针常采用圆钢或焊接钢管制成，其直径应符合表 5.21 的规定。引下线一种是用混凝土内的主筋（不少于两根）或构筑物的钢架本身；另一种是在物体的外部敷设镀锌圆钢或扁钢。敷设方法是用电焊点焊在预埋角钢上，引线必须垂直引下，在易受机械损伤的地方，地面上 1.7 m 至地面下 0.3 m 的引下线应用钢管保护。

表 5.21　避雷针的直径

针长、部位 ＼ 材料规格	圆钢直径/mm	钢管直径/mm
1 m 以下	≥12	≥20
1~2 m	≥16	≥25
烟囱顶上	≥20	≥40

如图 5.62 所示为避雷针在屋面安装示意图；如图 5.63 所示为引下线保护安装示意图。

（2）避雷网（带）的安装

避雷网（带）普遍用来保护建筑物免受直击雷和感应雷。避雷网（带）的安装应先配合土建施工预埋铁件，之后再进行以下各项工作：

1）避雷网的安装

①避雷网一般都采用 $\phi12$ mm~$\phi25$ mm 镀锌圆钢，在运往屋顶前应用拉伸机进行伸直处理，每根长度宜为屋顶的边长。

②屋顶外沿埋设支持圆钢或扁钢，将避雷线与其焊接，焊接时应左右两侧全焊，然后涂沥青漆防腐。

③屋顶避雷网格一般用混凝土支座架设。网格的面积一般不大于 10 m×10 m，网格可用 $\phi8$ mm~$\phi12$ mm 的镀锌圆钢，其端部与外沿避雷网线焊接。屋顶所有凸起的金属物应与避雷网格焊接。

2）避雷带的安装

避雷带一般采用镀锌圆钢或镀锌扁钢制成，其尺寸不小于下列数值：圆钢直径为 8 mm；扁钢截面积为 48 m²，厚度 4 mm。避雷带安装在不同部位的具体做法如下。高层建筑中的避雷带，在配合土建时，必须与作为接地引线的柱内主筋可靠焊接，并将避雷带用 50 mm 扁钢引出，以便外墙上的金属装饰与此连接。

如图 5.64 所示为避雷带安装示意图。

3）避雷引下线的安装

建筑物避雷装置的引下线主要有两种方式：一种是利用建筑钢筋混凝土中的钢筋作为防雷引下线，另一种是采用圆钢或扁钢设置专用引下线。另外，建筑物的金属构件、金属烟囱、烟囱的金属爬梯等也可作为引下线，其所有部件之间均应连成电气通路。

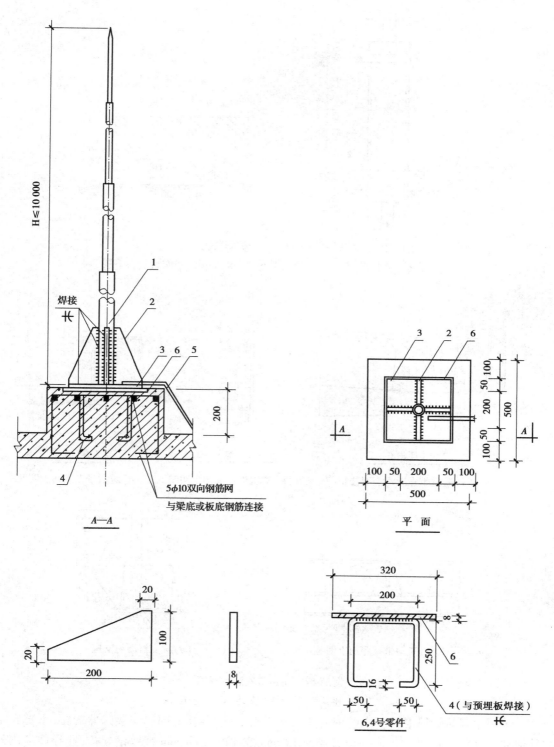

图 5.62　避雷针在屋面上安装

1—避雷针;2—加劲肋;3—底板;4—地板铁脚;5—引下线;6—预埋板

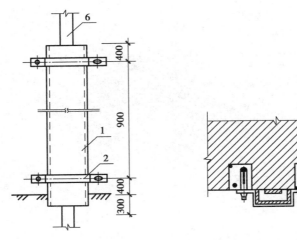

图 5.63　引下线保护安装图

1—保护角钢;2—卡子;3—膨胀螺栓;4—螺母;5—垫圈;6—引下线

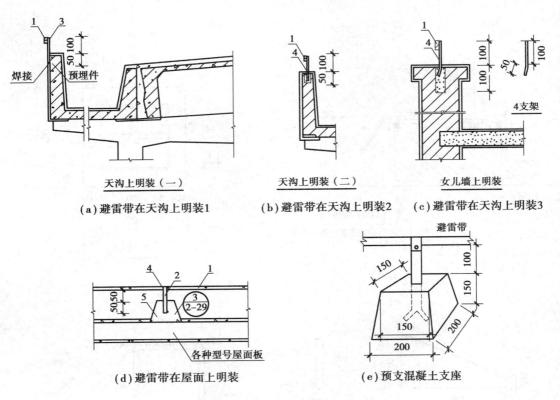

（a）避雷带在天沟上明装1　　（b）避雷带在天沟上明装2　　（c）避雷带在天沟上明装3

（d）避雷带在屋面上明装　　　　（e）预支混凝土支座

图 5.64　避雷带安装示意图

1—避雷带;2,3,4—支架;5—支座墩

①利用建筑钢筋混凝土中的钢筋作为防雷引下线时,其上部应与接闪器焊接,下部在室外地坪下 0.8~1 m 处宜焊出一根直径为 12 mm 或 40 mm×4 mm 镀锌钢导体,此导体伸出外墙的长度不宜小于 1 m,作为防雷引下线的钢筋应符合下列要求:

a.当钢筋直径大于或等于 16 mm 时,应将两根钢筋绑扎或焊接在一起,作为一组引

下线。

b.当钢筋直径大于或等于 10 mm 且小于 16 mm 时,应利用四根钢筋绑扎或焊接作为一组引下线。

②采用圆钢设置专用引下线时,直径不应小于 8 mm;采用扁钢设置专用引下线时,截面不应小于 48 mm²,厚度不应小于 4 mm;对于装设在烟囱上的引下线,圆钢直径不应小于 12 mm,扁钢截面不应小于 100 mm² 且厚度不应小于 4 mm。专设引下线一般沿建筑物外墙明敷设,并应以较短路径接地,建筑艺术要求较高者也可暗敷,但截面应加大一级。明敷引下线固定支架的间距要符合表 5.22 中的规定。采用多根专设引下线时,要在各引下线距地面 1.8 m 以下处设置断接卡。

表 5.22　明敷引下线固定支架的间距

布置方式	扁形导体和绞线固定支架的间距/mm	单根圆形导体固定支架的间距/mm
安装于水平面上的水平导体	500	1 000
安装于垂直面上的水平导体	500	1 000
安装于从地面至高 20 m 垂直面上的垂直导体	1 000	1 000
安装在高于 20 m 垂直面上的垂直导体	500	1 000

(3)接地装置的安装

接地装置包括接地体和接地线两部分。

1)接地体的安装

民用建筑一般优先利用钢筋混凝土中的钢筋作为防雷接地体,当不具备条件时,再考虑采用圆钢、钢管、角钢或扁钢等金属体作人工接地体。垂直埋设的接地体,宜采用圆钢、钢管、角钢等;水平埋设的接地体宜采用扁钢、圆钢等。人工接地体的最小尺寸应符合相关规范的规定,见表 5.23。

表 5.23　人工接地体的最小尺寸

材料及形状	最小尺寸			
	直径/mm	截面积/mm²	厚度/mm	镀层厚度/μm
热镀锌扁钢	—	90	3	63
热浸锌角钢	—	90	3	63
热镀锌深埋钢棒接地体	16	—	—	63
热镀锌钢管	25	—	2	47
带状裸铜	—	50	2	—
裸铜管	20	—	2	—

　　垂直接地体的长宜为 2.5 m。垂直接地体间的距离及水平接地体间的距离宜为 5 m，当受场所限制时可减小。接地体埋设深度不宜小于 0.6 m,接地体应远离由于高温影响使土壤电阻率升高的地方。接地体及其连接导体应热镀锌,焊接处应涂防腐漆。在腐蚀性较强的土壤中,还应适当加大其截面或采取其他防腐措施。接地体的具体做法如图 5.65 所示。

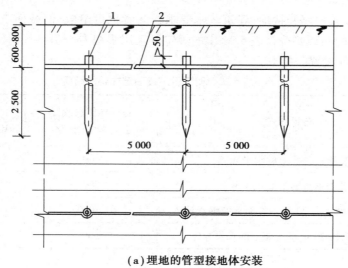

(a)埋地的管型接地体安装

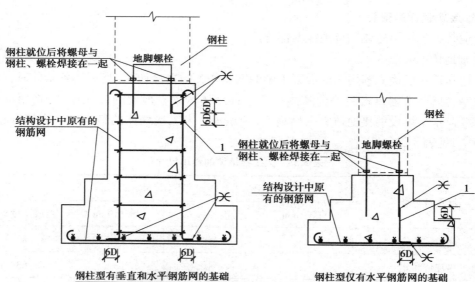

(b)利用钢筋混凝土基础中的钢筋作接地体安装

图 5.65　接地体的做法

（a）1—接地极;2—接地线;3—卡箍

（b）1—连接导体 圆钢或钢筋 $D \geqslant \phi 10$

2）接地线的施工安装

在一般情况下采用扁钢或圆钢作为人工接地线。接地线应该敷设在易于检查的地方，并且有防止机械损伤及防止化学作用的保护措施。从接地干线敷设到用电设备的接地支线的距离越短越好。当接地线与电缆或其他电线交叉时，其间距至少要维持 25 mm。在接地线与管道、铁道等交叉的地方，以及在接地线可能受到机械损伤的地方，接地线上应加保护装置，一般采用加装套管的方法。当接地线跨过有振动的地方时，接地线应略加弯曲，以便在振动时有伸缩的余地，免于断裂。接地线支架的安装应根据下列要求的距离安装：

①当接地线直线敷设时，支架间的距离应为 500～1 000 mm。

②当接地线转弯敷设时，在离转角处 100 mm 以内的地方应设有支架。

③在引出接地支线处 100 mm 范围以内的地方应设有支架。

④当接地线在电缆沟中敷设时，支架离开电缆沟盖板下面的距离不小于 50 mm。

⑤接地线的支架离开地面的距离应为 400～600 mm。

接地体与接地导体、接地导体与接地导体的连接宜采用焊接，当采用搭接时，其搭接长度不应小于扁钢宽度的 2 倍或圆钢直径的 6 倍。当接地线穿过墙壁时，可先在墙上预留孔洞或设置钢管，钢管伸出墙壁至少 10 mm。接地线放入墙洞或钢管内后，在洞内或管内先填充黄沙，然后在两端用沥青或沥青棉纱封口。当接地线穿过楼板时，也必须装设钢管。钢管离开楼板上面至少 30 mm，离开楼板下面至少 10 mm。当接地线跨过伸缩缝时，应采用补偿措施。通常采用的补偿措施有两种：一种是将接地线在伸缩缝处略为弯曲，以补偿受到伸缩时的影响，可避免接地线断裂；另一种是采用挠性连接线，该连接线的电导不得小于接地线的电导。为便于接地电阻的检测，在接地线上距地面 0.3～1.8 m 装设断接卡。接地线的具体做法如图 5.66 所示。

4.接地及防雷图形符号

表 5.24 是接地及防雷符号。

表 5.24　接地及防雷符号

电气设备名称	符　号	电气设备名称	符　　号
接地极	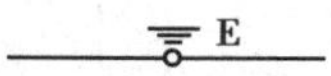 $\underline{\overline{\overline{\underline{}}}}$ E	避雷线 避雷带 避雷网	——— LP
接地线	E	中性线	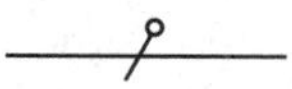 ╱
避雷针	○	保护线	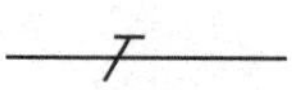 ╱
保护接地线	PE	保护线和中性线共用线	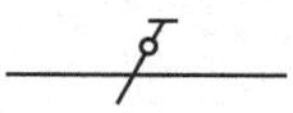 ╱
带中心线和保护线 的三相线路	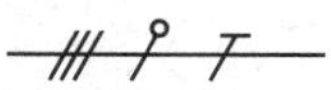 ⫴ ╱ ╱	总等电位端子箱	MEB
局部等电位端子箱	LEB	UPS(不间断)电源箱	UPS

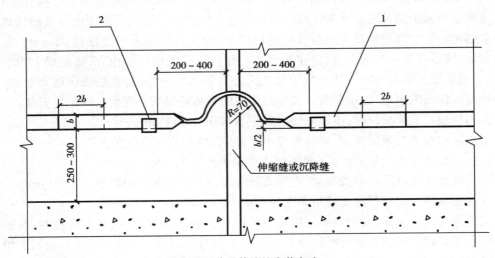

（a）接地线过建筑伸缩缝安装方法

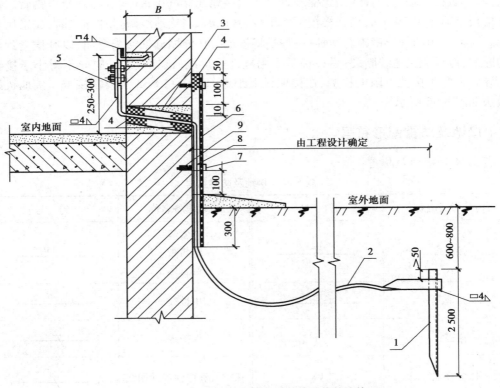

（b）室内按地线与室外接地线的连接

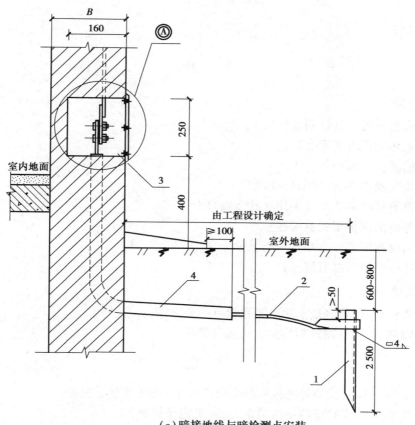

（c）暗接地线与暗检测点安装

图 5.66 接地体的做法

（a）1—接地线；2—固定钩

（b）1—接地极；2—接地线；3—硬塑料套管；4—沥青麻丝或建筑密封材料；

5—断接卡子；6—镀锌角钢；7—卡子；8—塑料胀锚螺栓；9—沉头木螺钉

（c）1—接地极；2—接地线；3—接线盒；4—保护管

任务实施

任务 1—任务 4 的内容见任务引领部分,此处不再赘述。

任务 5 的实施如下：

根据防雷设计说明,本工程为三类防雷建筑物,屋顶防雷的接闪器部分采用避雷网,用 10 根建筑柱子钢筋的两根作为引下线,在柱子钢筋的底部和预留的镀锌钢板焊接,地下接地体共用。

任务拓展

知　识

一、问答题

1.触电有哪几种？其区别是什么？

2.电对人体的危害因素有哪些？

3.触电的种类有哪些？

4.如果发生触电事故,应如何处理？

5.接地都有哪些形式？分别用在什么场合？

6.常用触电的保护形式有哪些？

7.雷击有哪些形式？

8.建筑物的防雷等级有哪些？

二、拓展题

1.查阅资料后,回答降低土壤电阻系数有哪些方法。

2.查阅资料后,回答建筑物的防雷措施有哪些。

技　能

1.识读某学院 1#实验楼等电位联结系统图及平面图(见电子资源)。

2.识读某学院 1#实验楼防雷接地系统图(见电子资源)。

根据以上识图结果撰写识图报告,报告包括以下内容:

(1)防雷与接地施工图的设计内容。

(2)防雷与接地施工图中采用的材料、设备、附件的种类以及型号。

(3)防雷与接地系统的形式。

(4)防雷与接地装置的类型、尺寸,并在图纸中标注。

项目 **6**
建筑智能化工程

建筑智能化系统是安装在智能建筑中,由多个子系统组成的,利用现代计算机技术、控制技术、通信技术对建筑物内的设备进行自动控制,对信息资源进行管理,为用户提供信息服务和管理的系统。它是建筑技术适应现代社会信息化要求的结晶。建筑智能化系统的构成如图 6.1 所示。其具体内容如下:

1.信息设施系统(information technology system infrastructure,ITSI)

ITSI 系统是为确保建筑物与外部信息通信网的互联及信息畅通,对语音、数据、图像和多媒体等各类信息予以接收、交换、传输、存储、检索和显示等进行综合处理的多种类信息设备系统加以组合,提供实现建筑物业务及管理等应用功能的信息通信基础设施。信息设施系统包括通信接入系统、电话交换系统、信息网络系统、综合布线系统、室内移动通信覆盖系统、卫星通信系统、有线电视及卫星电视接收系统、广播系统、会议系统、信息导引及发布系统、时钟系统和其他相关的信息通信系统。

2.建筑设备管理系统(building management system,BMS)

BMS 系统是对建筑设备监控系统和公共安全系统等实施综合管理的系统。其中,建筑设备监控系统包括空调与通风系统、供配电监测系统、照明监控系统、给排水系统、热源和热交换系统、冷冻和冷却水系统、电梯系统等;公共安全系统是为维护公共安全,综合运用现代科学技术,以应对危害社会安全的各类突发事件而构建的技术防范系统或保障体系。它包括火灾自动报警系统、安全技术防范系统和应急联动系统。

3.信息化应用系统(information technology application system,ITAS)

ITAS 是以建筑物信息设施系统和建筑设备管理系统等为基础,为满足建筑物各类业务和管理功能的多种类信息设备与应用软件而组合的系统。信息化应用系统包括工作业务应用系统、物业运营管理系统、公共服务管理系统、公众信息服务系统、智能卡应用系统和信息网络安全管理系统等其他业务功能所需要的应用系统。

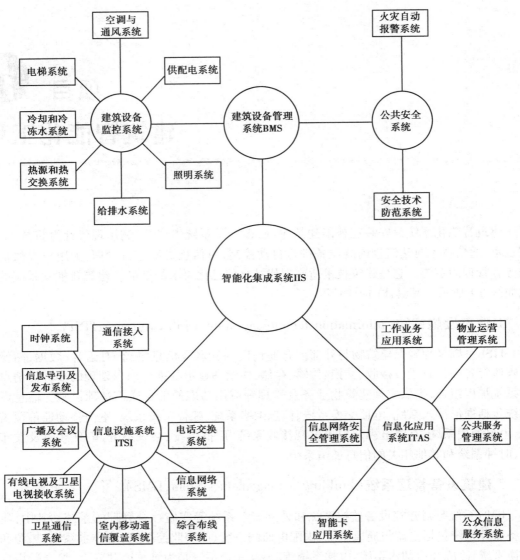

图 6.1　建筑智能化系统的构成

4.智能化集成系统(intelligented integration system,IIS)

IIS 将不同功能的建筑智能化系统,通过统一的信息平台实现集成,以形成具有信息汇集、资源共享及优化管理等综合功能的系统。智能化集成系统构成包括智能化系统信息共享平台建设和信息化应用功能实施。

本项目重点学习信息设施系统、建筑设备监控系统、火灾自动报警系统、安全技术防范系统这 4 个子系统的组成、性能和设备安装的技术要求。

任务 1　信 息 设 施 系 统

任务导入

任务 1:综合布线系统由哪些部分组成? 其安装有哪些具体要求?

任务 2:有线电视系统由哪些部分组成? 放大器、分配器、分支器、用户终端盒作用是什么? 有线电视系统的施工有哪些具体要求? 卫星电视接收系统由哪些部分组成? 各部分的作用是什么?

任务 3:电话通信系统由哪几个部分组成? 用户程控电话交换机组成、工作原理和功能分别是什么? 电话系统的线路敷设有什么具体要求?

任务 4:信息网络系统由哪些部分组成? 其功能是什么? 如何分类? 其安装流程是什么? 安装有什么具体要求?

任务 5:广播系统如何分类? 公共广播系统由哪几个部分组成? 广播线路敷设有哪些具体要求?

任务 6:识读某学院 3 号楼信息设施系统图和平面图,包括综合布线系统、有线电视系统、广播音响系统(见电子资源),明确以下问题:

1.图纸中的符号分别表示什么意义?

2.各系统的进线从哪里引来? 如何敷设?

3.各系统有哪些设备? 安装要求是什么?

任务引领

信息设施系统根据需要对建筑物内外的各类信息予以接收、交换、传输、存储、检索和显示等综合处理,并提供符合信息化应用功能所需的各种类信息设备系统组合的设施条件,为建筑物的使用者及管理者创造良好的信息应用环境。

信息设施系统包括通信接入系统、电话交换系统、信息网络系统、综合布线系统、室内移动通信覆盖系统、卫星通信系统、有线电视及卫星电视接收系统、广播系统、会议系统、信息导引及发布系统、时钟系统和其他相关的信息通信系统。借助于这些系统可实现建筑内部、建筑内部与外部之间的信息互通、资料查询和资源共享。本任务主要对电话交换系统、信息网络系统、综合布线系统、有线电视及卫星电视接收系统、广播系统进行学习。

1.综合布线系统

(1)综合布线的概念

综合布线是一种模块化的、灵活性的建筑物内或建筑群之间的信息传输通道。通过它可使话音设备、数据设备、交换设备与信息管理系统连接起来,同时也使这些设备与外部通信网络相连,它采用了一系列高质量的标准材料,一种模块化的组合方式,把语音、数据、图像和部分控制信号系统用统一的传输媒介传输,经过统一的规划设计,综合在一套标准的布线系统中,将各子系统有机地连接起来,为现代建筑的系统集成提供了物理介质。概括而言,综合布线系统是一种标准通用的信息传输系统。综合布线具有兼容性、开放性、灵活性、可靠性、先进性及经济性等特点。

（2）综合布线系统的组成

综合布线系统由 7 个部分组成,它们是工作区、配线子系统、干线子系统、建筑群子系统、设备间、进线间、管理,如图 6.2、图 6.3 所示。

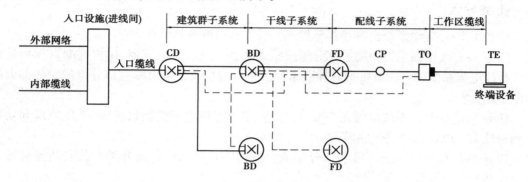

图 6.2 综合布线系统构成示意图

CD—建筑群配线架;BD—建筑物配线架;FD—楼层配线架;
CP—集合点;TO—信息插座模块;TE—终端设备

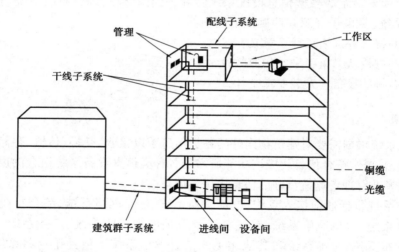

图 6.3 综合布线系统的体系结构

1）工作区

一个独立的需要设置终端设备（TE）的区域宜划分为一个工作区。工作区应由信息插座模块（TO）延伸到终端设备处的连接缆线及适配器组成。

2）配线子系统

配线子系统应由信息插座模块至电信间配线设备（FD）的配线电缆和光缆、电信间的配线设备及设备缆线和跳线等组成。

3）干线子系统

干线子系统应由设备间至电信间的干线电缆和光缆,安装在设备间的建筑物配线设备（BD）及设备缆线和跳线组成。

4）建筑群子系统

建筑群子系统应由连接多个建筑物之间的主干电缆和光缆、建筑群配线设备（CD）及设备缆线和跳线组成。

5）设备间

设备间是在每幢建筑物的适当地点进行网络管理和信息交换的场地。对于综合布线系统工程设计，设备间主要安装建筑物配线设备。电话交换机、计算机主机设备及入口设施也可与配线设备安装在一起。

6）进线间

进线间是建筑物外部通信和信息管线的入口部位，并可作为入口设施和建筑群配线设备的安装场地。

7）管理

管理应对工作区、电信间、设备间、进线间的配线设备、缆线、信息插座模块等设施按一定的模式进行标识和记录。

（3）综合布线施工工艺

1）穿线

穿线是综合布线施工中关键的施工阶段，穿线质量的好坏直接影响综合布线的施工质量，而且穿线作为隐蔽工程，一旦出现问题，修复的难度非常大，可能会破坏装修等，因此综合布线系统的穿线环节必须非常重视，尤其是六类线的施工，具体在施工中应注意以下问题：

线缆的布放应平直，不得产生扭绞、打圈等现象，不应受到外力的压挤和损伤，特别是光缆；转弯处的半径一定要大于线缆的10倍半径（4对双绞线要大于10 cm）；如果光缆和双绞线在同一线槽内，光缆不要放在线槽的最下面，避免遭受挤压。垂直线槽中，要求每隔60 cm在线槽绑扎。机房（如MDF、IDF等）内的水平缆线、主干缆线应全程（机房缆线入口点至各配线架模块端接点）保持平整，每根缆线之间不应交叉。缆线在弯角处应保持顺势转弯，不可散乱。

每一根线缆两端（配线柜端和终端出口端）都要有相同的、牢固的、字迹清楚的、统一的编号（编号标签统一打印，避免字迹不清楚和手写难以辨认的问题）。

线缆在终端出口处要拉出不小于60 cm的接线余量，盘好放在预埋盒内。防止其他工序施工时损坏线缆。

配线柜处，线缆接线余量将根据每层楼面情况按技术督导意见留足（一般情况，线缆进配线柜后留6 m）。

布线时遇到阻力较大时拉不动，注意不要用力过猛，防止线缆芯线拉断。应先找出故障原因，并予以排除。

布线缆时从配线柜至终端出口，线缆中间任何地方均不得剪断和接续，中间不能有断点，必须一根线敷设到位。

在线槽内的线缆应捆扎整齐，水平六类双绞线应吊牌，标注该捆双绞线的使用区域或房间；对于光缆和大对数双绞线，每隔10 m左右要贴一个标签，标注光缆和大对数双绞线的走向和编号。

线缆敷设完毕后要检查：布线正确无错误、错位和遗漏；布线整齐，线槽（明线槽）盖板皆安装好。

缆线（光缆）上的标签采用线缆专用的具有覆盖膜标签,线缆专用标签满足 TIA/EIA-606A 标准中规定黏性标签清晰度、磨损性和附着力的要求。采用激光打印机或专用打印机打印,具有字迹清楚、永久的防脱落、防水、防高温的特性,标签高 10 mm,打印 5 mm 的字母或汉字。在线缆的两端和线槽内每 20 m 贴一张线缆标签。线缆标签上的编号与信息插座面板上的编号、配线架端口编号对应,并保持一致。

综合布线线槽与强电的间距见表 6.1。

表 6.1　综合布线线槽与强电的间距

类　别	与综合布线接近状况	最小间距/mm
380 V 电力电缆 <2 kV · A	与缆线平行敷设	130
	有一方在接地的金属线槽或钢管中	70
	双方都在接地的金属线槽或钢管中	10
380 V 电力电缆 2~5 kV · A	与缆线平行敷设	300
	有一方在接地的金属线槽或钢管中	150
	双方都在接地的金属线槽或钢管中	80
380 V 电力电缆 >5 kV · A	与缆线平行敷设	600
	有一方在接地的金属线槽或钢管中	300
	双方都在接地的金属线槽或钢管中	150

2)机柜及配线架安装

机柜落地安装,机柜的垂直偏差小于 3 mm。

机柜采用 6 mm² 的接地铜缆,与弱电间的接地铜排连接,接地电阻小于 1 Ω(接地排的接地电阻必须小于 1 Ω)。

机房内裸露在外面的水平缆线、主干缆线应保持平整,每根缆线之间不应交叉。缆线在弯角处应保持顺势转弯,不可散乱。机柜内的水平双绞线应与电源插座保持 200 mm 以上的间距。配线架安装在机柜的上半部分,配线架及理线器的安装空间不大于 26U,配线架安装顺序自上至下:主干大对数电缆语音配线架、六类配线架、光纤配线架;下半部分预留给网络设备。配线架和理线器间隔安装,要求配线架安装整齐、牢固。线缆采用机柜下进线的方式,在机柜的底部留 1 m 的余量,以便日后维护和机柜的移动。

线缆要从机柜的下面向上理,预留在机柜支架下面的线缆也要捆扎整齐,沿机柜后部的理线板捆扎整齐至配线架的托架。缆线绑扎的松紧程度以不损伤传输性能为界。配线架按照 568A 标准进行端接。

RJ45 型配线架后侧的双绞线应全部平整的绑扎在托线架上,然后再端接在模块上,确保模块端接点在任何时候都不会受到拉力。由于配线架为模块化结构,可以前面维护,因此在托架到配线架 RJ45 模块之间预留 20 cm 长的线缆,以便于配线架正面维护。但要保持机柜内的线缆整齐、美观。

机柜正面的跳线应全部掩藏在带盖的跳线管理器内,确保机柜正面的美观。

3)信息插座安装

信息插座安装分为墙上安装、地面插座安装等,对于墙上安装要求距地面 30 cm,同一场所误差在 1 mm 以下,并列安装误差在 0.5 mm。信息点的编号和对应的配线架端口编号一致,配线架上的编号有规律,标签要求采用激光打印,字迹清楚。

信息插座面板具有有机玻璃标签框,可以安装标签纸;遵循 TIA/EIA606A 标准,面板标签采用淡蓝色底的标签,激光打印机打印黑色字体,标签上的编号同时支持简体汉字、英文字母、数字、标点,标签上每个字母的高度为 5 mm。每个双口面板定义为一个语音点、一个数据点(两者可互换),语音点和数据点采用不同的英文字母和符号进行标示,语音点用字母"V",数据点用"D"表示,语音点用"☎"符号表示,数据点用"🖥"符号表示。标签样式如图6.4 所示。

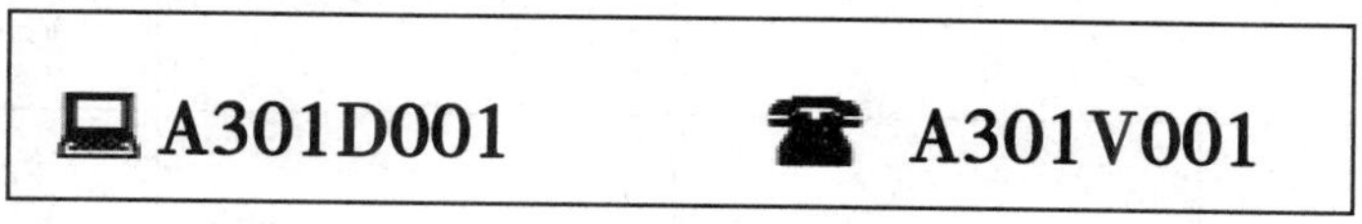

🖥 **A301D001**　　　　☎ **A301V001**

图 6.4　标签样式

A301—与信息点所连接的管理区(IDF);D—数据;V—语音;001—流水号

安装顺序为:先把多余的线缆剪断,底盒内留 30 cm 的线缆余量,重新贴上带有覆盖膜的线缆专用标签(标签编号事先打印好)。为了防止标签贴错,线缆要剪断一根贴一个标签,禁止两根线一起剪断再贴标签。线缆剪好之后开始安装模块,模块采用 568A 标准进行端接。然后安装面板,并把面板标签卡好。核对线缆标签、面板标签、图纸标号的一致性。

4)室外光缆施工

首先穿塑料子管,敷设塑料子管前,应逐段将管孔清刷干净并试通。

清扫时,应用专制的清刷工具;清刷后,应用试通棒作试通检查。塑料子管的内径应为光缆外径的 1.5 倍。当在一个水泥管孔中布放两根以上的子管时,子管等效总外径应小于管孔内径的 85%。

一根钢管内的塑料子管必须一次穿满,布放塑料子管,中间不能断开。当穿放两根以上塑料子管时,如管材为不同颜色时,端头可以不做标记。如果管材颜色相同或无颜色,则应在其端头分别做好标记。在人井或手井内至少预留 30 cm 长的塑料子管。

一般情况下,一根塑料子管内穿一根光缆。光缆一次牵引长度一般应小于 1 000 m。超过该距离时,应采取分段牵引或在中间位置增加辅助牵引方式,以减少光缆张力并提高施工效率。为了在牵引过程中保护光缆外表不受损伤,在光缆穿入管孔、管道拐弯处或与其他障碍物有交叉时,应采用导引装置或喇叭口保护管等保护措施。光缆在管道中间的管孔内不得有接头。当光缆在人孔中没有接头时,要求光缆弯曲放置在光缆托板上固定绑扎,不得在人孔中间直接通过,否则既影响施工和维护,又容易导致光缆损坏。当光缆有接头时,应采用蛇形软管或软塑料管等管材进行保护,并放在托板上予以固定绑扎。要求在人井内光缆沿人井的井壁绕两周,并将光缆固定在井壁上,用塑料缠绕管把光缆包紧。

每根光缆在每个井内(人井或手井)必须吊牌,吊牌采用有机玻璃制作,具有防水、防腐蚀能力。吊牌上的文字采用刻字方式,刻在有机玻璃标牌上,吊牌上刻"危险—光缆",以及光缆的名称、走向等。

　　光缆在敷设时,要采用支架把光缆盘支承起来,匀速布放。禁止光缆打绞、用力过猛。

　　光缆穿放结束,采用发泡剂把穿光缆管孔出口端封堵严密,以防止水分或杂物进入管内。对没有穿光缆的管孔也要封堵,防止杂物进入。

　　(4)**综合布线常用设备的电气符号**

　　综合布线常用设备的电气符号见表6.2。

表 6.2　综合布线常用设备的电气符号

设　备	符　号	设　备	符　号
总配线架	MDF	综合布线建筑物配线架（有跳线连接）	BD 形式1　　BD 形式2
光纤配线架	ODF	综合布线楼层配线架（有跳线连接）	FD 形式1　　FD 形式2
中间配线架	IDF	综合布线建筑群配线架	CD
光纤连接盘	LIU	综合布线建筑物配线架	BD
集线器	HUB	综合布线楼层配线架	FD
交换机	SW	综合布线信息插座	TO 形式1　　TO 形式2
综合布线 n 孔信息插座	nTO 形式1　　nTO 形式2	多用户信息插座	MUTO

2.有线电视系统及卫星电视接收系统

(1)有线电视系统

1)组成

　　有线电视(Cable television,CATV)是利用高频电缆、光缆、微波等传输介质,并在一定的用户中进行分配和交换声音、图像以及数据信号的电视系统。有线电视系统分为信号源及其机房设备,前端系统、干线传输系统和用户分配网络四个部分。

　　有线电视系统的组成如图6.5、图6.6所示。

　　①信号源和机房设备

　　有线电视节目来源包括卫星地面站接收的模拟和数字电视信号,本地微波站发射的电

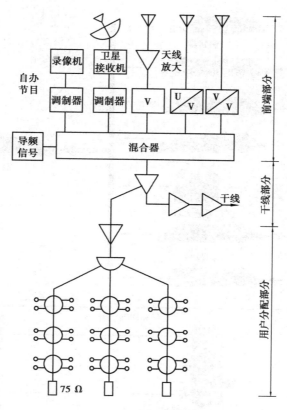

图 6.5　有线电视系统组成

视信号,本地电视台发射的电视信号等。为实现信号源的播放,机房内应有卫星接收机、模拟和数字播放机、多功能控制台、摄像机、特技图文处理设备、编辑设备、视频服务器,用户管理控制设备等。

②系统的前端部分

将要播放的信号转换为高频电视信号,并将多路电视信号混合后送往干线传输系统。

③干线传输系统

将电视信号不失真地输送到用户分配网络的输入接口,通常干线传输系统是光纤同轴混合网(HFC)。

④用户分配网络

负责将电视信号分配到各个电视机终端。

2)有线电视系统的部分设备

①放大器

放大器是有线电视系统最重要的部件之一,广泛用于系统的传输和用户分配网络,其作用是放大射频电视信号,提高信号电平,弥补系统中的电缆、分支器、分配器等无源器件对电视信号的衰减。一般有干线线路延长放大器、分配放大器和用户放大器。

②分支器

分支器是从主路上取出少部分信号送到分支口的功率电平分配器件。主路的输出/输入口分别用 OUT 和 IN 表示,支路的分支口用 BR/TAP 表示,一般根据分支输出的路数进行

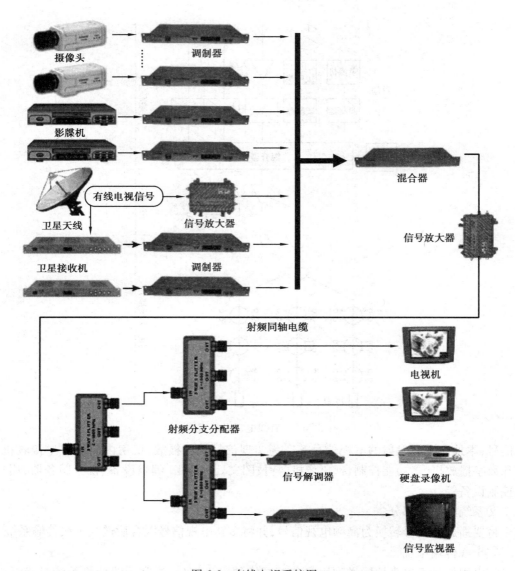

图 6.6　有线电视系统图

分类,有一分支器、二分支器和四分支器等。

③分配器

分配器是输入信号等分到输出口的功率电平分配器件。输出/输入口分别用 OUT 和 IN 表示。

④用户终端盒

用户终端盒是电视信号和调频广播的输出插座。有单孔盒和双孔盒之分。单孔盒仅输出电视信号,双孔盒既能输出电视信号又能输出调频广播的信号。用户终端可分为明装和暗装两种。其安装方式如图 6.7、图 6.8 所示。

有线电视系统中常用设备的电气符号见表 6.3。

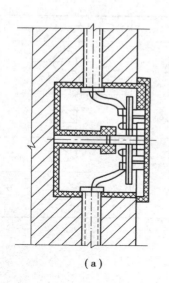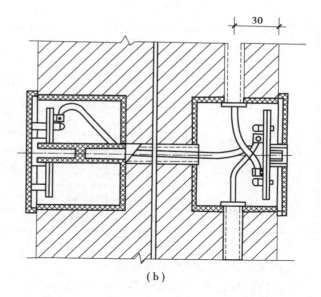

（a） （b）

图 6.7 用户盒明装

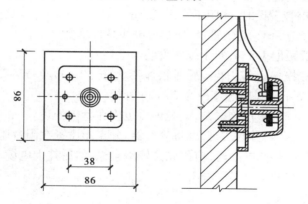

图 6.8 用户盒暗装

表 6.3 有线电视系统常用图形符号

设 备	符 号	设 备	符 号
一般天线	Y	抛物面天线	
放大器	形式1　　形式2	混合器	
二分配器		三分配器	

续表

设　备	符　号	设　备	符　号
用户一分支器	⊖	用户二分支器	⊘
调制器、解调器、一般符号	◁	调制器	◁
解制器	◁	调制解调器	◁
电视插座	⊸○ TV　⊸□ TV 形式1　　形式2	匹配终端	⊸▭

3）电缆电视系统的施工与安装

①线路应尽量短直,安全稳定,便于施工和维护。

②电缆管道敷设应避开电梯及其他冲击性负荷干扰源,一般应保持 2 m 以上距离,与一般电源线（照明）在钢管敷设时,间距不小于 0.5 m。

③配管弯曲半径应大于 10 倍管径,应尽量减少弯曲次数。

④预埋箱体一般距地 1.8 m,便于维修安装。

⑤配管切口不应损伤电缆,伸入预埋箱体不大于 10 mm。SYV-75-9 电缆应选直径为 25 mm管径,SYV-75-5-1 电缆应选直径为 20 mm 管径。

⑥管长超过 25 m 时,须加接线盒,电缆连接也应在盒内处理。

⑦明线敷设时,对有阳台的建筑,可将分配器、分支器设置在阳台遮雨处。

⑧两建筑物之间有架空电缆时,应预先拉好钢索绳,然后挂上电缆,不宜过紧。

⑨电缆线路可以和通信电缆同杆架设。

（2）**卫星电视接收系统**

卫星电视接收系统由抛物面天线、馈源、高频头、功率分配器和卫星接收机组成,如图 6.9所示。设置卫星电视接收系统时,应得到国家有关部门的批准。

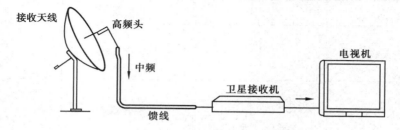

图 6.9　卫星电视接收系统组成示意图

必须指出,普通电视信号是调幅制,而卫星接收采用的是调频制,因此,普通电视机收不到卫星电视的图像。收看卫星电视节目必须在电视机前接入卫星接收机。

1）抛物面天线

卫星电视广播发射的电波为 GHz 级频率,电磁波具有近光性。由于卫星远离接收天线,

268

电磁波可近似看作一束平行光线,因此,卫星接收天线一般采用抛物面接收天线。这种接收天线起反射镜作用,利用抛物面的聚光性,将卫星电磁波能量聚集在一点送入波导,获得较强的电视信号。抛物面天线口径越大,集中的能量越大,增益越高,接收效果越好。但是造价随口径增大成倍上升。因此,在实际应用中,应适当选择接收天线的尺寸。

抛物面接收天线分为前馈式、后馈式和偏馈式 3 种。前馈式和后馈式抛物面接收天线如图 6.10 所示。当天线直径小于 4.5 m 时,宜采用前馈式抛物面天线;当天线直径大于或等于 4.5 m,且对其效率及信噪比均有较高要求时,宜采用后馈式抛物面天线;当天线直径小于或等于 1.5 m 时,特别是 Ku 频段大功率卫星电视接收天线多采用偏馈式抛物面天线。

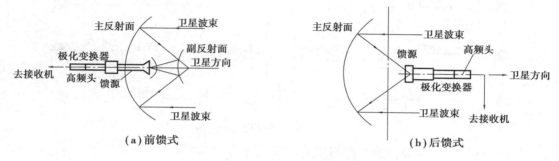

图 6.10　抛物面接收天线结构示意图

2)高频头

高频头又称为卫星电视低噪声下频器,由微波低噪声放大器、微波混频器、第一本振波和第一中频前置放大器组成。高频头的作用是在保证原信号质量参数的条件下,将接收到的卫星下行频率的信号进行低噪声放大并变频。

以 C 波段为例,3.7~4.2 GHz 的卫星微波信号经低噪声微波放大器放大后,送入第一次混频电路,混频后输出 0.9~1.4 GHz 的中频信号。通过电缆引入卫星电视接收机。

3)卫星电视接收机

高频头送来的 0.9~1.4 GHz 信号送到接收机的输入端,经再次放大,然后第二次变频,输出第二中频(130 MHz 或 70 MHz)信号。第二中频信号经滤波、限幅放大后到鉴频器进行频率解调,最后,将图像信号进行处理,输出视频信号,同时将伴音副载波解调,输出音频伴音信号。

3.建筑电话通信系统

一个完整的通信网络应由交换设备、传输设备、终端设备三大部分组成。在电话通信系统中,交换设备为电话交换机,传输设备为用户线、中继线,终端设备为电话机。

早期电话通信中,电话交换是由人工完成的。用户将电话机通过电话线接到人工交换机上,由话务员用绳塞为用户接通电话,话务员可根据用户要求,为集中到交换机上的任意一对用户接通电话。随着社会需求的日益增长和科技水平的不断提高,电话交换技术迅速发展,已经过了人工交换、机电式自动交换和电子交换 3 个阶段。目前,电话交换系统以数字程控用户电话交换机系统为主。

（1）**数字程控用户电话交换机**

1）数字程控用户电话交换机的工作原理

电话交换机通过存储程序控制，将用户的信息和交换机的控制、维护管理功能预先编成程序存储到计算机的存储器内。当交换机工作时，控制部分自动监测用户的状态变化和所拨号码，并根据要求执行程序，从而完成各种交换功能。这种交换机属于全电子型，由于采用程序控制方式，因此称为存储程序控制交换机，常简称为程控交换机。若程控交换机在话路部分传送和交换的是数字信号，则被称之为数字程控交换机，其工作原理如图6.11所示。

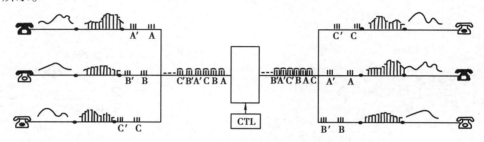

图6.11　数字程控交换机原理图

2）数字程控用户电话交换机的组成

数字程控电话交换机的主要任务是实现用户间通话的接续。主要由以下两个部分构成：

①话路设备

话路设备主要包括各种接口电路（如用户线接口和中继线接口电路等）和交换（或接续）网络。

②控制设备

控制设备为电子计算机，包括中央处理器（CPU）、存储器和输入/输出设备。程控交换机实质上是采用计算机进行"存储程序控制"的交换机，它将各种控制功能与方法编成程序，存入存储器，利用对外部状态的扫描数据和存储程序来控制和管理整个交换系统的工作。

（2）**数字程控用户电话交换机系统**

1）数字程控用户电话交换机系统的构成

数字程控用户电话交换机系统的核心设备是交换主机，除此之外，还配置有话务台、用户终端、管理维护终端、计费系统、语音邮箱及电脑话务员系统、电源系统、配线架（柜）和终端适配器等配套设备以及应用软件。其构成示意如图6.12所示。

2）数字程控用户电话交换机系统的功能

数字程控交换机系统的功能包括系统功能和服务功能两大部分。系统功能有语音通信、数据/语音综合通信和多功能信息服务等；服务功能有综合服务、话务台服务、用户分机服务等功能。

①系统功能

A.语音通信

语音信号是一种模拟信号，数字程控交换机在进行语音交换时，首先要使语音信号数字化。当交换机之间建立通话回路，必须传送一系列的线路信号，如示闲、摘机、应答、挂机等，它们可以很方便地在数字传输系统中传送和在数码流中插入和提取。数字化的语音信号不

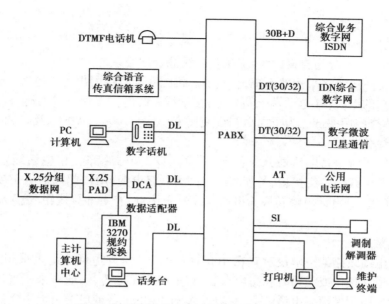

图6.12　数字程控用户电话交换机系统的组成
AT—模拟中继；DL—数字用户；DT—数字中继；SL—RS232(串行接口)；
DTMF—双音多频；PAD—X25分组拆装

仅在传输方面的抗干扰能力要优于模拟信号，而且易采取保密措施，保密性较好。

B.数据/语音综合通信

为了满足现代通信的发展，程控电话系统在原有语音通信网的基础上，通过数字化手段，已实现语音与数据的同时传输，并朝着多媒体通信方向发展。与此同时，程控电话系统还发展了与计算机网络的接口技术，并使界面更加友好。这种全数字网络除保留电话系统外，还进一步支持数据、图像传输。

C.多功能信息服务

数字程控交换机实质上是一台功能很强的计算机装置，因而有条件在完成语音/数据通信的基础上，完成多种管理职能。如通过专用网或公用网实现语音邮递功能、自动传呼功能、信息等待与转移功能、叫醒服务和客房管理功能等多种信息服务。

②服务功能

A.综合服务功能

包括分组服务、中间服务、音乐等待、服务等级限制、夜间服务、弹性编号、自动路由选择、自动话务分配、音源、广播找人、分机内外线可采用不同振铃声、组网功能等。

B.话务台服务功能

包括回叫话务员、话务员插入、预占、数字显示、状态指示、呼叫等待及选择、话务台相互转接、话务台直接拨中继线、来话转接及释放、电话会议、话务台闭锁、自动定时提醒、呼叫分离、人工线路服务、维护与管理等。

C.用户分机服务功能

包括自动振铃回叫、缩位拨号、热线服务、跟随电话、号码重发、呼叫等待、三方通话、呼叫转移、电话会议、呼叫代答、来电显示、勿打扰、定时叫醒、恶意电话追踪、保密电话、高级行政插入、保留电话、呼叫寄存、遇忙记存呼叫、语音呼叫、无线电传呼等。

（3）**电话传输线路**

1）电话线路的配接

电话线路的配接，分为直接配线、交接箱配线混合配线系统。

直接配线是一般较多采用的系统，它是由总机配线架直接引出主干电缆，再从主干电缆上分支到各用户的组线箱（电话端子箱）。直接配线系统的优点为节省投资、施工维护简单，但灵活性差、芯线使用率低。为了提高芯线使用率（达到 70% ~ 90%）及有调节的可能性，可以用复接电缆分线箱。

交接箱配线系统是将电话划分为若干区，每区设一个交接箱。由电话站总配线架上引出两条以上电缆干线至各交接箱，各配线区之间有联络电缆，用户配线则从交接箱引出。电话组线箱（端子箱）是电话电缆转换为电话配线的交接点，有室外分线箱（盒）及室内分线箱两种。

2）电话线敷设

室外电话电缆线路架空敷设时宜在 100 对及以下。室外电话电缆多采用地下暗敷设，当市内电话管道对接口或线路有较高要求时，宜采用管道电缆，一般可采用直埋电缆。直埋电缆敷设一般采用钢带铠装电话电缆，在坡度大于 30°的地区或电缆可能承受拉力的地段需采用钢丝铠装电话电缆。

室内电话电缆一般采用穿钢管暗敷设，管径的选择应符合电缆截面积不小于管子截面的50%的要求。一段管路长度为 30 m 有一个弯，或长度为 20 m 有两个弯时，需放大一号管径。

室内电话支线路分为明敷和暗敷两种。明敷线用于工程完毕后，根据需要在墙角或踢脚板处用卡钉敷设。暗敷设可采用钢管或塑料管埋于墙内及楼板内，或采用线槽敷设于吊顶内。

4.信息网络系统

信息网络系统是指服务于建筑设备管理系统管理层数据交换网络、物业管理应用网络、商业运营网络、Internet 宽带接入网络等的计算机网络系统，它为各类网络业务信息的传输与交换提供了一个高速、稳定和安全的运行平台。

信息网络系统的基础是计算机网络系统。下面重点讲述计算机网络系统的基本知识。

（1）**计算机网络的概念及组成**

1）计算机网络的概念

计算机网络是指利用通信线路将地理位置上分散的、具有独立功能的计算机系统和通信设备按不同的形式连接起来，以功能完善的网络软件（包括网络协议、网络操作系统、网络应用软件等）实现资源共享和信息传递的系统。

2）计算机网络的组成

从系统组成角度看，计算机网络由网络硬件和网络软件组成。

①计算机网络硬件

计算机网络硬件系统由服务器、工作站、通信控制器及通信线路组成。

A.服务器

服务器是被网络上其他客户机访问的计算机系统，通常是一台高性能的计算机（具有较高运算能力和处理速度，性能稳定、可靠）。服务器是计算机网络的核心设备，包含各种网络资源，负责管理和协调用户对资源的访问。

常见的服务器包括：万维网（WWW）服务器、文件传输（FTP）服务器、邮件（E-mail）服务器、打印服务器等。

B.工作站

当一台计算机连接到计算机网络上时,就成为网络上的一个节点,称为工作站。它是网络上的一个客户,使用网络所提供的服务。

工作站为它的操作者提供服务,通常对其性能要求不高,可由普通的 PC 担当。

C.通信控制器

通信控制器包括通信处理机和通信设备等。通信处理机是主计算机和通信线路单元间设置的专用计算机,负责通信控制和处理工作;通信设备主要是指数据通信和传输设备,负责完成数据的转换和恢复,如网卡、交换机、路由器等。

D.通信线路

通信线路用于连接主机、通信处理机和各种通信设备。按照传输速率,通信线路可以分为高速、中速和低速通信线路;按照传输介质又可分为有线和无线线路。

②计算机网络软件

计算机网络软件是实现网络功能的重要部分,主要包括网络操作系统、网络协议软件和网络应用软件等。

A.网络操作系统

网络操作系统是运行在网络硬件之上的,为网络用户提供共享资源管理服务、基本通信服务、网络系统安全服务及其他网络服务的系统软件,是计算机网络软件的核心,其他网络应用软件都需要网络操作系统的支持。

网络操作系统除具有常规计算机操作系统的功能外,还具有网络通信、网络资源管理和网络服务管理等功能。目前,常见的网络操作系统有 UNIX、Linux、Netware、Windows Server2003 等。

B.网络协议软件

网络协议是计算机网络通信中各部分之间应遵循的规则的集合。不同的网络、不同的操作系统、不同的体系结构会有不同的协议软件,协议软件的种类繁多。

目前常用的协议软件有 TCP/IP、IPX/SPX、NetBEUI 等。

C.网络应用软件

网络应用软件是在计算机网络环境下面向用户,是用户实现网络服务和网络应用的软件。例如浏览器软件、远程登录软件、电子邮件等。

(2)计算机网络的分类

根据不同的分类标准可以得到各种不同的计算机网络。

1)根据网络拓扑结构分类

"拓扑"是指网络中计算机、线缆和其他部件的连接方式,拓扑可分为物理和逻辑两种。物理拓扑是指实际的布线结构,即传输介质的布局;逻辑拓扑是指信号从网络的一个节点到达另一个节点所采用的路径,即主机访问介质的方式。

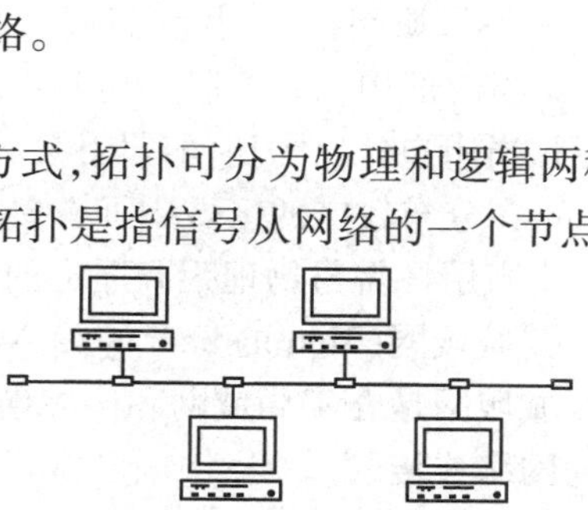

网络的拓扑结构主要分为总线形、星形、环形、网形 4 类,也常采用其变形或混合形,如星形总线形、星形环等,如图 6.13—图 6.17 所示。局域网最常用的拓

图 6.13　总线形拓扑结构

扑结构是星形拓扑结构。

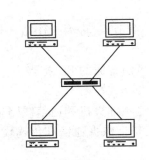

图 6.14　星形拓扑结构

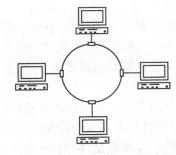

图 6.15　环形拓扑结构

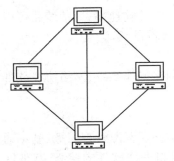

图 6.16　网形拓扑结构

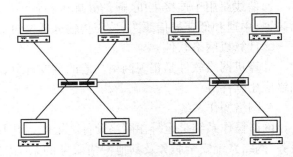

图 6.17　星形总线混合形拓扑结构

2)根据网络覆盖的范围分类

根据网络覆盖的范围分类,可将网络划分为局域网、广域网和城域网。

①局域网(Local Area Network,LAN)

局域网的地理覆盖范围一般在 10 km 以内,是在一个部门或一个单位内组建的小型网络。局域网组建方便,使用灵活,传输速度高,是目前计算机网络发展中最活跃的分支。局域网常被用于企事业单位、学校等单位的个人计算机和工作站,以便共享资源和交换信息。

②广域网(Wide Area Network,WAN)

相对于局域网而言,广域网覆盖的范围大,一般从几十公里到几万公里,如一个城市、一个国家或洲际网络。它是通过公共通信网络,将多个局域网或局域网与互联网之间连接起来。广域网是多个部门拥有通信子网的公用网,其通信子网属于电信部门,而用户主机是资源子网,为用户所有。广域网的连接如图 6.18 所示。

一般局域网在下列情况时,应设置广域网连接:

a.当内部用户有互联网访问需求。

b.当用户外出需访问局域网。

c.在分布较广的区域中拥有多个需网络连接的局域网。

d.当用户需与物理距离遥远的另一个局域网共享信息。

③城域网(Metropolitan Area Network,MAN)

城域网是介于局域网和广域网之间的网络,它的范围也在两者之间,通常是在一个城市内的网络连接。

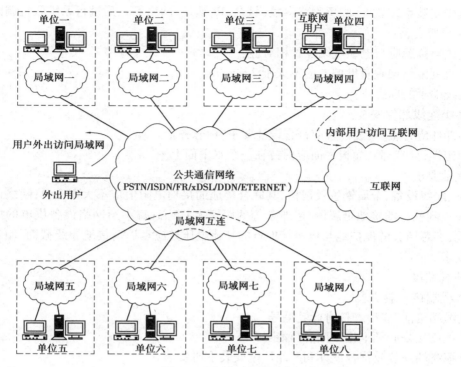

图 6.18 广域网连接示意图

（3）信息网络系统施工工艺

1）工艺流程

信息网络系统施工工艺流程如图 6.19 所示。

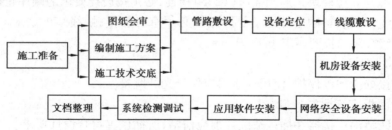

图 6.19 信息网络系统施工工艺流程

2）设备安装

①应先阅读设备手册和设备安装说明书。进口设备应确认设备支持电压。

②集线器、交换机、路由器安装：

a.设备应安装在干燥、干净的电信间或设备间内。

b.设备应安装在固定托架上或机箱内，固定设备的托架或机箱宜距地面 500 mm 以上；设备安装应整齐、牢靠；信息模块和相关部件应按设计要求安装，空余槽位应安装盲板；设备标签应标明设备名称和网络地址；多个设备宜安装在标准机柜内。

c.网络设备的电缆线、跳线应连接可靠，沿路固定，走向清楚明确，线缆上应有标签。

d.安装完毕应通电检查，设备供电应正常，报警指示工作应正常。

③服务器和工作站安装：

a.服务器和工作站接电源后，应逐台设备分别加电自检。

b.宜先安装系统软件,配置网络参数(域名、IP 地址、网络等),后进行系统联机调试。

④配线架安装:

a.配线架位置应与电缆进线位置相对应。

b.各直列配线架垂直度偏差应不大于 2 mm/m。

c.接线端子的标志应齐全。

⑤各类配线部件安装:

a.各部件应完整,安装位置应符合设计要求,标志齐全。

b.固定螺钉应紧固,面板底面应保持在一个水平面上。

⑥接地要求:

机柜、配线设备、金属钢管及线槽,其联合接地的接地电阻值应不大于 1 Ω;网络设备机壳上接地点到就近的接地金属体/接地条等的距离≤1.5 m;每个给网络设备供电的插排必须有接地,三芯插头的保护地与机房接地点的交流电压差应≤1 V;接地导线截面、颜色应符合规范要求。

3)线缆端接

①线缆端接一般要求

a.线缆端接前,应检查核对标签编号。

b.线缆终端处必须卡接牢固、接触良好。

c.线缆终端安装应符合设计和产品厂家安装手册要求。

②双绞电缆和连接硬件的端接

a.应使用专用剥线器剥除电缆护套,不得刮伤绝缘层,且每对双绞电缆应尽量保持扭绞状态。非扭绞长度对于 5 类及以上级别线缆应不大于 13 mm。

b.双绞电缆与 8 位模块式通用插座(RJ45)相连,必须按设计要求的顺序正确卡接。

c.双绞电缆屏蔽层与插接件终端处屏蔽罩必须有可靠接触,线缆屏蔽应与插接件屏蔽罩 360°圆周接触,接触长度不应小于 10 mm。

③光缆芯线端接

a.光纤熔接处应加以保护,使用连接器应便于光纤跳接。

b.连接盒面板应有标志。

c.光纤跳线活动连接器在插入适配器前应清洁,所插位置符合设计要求。

4)软件安装

①应先安装操作系统软件再安装应用软件。

②软件安装前应按设计或合同要求检查与服务器或工作站是否匹配。

③软件安装前宜对系统数据进行备份。

5.广播音响系统

民用建筑的公共建筑中应设置广播系统。广播系统根据使用要求可分为业务性广播、服务性广播和火灾应急广播系统。业务性广播用于满足业务及行政管理的要求,如商业楼、院校、车站、客运码头及航空港等;服务性广播主要是以欣赏性音乐、背景音乐或服务性管理广播为目的,如饭店类建筑和大型公共活动场所;火灾应急广播主要用于火灾时引导人们迅速撤离危险场所,它的控制方式与一般广播不同。

（1）广播系统的组成

广播系统一般由传声器、前级放大器、功率放大器、用户扬声器及传输线缆组成，如图6.20所示。

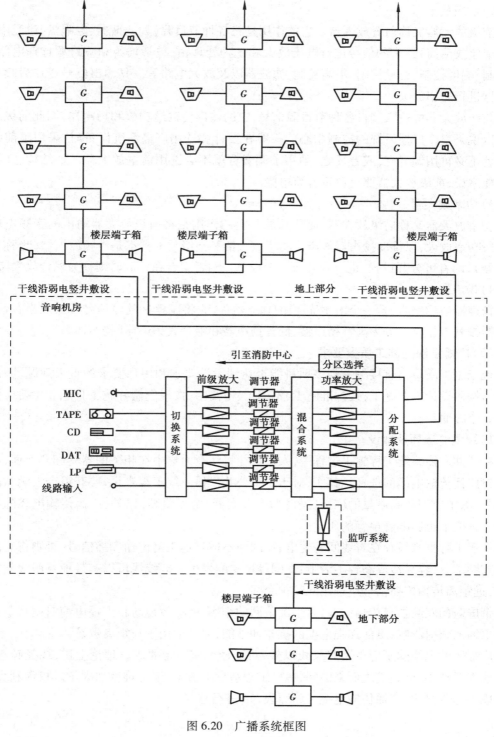

图6.20 广播系统框图

1)传声器

传声器俗称话筒也称麦克风,是一种将声音信号转换为相应电信号的电声换能器件。常用传声器有动圈式传声器、电容式传声器和无线式传声器。

2)前级放大器

前级放大器又称前置放大器。它的作用是将各种节目源(如调谐器、电唱盘、激光唱机、录音卡座或话筒)送来的信号进行电压放大和各种处理,它包括均衡和节目源选择电路、音调控制、响度控制、音量控制、平衡控制、滤波器以及放大电路等。其输出信号送往后续功率放大器进行功率放大。

前级放大器的输入接自各种节目源信号,它的输出传输给功放和扬声器,因此前级放大器可以说是整个广播系统的控制中心。一般在设计和选用广播系统设备时,采用了前级放大器就不必再用调音台,或者反之,采用了调音台就不必选用前置放大器。从结构、性能以及功能来说,前级放大器要比调音台简单些。

3)功率放大器

功率放大器又称后级放大器,简称功放。它的作用是将前级放大器输出的音频电压信号进行功率放大,以推动扬声器放声。功率放大器和前级放大器都是声频放大器(也称音频放大器),两者可分开设置,也可合并成一个设备。两者组合在一起时则称为综合放大器。

4)扬声器

扬声器俗称喇叭,是一个电-声转换的独立器件,它将调整好的电信号转换成声音信号。扬声器按其工作频率分为高音扬声器、低音扬声器和组合式扬声器(扬声器组)。

(2)**广播系统的施工质量要求**

现场施工质量是直接关系到该项目能否达到设计要求和用户要求的重大问题,因此必须严格按照设计方案施工,按标准施工,不返工,不窝工,按规定做好施工日志。主要应注意以下3个方面:

1)线缆的选择及敷设

在公共广播系统工程施工过程中,人们往往将注意力集中在相关的器材配套上面,而忽略了对广播传输电缆的选择。其实,对于一个公共广播系统工程来说,要获得令人满意的音响效果,除了应配备高质量的广播器材(功率放大器、扬声器等)以外,广播传输电缆的好坏在一定程度上也影响着声音的质量。

由于平行喇叭线存在着线间寄生电容,因而不适宜远距离传输广播信号,否则将衰减声音的高频部分,容易造成高音不清晰、发闷等现象的发生。双绞线可以有效地克服线间寄生电容,远距离传输广播信号应选用双绞护套线。

带屏蔽的双绞护套传输电缆,由于屏蔽网的作用,能有效地防止广播电缆对同管敷设的其他电缆的辐射影响,更能加强电缆的抗拉伸性能,尤其适用于长距离敷设。

广播传输电缆除了应选用双绞线以外,对线径也有一定要求。理论上讲,线径越粗,线路传输损耗越小,但是随之而来的问题是,工程造价上去了,施工难度加大了。权衡利弊,综合考虑性能价格比,广播传输电缆可参照表6.4进行选择。

表 6.4　广播传输电缆选择参照表

电缆名称	电缆长度/m	广播传输电缆类型	电缆参数/mm²
主干电缆	0~500（垂直敷设）	屏蔽双绞护套电缆	2×1.5
主干电缆	0~500（水平敷设）	双绞护套电缆	2×1.5
支干电缆	0~300（水平敷设）	双绞护套电缆	2×1.0
主干电缆	0~1 000（垂直敷设）	屏蔽双绞护套电缆	2×2.5
主干电缆	0~1 000（室外敷设）	屏蔽双绞护套电缆	2×2.0
主干电缆	0~2 000（室外敷设）	屏蔽双绞护套电缆	2×2.5
主干电缆	0~3 000（室外敷设）	屏蔽双绞护套电缆	2×4.0

　　公共广播系统的所有的设备之间的信号连接均采用平衡式连接,端点采用焊接。若系统具有火灾事故广播功能,则都应采用阻燃型铜芯电缆或耐火型铜芯电线电缆。线路的敷设方式采用穿钢管或线槽敷设,一般不得与照明、电力线同线槽敷设,火灾事故广播线路应采取防火保护措施。电缆的弯曲半径不小于电缆直径的 15 倍,电源线宜与信号线、控制线分开敷设。电缆长度应逐盘核对,并根据设计图上各段的长度来选配电缆,尽量避免电缆的接续。当电缆必须接续时应采用专用接插件,在敷设的电缆两端应留适度余量,并标示明显的永久性标记。

　　2)扬声器与广播线的连接

　　在连接放音设备时,特别要注意各扬声器之间与广播线的相位统一问题,否则可能因各扬声器之间声音的相位干涉,造成点与点之间声压级相差很大,整个大厅声音高低起伏的严重后果,因此施工时一定要严格统一线路标记,并规定统一的连接方法。

　　综合各种音响施工要求,并结合在工程中的实际效果,在公共广播系统中,主要有绞合法、扬声器引入端连接插座、焊接法 3 种扬声器连接方法。

　　绞合法就是将广播线和扬声器引线端剥去外皮,各剥头处分成两股分别绞合后再绞合在一起,用胶布包好或用塑套卡箍卡好。此法简易,便于施工,但时间一长容易产生问题。

　　扬声器引入端是连接插座,只需将广播线端剥皮后插入压线槽中,拧紧压线螺钉即可。这种方法目前使用较为普遍。

　　焊接法即在引线端剥去外皮,绞合后用焊锡焊好,用胶布包好。这种方法较为烦琐,但可靠性较好;适合要求较高或潮湿的环境中使用。

　　以上 3 种连接方法,视具体情况以及甲方要求而定。但无论哪种方法,都应用镀锡线,既便于焊接,也可避免遇潮或长时间以后锈蚀。从分线盒至扬声器端要求不能裸露连接线的,应采用 PVC 螺纹管或铁蛇皮管加以保护。

　　3)系统的接地

　　广播控制室应设置保护接地和工作接地。为减少供电系统对广播音频系统的影响,保护接地和工作接地应分开设置。推荐的做法是在弱电竖井和强电竖井内各敷设一根铜带分别作为弱电系统的工作接地和强电系统的保护接地,这样,就可使弱电系统更好地工作。

　　由于这种方法在接入大地时是一点接地,因此,总接地电阻不得大于 1 Ω。

广播系统常用的电气符号见表6.5。

表 6.5　广播系统常用设备的电气符号

设　备	符　号	设　备	符号
传声器	○	光盘式播放机	
扬声器一般符号		放大器一般符号	
扬声器 "*"表示： C:吸顶式安装 R:嵌入式安装 W:壁挂式安装		放大器 "*"表示： A:扩大机 PRA:前置放大器 AP:功率放大器	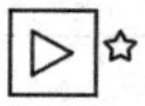
扬声器箱、声柱	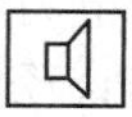	调谐器、无线电接收机	
嵌入式安装扬声器箱		号筒式扬声器	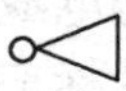

任务实施

任务1—任务5的内容在任务引领中已经讲述,此处不再赘述。

任务6的实施如下:

①本楼的综合布线的进线有两种:多模光纤和UTP3类电缆,分别传输计算机网络信号和电话信号,穿直径为50 mm的焊接钢管(SC50)。多模光纤经过一个光纤接线盒(LIU)进行光电信号转换,之后通过交换机(HUB)和楼层配线间(BD)相连,UTP 3类电缆直接和楼层配线架相连。在这个系统中有水平配线系统,垂直干线系统,设备间、工作间等部分组成。工作区由每间教室的双眼信息插座组成。

②有线电视线缆通过穿直径为32 mm的焊接钢管引入大楼,垂直的干线部分采用SYWV-75-9线缆穿直径为25 mm的紧定管暗敷设在墙内。在每层楼使用终端集线器箱连接用户终端盒。终端集线器箱的终端数量就是每层终端盒的数量,如一层10个,二层10个,三层9个,四层9个。三层的每间教室和办公室各一个用户终端盒。

③广播系统的信号线由学校广播室引来,穿直径为25 mm的焊接钢管引入楼内,连接接线箱后,通过RVS-2×1.5的线缆,穿直径为16 mm的紧定管暗敷设在墙内,进入楼道后使用同样的紧定管暗敷设在顶板内,与在每个房间和安装高度为1.8 m、功率为3 W的壁挂扬声器相连。

任务拓展

知　识

填空题

1.综合布线系统由 7 个部分组成,它们是_____、配线子系统、_____、建筑群子系统、_____、进线间及_____。

2.综合布线中光缆和双绞线在同一线槽内,_____不要放在线槽的最下面,避免挤压。垂直线槽中,要求每隔_____ cm 在线槽绑扎。

3.信息插座安装分为墙上安装、地面插座安装等,对于墙上安装要求距地面_____ cm,同一场所误差在_____ mm 以下,并列安装误差在_____ mm。

4.有线电视系统分为_____、前端系统、_____及用户分配网络 4 个部分。

5.有线电视电缆管道敷设应避开电梯及其他冲击性负荷干扰源,一般应保持_____ m以上距离,与一般电源线(照明)在钢管敷设时,间距不小于_____ m。

6.有线电视敷设管长超过_____ m 时,须加接线盒,电缆连接也应在盒内处理。

7.根据网络覆盖的范围分类,可将网络划分为_____、_____和_____。

8.信息网络设备应安装在固定托架上或机箱内,固定设备的托架或机箱宜距地面_____ mm 以上。

9.广播系统一般由_____、前级放大器、_____、用户扬声器及_____组成。

10.广播线路一般不得与照明、电力线同线槽敷设,_____线路应采取防火保护措施。

技　能

1.识读某学院 1#实验楼结构化综合布线系统图及平面图(见电子资源)。

2.识读某学院 1#实验楼广播控制系统图及平面图(见电子资源)。

3.识读某学院 1#实验楼有线电视系统图及平面图(见电子资源)。

根据以上识图结果撰写识图报告,报告包括以下内容:

(1)各系统的设计内容。

(2)各系统的进线及其敷设方式。

(3)各系统中采用的材料、设备、附件的种类以及型号。

任务 2　火灾自动报警系统

任务导入

任务 1:火灾报警系统由哪几个部分组成,各自的功能是什么?

任务 2:消防联动控制系统各自有什么功能?

任务 3:消防系统的线路敷设是怎么规定的?

任务 4:识读某学院 3#楼火灾报警系统图及其平面图(见电子资源),确定以下内容:

1.图中各符号表示什么意义?

2.火灾自动报警系统的线路采用什么敷设方式?

3.火灾自动报警系统设备的种类、数量及安装要求是什么?

任务引领

我国消防工作的方针是"预防为主,防消结合"。有效监测火灾、控制火灾、及时扑灭火灾,从而保障人身和设备安全,保障国民经济建设,是消防系统的任务。早期的防火、灭火都是人工实现的。随着电子技术、自动控制技术、计算机技术和通信网络技术的发展,现代火灾自动报警系统能够进行火灾早期特征的探测,自动发出火灾报警信号,为安全疏散人员、防止火灾蔓延和联动控制灭火设备提供了技术支持,实现了消防系统的科学管理。

1.火灾自动报警系统的组成

火灾自动报警系统按照系统功能划分,包括火灾探测报警系统和消防联动控制系统两大部分,如图 6.21 所示。

(1)火灾探测报警系统

火灾探测报警系统主要由触发器件、火灾报警控制器、火灾警报器及具有其他功能的辅助装置组成。

1)触发器件

触发器件是指在火灾自动报警系统中,自动或手动产生报警控制信号的器件。主要包括火灾探测器和手动火灾报警按钮。

①火灾探测器

火灾探测器是指响应火灾参数(如烟、温、光、火焰辐射、气体浓度等)并自动产生火灾报警信号的器件。按响应火灾参数的不同,火灾探测器主要有感烟火灾探测器、感温火灾探测器、感光火灾探测器、气体火灾探测器和复合火灾探测器等。火灾探测器属于自动(主动)触发装置。不同类型的火灾探测器适用于不同类型的火灾和不同的场所。其产品外观如图 6.22所示。

②手动火灾报警按钮

手动火灾报警按钮是用手动方式产生火灾报警信号,启动火灾报警系统的器件,是火灾自动报警系统中不可缺少的组成部分(图 6.23)。它属于手动(被动)触发装置,一般安装在公共活动场所的出入口处。每个防火分区应至少设置一只手动火灾报警按钮。从一个防火分区内的任何位置到最邻近的手动火灾报警按钮的步行距离不应大于 30 m。

2)火灾报警控制器

在火灾自动报警系统中,用以接收、显示和传递火灾报警信号,并能发出控制信号和具有其他辅助功能的控制指示设备称为火灾报警装置。火灾报警控制器就是其中最基本的一种,如图 6.24 所示。它具备为火灾探测器供电,传递和处理系统的故障及火警信号,并能发出声光报警信号,同时显示及记录火灾发生的部位和时间,并能向消防联动设备发出控制信号的完整功能。按照其结构要求,火灾报警控制器分为壁挂式、台式和柜式。它一般设置在消防控制室或值班室。

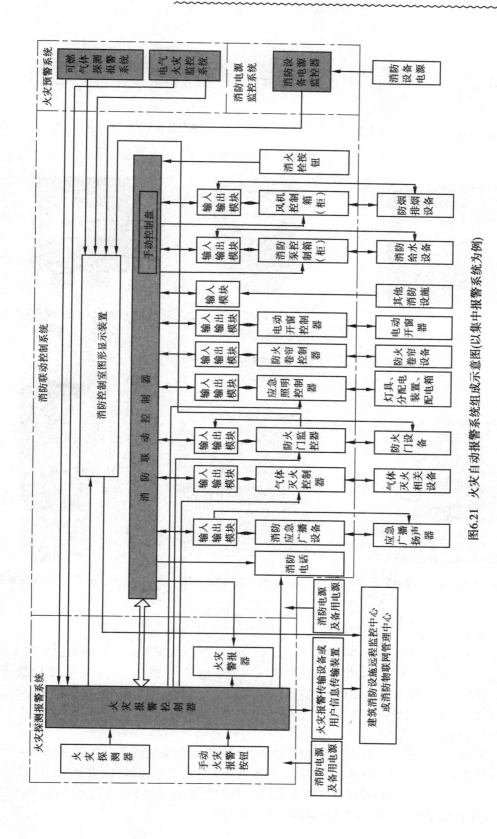

图6.21　火灾自动报警系统组成示意图(以集中报警系统为例)

（a）感烟探测器

（b）感温探测器

（c）感光探测器

（d）可燃气体探测器

（e）感烟感温复合探测器

图 6.22　火灾探测器

（a）J-SAM-GST9122
手动火灾报警按钮

（b）J-SAP-8401
手动火灾报警按钮

（c）J-SAM-GST9116隔爆型
手动火灾报警按钮

图 6.23　手动火灾报警按钮

（a）壁挂式火灾报警控制器

（b）台式火灾报警控制器

（c）柜式火灾报警控制器

图 6.24　火灾报警控制器

3）火灾警报器

在火灾自动报警系统中，用以发出区别于环境声、光的火灾警报信号的装置称为火灾警报装置。它以声、光的方式向报警区域发出火灾警报信号，以警示人们采取安全疏散、灭火救灾等措施。常见的如声光讯响器、警铃以及火灾显示盘等（图 6.25）。它一般安装于各楼层走道靠近楼梯出口处。

4）辅助装置

在火灾自动报警系统中，火灾报警控制器和现场联动设备之间需要各种现场模块，用以完成检测信号和控制信号的转换与传递。根据现场模块的功能，现场模块分为输入模块、单（双）输入/输出模块、切换模块和中继模块等。除现场模块外，还有火灾显示盘、消火栓按钮、直流不间断电源、电子编码器等辅助装置（图 6.26）。

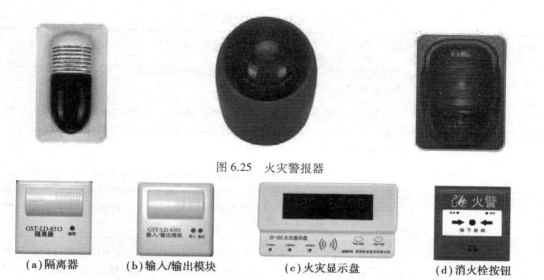

图 6.25　火灾警报器

| （a）隔离器 | （b）输入/输出模块 | （c）火灾显示盘 | （d）消火栓按钮 |

图 6.26　辅助装置

（2）消防联动控制系统

消防联动控制系统主要包括自动灭火系统和指挥疏散系统。其功能是：当发生火灾时，接受火灾报警控制器的联动信号，自动控制消防灭火系统执行灭火任务，同时联动其他设备的输出触点，控制指挥疏散系统（如火灾应急广播、火灾应急照明及疏散指示、消防专用电话、防排烟及空调设施、防火卷帘等），实现灭火的自动化，保证人员安全疏散，尽可能地减少火灾所造成的人员伤亡和财产损失。

1）消火栓灭火系统

消火栓系统是应用最普遍的一种水灭火系统，系统主要由水泵、供水管网和消火栓等组成。消防泵是水灭火系统的心脏，在火灾持续时间内必须保证其正常运行。因此，消火栓系统中消防水泵的启动，是灭火能否顺利进行的关键因素之一。消火栓系统启泵流程图如图6.27 所示。

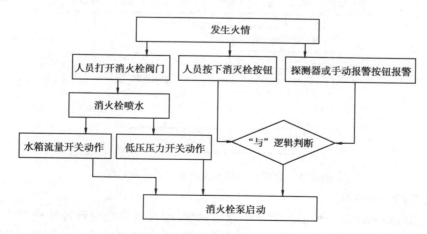

图 6.27　消火栓系统启泵流程图

为保证消火栓水泵可靠启动，它有 4 种控制方式，具体见表 6.6。

表 6.6 消防水泵的控制方式

序号	控制方式	控制设备安装部位及特点
1	启停按钮控制	该方式是就地控制,启动和停止按钮装于消防泵房控制箱内,主要用于日常的检修和保养
2	连锁控制	该方式是远程控制,由系统出水干管上的低压压力开关或高位水箱出水管上流量开关连锁触发消防泵启动,是由消防系统自身设备实现的,不受火灾自动报警系统的影响
3	联动控制	该方式是远程控制,当消火栓按钮与消火栓按钮所在区域任一探测器或手动报警按钮的"与"逻辑关系成立时,即按下消火栓按钮的同时任一探测器也发出探测报警信号,消防联动控制器就会发出联动控制命令,消防水泵自动启动
4	手动多线直接控制	该方式是远程控制,将消火栓泵控制箱的启动、停止按钮用专用线路直接连接至设置在消防控制室内的消防联动控制器的手动控制盘,实现在消防控制室直接手动控制消火栓泵的启动、停止

2)自动喷水灭火系统

自动喷水灭火系统分湿式系统、干式系统、预作用系统、雨淋系统及水幕系统等。其中,湿式自动喷水系统是实际工程应用中最普遍的一种。湿式自动喷水灭火系统由湿式报警装置、闭式喷头和管道等组成。其联动控制系统需要控制喷淋泵的启动和停止、监视水流指示器及压力开关的动作信号、监视检修蝶阀的开启或关闭状态。水流指示器、压力开关和蝶阀等的动作信号通过编码单输入模块与联动控制器相连,实现信号的远程监视。湿式自动喷水灭火系统启泵流程图如图 6.28 所示。

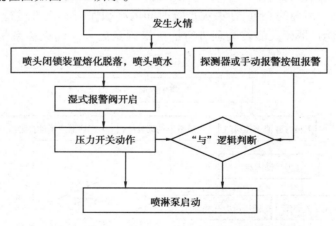

图 6.28 湿式自动喷水灭火系统启泵流程图

3)消防专用电话系统

消防专用电话系统是一种消防专用的通信系统,通过这个系统迅速实现对火灾的人工确认,并及时掌握火灾现场情况及进行其他必要的联络,便于指挥灭火及恢复工作。消防电话系统分为总线制和多线制两种实现方式,如图 6.29 和图 6.30 所示。

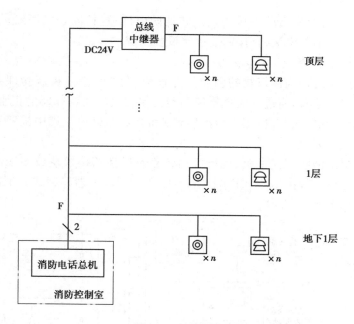

图 6.29　总线制

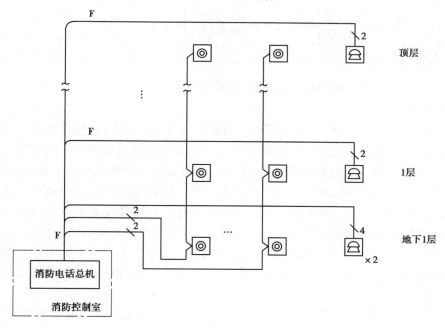

图 6.30　多线制

消防水泵房、发电机房、配变电室、计算机网络机房、主要通风和空调机房、防排烟机房、灭火控制系统操作装置处或控制室、企业消防站、消防值班室、总调度室、消防电梯机房及其他与消防联动控制有关的且经常有人值班的机房设置消防专用电话分机。消防控制室应设置消防专用电话总机。在各楼层走廊、楼梯口等位置安装消防电话插孔。当火灾报警控制器出现火警信号后,值班员手持电话分机,赶赴现场人工确认火情,将电话分机插入附近的消防电话插孔内,即可向监控室值班员反馈信息。当电梯机房、水泵房等重要位置出现火情时,监控室值班员也可远程启动现场的固定式消防电话,直接向现场值班员询问;现场值班员也可先摘下固定式消防电话,直接向监控室反映情况。

4)消防应急广播系统

消防应急广播系统作为建筑物的消防指挥系统,在整个消防控制管理系统中起着极其重要的作用。火灾发生时,通过火灾报警控制器关闭着火层及相邻层的正常广播,接通火灾应急广播,用来指挥现场人员进行有秩序的疏散和有效的灭火。集中报警系统和控制中心报警系统必须设置火灾应急广播。

消防广播系统由消防广播主机、现场广播音箱及广播切换模块或多线制广播分配盘等组成。消防广播主机一般由卡座、CD机、播音话筒、功率放大器等组成。消防应急广播系统联动控制示意图如图6.31所示。

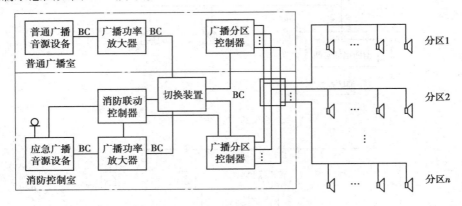

图6.31 消防应急广播系统联动控制示意图

5)防排烟系统

防排烟系统主要包括正压送风防烟和排烟系统两大类。其中,正压送风系统的功能是将室外的新鲜空气补充到疏散通道,排烟系统的功能是将火灾发生时产生的有毒烟气排到室外,火灾发生时通过启动防排烟系统可以防止烟雾扩散及有毒烟气带给人员的伤害。

防排烟系统主要由风机、风道和风阀等设备组成。对于高层建筑,在各楼层的电梯前室内通常安装正压送风阀,在各楼层的走廊处安装排烟阀,在屋顶安装正压送风机、排烟机。火灾发生时,消防联动控制器按照编写的联动程序,自动打开着火区域的正压送风阀(排烟阀),启动正压送风机(排烟机),向电梯前室送正压新风(排出走廊烟雾),以防止躲避在临时安全区(如电梯前室)的人员因烟呛而窒息。防排烟系统联动控制示意图如图6.32所示。

6)防火卷帘系统

根据安装位置和功能的不同,防火卷帘门可分为防火分隔型和疏散通道型两类。

①防火分隔型卷帘门

防火分隔型卷帘门一般安装在建筑物的中庭或扶梯的两侧。其功能是火灾初期延缓火势的快速蔓延,完成防火分区之间的隔离。在火灾初期,当火灾探测器动作后,着火区域及相邻区域的防火分隔型卷帘门应全部下降到底。

②疏散通道型卷帘门

疏散通道型卷帘门一般安装在建筑物的安全通道(如楼梯口、扶梯口等),它不仅可控制火灾的蔓延,还可作为人员逃生通道。在疏散通道型卷帘门两侧分别安装一对感烟、感温探

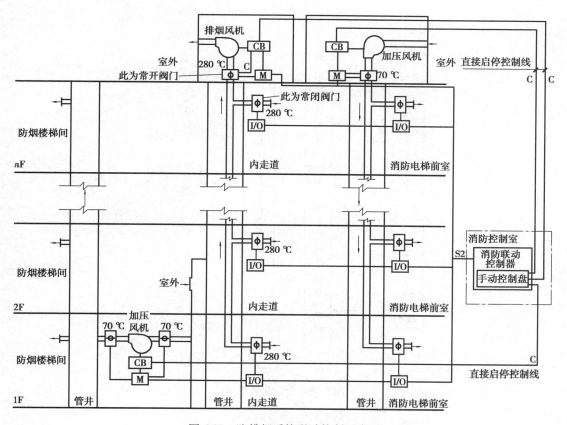

图6.32 防排烟系统联动控制示意图

测器。当卷帘门附近的感烟探测器报警时,将卷帘门下降至距地(楼)面1.8 m,用于人员疏散逃离;当火势蔓延至卷帘门附近时,卷帘门附近的感温探测器报警,将卷帘门下降到底,完成防火分区之间的隔离。

在防火卷帘门两侧应分别安装手动开关,利用此开关可现场控制卷帘门的升降。发生火灾时,若有人困在卷帘门的内侧,可以按"上升"键,此时卷帘门可提起,用于人员撤离。

7)其他联动控制系统

火灾发生时,消防控制中心向电梯机房发出火灾信号及强制电梯下降信号,所有电梯下行停于首层。火灾发生时还应切除着火区域的照明、动力等非消防电源,控制疏散指示自动切换。

2.火灾自动报警系统的分类

火灾自动报警系统分为3类:区域报警系统、集中报警系统、控制中心报警系统,如图6.33—图6.35所示。

区域报警系统、集中报警系统和控制中心报警系统这3种系统的特点见表6.7。

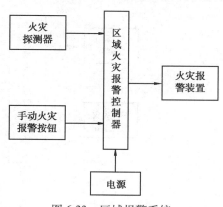

图6.33 区域报警系统

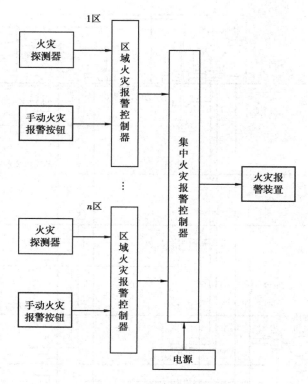

图 6.34　集中报警系统

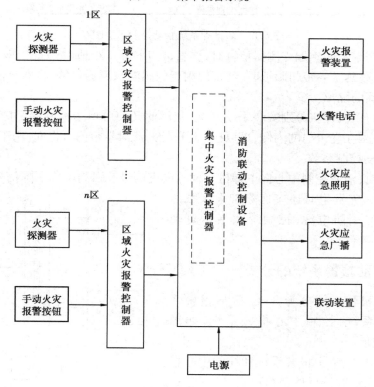

图 6.35　控制中心报警系统

表 6.7　区域报警系统、集中报警系统、控制中心报警系统比较

系统形式	系统构成	保护对象	保护对象是否需要联动控制
区域报警系统	系统由火灾探测器、手动火灾报警按钮、火灾声光警报器及火灾报警控制器等组成,系统中可包括消防控制室图形显示装置和指示楼层的区域显示器。系统不包括消防联动控制器	仅需要报警,不需要联动自动消防设备的保护对象	否
集中报警系统	系统应由火灾探测器、手动火灾报警按钮、火灾声光警报器、消防应急广播、消防专用电话、消防控制室图形显示装置、火灾报警控制器、消防联动控制器等组成	不仅需要报警,同时需要联动自动消防设备,且只设置一台具有集中控制功能的火灾报警控制器和消防联动控制器的保护对象	是
控制中心报警系统	设置了两个及以上消防控制室或设置了两个及以上集中报警系统,且符合集中报警系统的规定	设置了两个及以上消防控制室或设置了两个及以上集中报警系统的保护对象	是

3.火灾自动报警系统的安装

火灾自动报警系统的安装包括火灾探测器、手动火灾报警按钮、消火栓按钮、控制模块、火灾报警控制器、联动控制器、楼层显示器、声光警报器、火灾事故广播系统、消防电话系统、主备消防电源及以上设备之间的连接线路。

（1）**火灾探测器的安装**

火灾探测器的安装分为底座和探测器两部分的安装。在施工过程应先将探测器的底座固定牢固,然后将信号总线可靠地与探测器底座连接,最后将探测器安装在底座上。探测器的底座应固定牢固,与导线连接必须可靠压接或焊接。探测器底座的连接导线,应留有不小于 150 mm 的余量,且在其端部应有明显标志。如图 6.36 所示为探测器吊顶安装的两种方式。如图 6.37 所示为探测器在楼板上安装的示意图。

（2）**手动火灾报警按钮的安装**

手动火灾报警按钮应安装在明显和便于操作的部位。当安装在墙上时,其底边距地（楼）面高度宜为 1.3~1.5 m。手动火灾报警按钮的连接导线应留有不小于 150 mm 的余量,且在其端部应有明显标志。如图 6.38 所示为手动报警按钮的安装示意图。

（3）**控制模块的安装**

同一报警区域内的模块宜集中安装在金属箱内。模块的连接导线应留有不小于 150 mm的余量,其端部应有明显标志。隐蔽安装时在安装处应有明显的部位显示和检修孔。

（4）**声光警报器**

火灾声光警报器应安装在安全出口附近明显处,距地面 1.8 m 以上。声光警报器与消

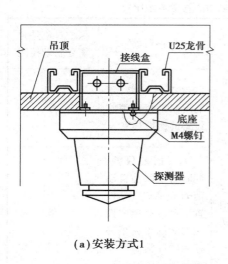

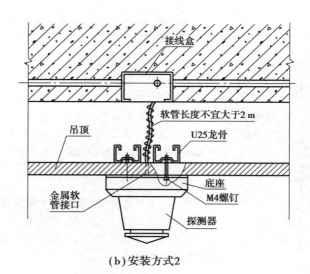

（a）安装方式1　　　　　　　　　（b）安装方式2

图6.36　探测器吊顶安装

防应急疏散指示标志不宜在同一面墙上，安装在同一面墙上时，距离应大于 1 m。扬声器和火灾声光警报装置宜在报警区域内均匀安装。

（5）消防电话

消防电话、电话插孔、带电话插孔的手动报警按钮安装在明显、便于操作的位置；当在墙面上安装时，其底边距地（楼）面高度宜为 1.3～1.5 m。

（6）控制器类设备

火灾报警控制器、可燃气体报警控制器、区域显示器、消防联动控制器等控制器类设备（以下称控制器）在墙上安装时，其底边距地（楼）面高度宜为 1.3～1.5 m，其靠近门轴的侧面距墙不应小于 0.5 m，正面操作距离不应小于 1.2 m；落地安装时，其底边宜高出地（楼）面 0.1～0.2 m。控制器安装在轻质墙上时，应采取加固措施。引入控制器的电缆或导线，应符合下列要求：

①配线应整齐，不宜交叉，并应固定牢靠。

②电缆芯线和所配导线的端部，均应标明编号，并与图纸一致，字迹应清晰且不易褪色。

③端子板的每个接线端，接线不得超过两根。

④电缆芯和导线，应留有不小于 200 mm 的余量。

⑤导线应绑扎成束。

⑥导线穿管、线槽后，应将管口、槽口封堵。

⑦控制器的接地应牢固，并有明显的永久性标志。

（7）系统布线

火灾自动报警系统的布线，除符合以下要求外，还应符合现行国家标准《建筑电气装置工程施工质量验收规范》（GB 50303）的相关规定。

①在管内或线槽内的布线，应在建筑抹灰及地面工程结束后进行，管内或线槽内不应有积水及杂物。

②火灾自动报警系统应单独布线，系统内不同电压等级、不同电流类别的线路，不应敷设在同一管内或线槽的同一槽孔内。

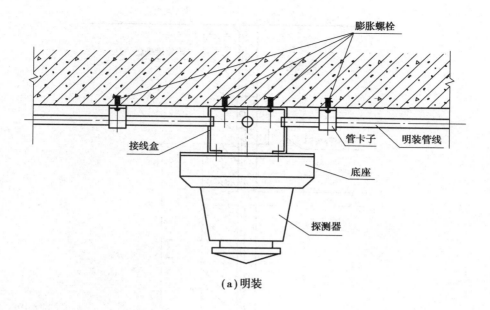

（a）明装

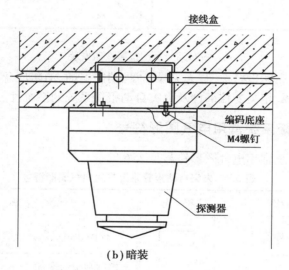

（b）暗装

图6.37 探测器在楼板上安装

③导线在管内或线槽内，不应有接头或扭结。导线的接头应在接线盒内焊接或用端子连接。

④从接线盒、线槽等处引到探测器底座、控制设备、扬声器的线路，当采用金属软管保护时，其长度不应大于2 m。

⑤火灾自动报警系统导线敷设后，应用500 V兆欧表测量每个回路导线对地的绝缘电阻。该绝缘电阻值不应小于20 MΩ。

⑥同一工程中的导线，应根据不同用途选不同颜色加以区分，相同用途的导线颜色应一致。电源线正极应为红色，负极应为蓝色或黑色。

火灾自动报警系统各类设备安装到位后，必须进行单个设备和整体设备的编址、编程和调试后，方能保证系统可靠正常运行。调试的具体项目包括火灾报警控制器、消防联动控制

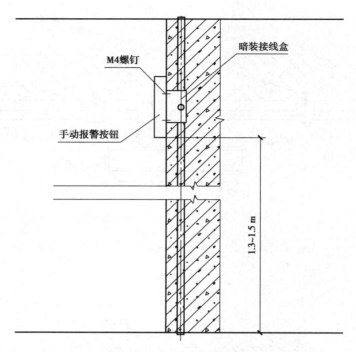

图 6.38　手动报警按钮安装

器、火灾探测器、手动火灾报警按钮、火灾显示盘、消防电话、消防应急广播设备、系统备用电源、消防设备应急电源、相关受控部件及火灾自动报警系统的系统性。

4.火灾自动报警系统常用电气图形符号

火灾自动报警系统常用电气图形符号见表6.8。

表 6.8　火灾自动报警系统常用电气图形符号

电气设备名称	符 号	电气设备名称	符 号
火灾报警装置一般符号		控制和指示设备一般符号	
火灾报警装置 " * "表示: C:集中型火灾报警控制器 Z:区域型火灾报警控制器 G:通用火灾报警控制器 S:可燃气体火灾报警控制器	☆	控制和指示设备 " * "表示: RS:防火卷帘门控制器 RD:防火门磁释放器 I/O:输入/输出模块 P:电源模块 T:电信模块	☆
感温火灾探测器(点型)		感温火灾探测器(线型)	
感烟火灾探测器(点型)		感光火灾探测器(点型)	

续表

电气设备名称	符　号	电气设备名称	符　号
可燃气体探测器(点型)		可燃气体探测器(线型)	
手动报警按钮		消火栓启泵按钮	
火灾警铃		火灾发声警报器	
火灾光警报器		火灾声、光警报器	
水流指示器		压力开关	 P
室外消火栓	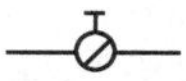	排烟口	 SE

任务实施

任务 1—任务 3 的内容在任务引领中已经阐述,此处不再赘述。

任务 4 的实施如下:

1.系统图分析

本任务的系统图中可知,在首层安装了区域报警控制器,每层都安装了报警接线箱,报警接线箱内安装了短路隔离器 DG。每层设置有两个排烟口并安装有若干感烟探测器,在 4 层安装了排烟风机用于火灾发生时的联动排烟。首层还安装有不间断电源保证供电安全。区控和报警接线箱以及感烟探测器直接使用 RVS-2 * 1.5 线连接。

2.平面图分析

由平面图可知,在楼道中安装有 5 个感烟探测器用于自动探测烟雾情况,还有两个手动报警按钮用于手动报警。

任务拓展

知　识

一、填空题

1.火灾自动报警系统按照系统功能划分,包括_____和_____两大部分。

2.火灾探测报警系统主要由_____、_____、_____及具有其他功能的辅助装置组成。

3.消防联动控制系统主要包括_____和_____。

4.火灾自动报警系统分为_____、_____和_____。

5.火灾发生时,通过火灾报警控制器关闭_____层及_____层的正常广播,接通火灾应急广播,用来指挥现场人员进行有秩序的疏散和有效的灭火。

6.探测器底座的连接导线,应留有不小于_____ mm 的余量,且在其端部应有明显标志。

7.火灾声光警报器应安装在安全出口附近明显处,距地面_____ m 以上。

8.火灾报警控制器、可燃气体报警控制器、区域显示器、消防联动控制器等控制器类设备(以下称控制器)在墙上安装时,其底边距地(楼)面高度宜为_____ m,其靠近门轴的侧面距墙不应小于_____ m,正面操作距离不应小于_____ m;落地安装时,其底边宜高出地(楼)面_____ m。

9.从接线盒、线槽等处引到探测器底座、控制设备、扬声器的线路,当采用金属软管保护时,其长度不应大于_____ m。

10.火灾自动报警系统导线敷设后,应用 500 V 兆欧表测量每个回路导线对地的绝缘电阻,该绝缘电阻值不应小于_____ MΩ。

二、拓展题

查阅资料学习地址码中继器、编址模块、短路隔离器及区域显示器等火灾报警系统的配套设备。

技　能

识读某综合楼消防及其联动系统系统图及平面图(见电子资源)。

根据以上识图结果撰写识图报告,报告包括以下内容:

(1)消防及其联动系统的设计内容。

(2)消防及其联动系统的形式。

(3)消防及其联动系统中采用的材料、设备、附件的种类以及型号。

任务 3　安全防范系统

任务导入

任务 1:安防系统的组成有哪些? 各部分工作原理是什么?

任务 2:安防系统的安装要求有哪些?

任务 3:识读某高层建筑安防工程系统图和平面图,见(电子资源),明确以下内容:

1.各层安防设备有哪些?

2.控制主机设置在哪里? 有哪些具体要求?

3.线路的主要敷设方式有哪些?

任务引领

1.安全防范系统简介

为了防止各种偷盗和暴力事件,在楼宇中设立安全防范系统是必不可少的。使用安防系统可以有效地震慑犯罪,一定程度上阻止违规现象的发生;对重点事件提供有力的可视翔实的数据;实现人力的节省,突出技术防范功能。

（1）建筑物对安全防范系统的要求

从防止罪犯入侵的过程上讲,安全防范系统要提供 3 个层次的保护:

①外部侵入保护。

②区域保护。

③目标保护。

（2）安全防范系统的组成

现阶段安全技术防范常用的子系统主要包括入侵报警系统、视频安防监控系统、出入口控制系统、电子巡更管理系统、停车库（场）管理系统及访客对讲系统。各子系统由前端、传输、信息处理/控制/管理、显示/记录 4 大单元组成。不同功能的子系统,其各单元的具体内容有所不同。

2.入侵报警系统

入侵报警系统是利用传感器技术和电子信息技术,自动探测发生在设防区域内的非法入侵行为并发出报警信号的电子系统或网络。一般的报警控制器具有以下几方面的功能:布防与撤防、布防后的延时、防破坏、微机联网功能。

（1）入侵报警系统的结构

入侵报警系统的原理如图 6.39 所示,实物示意图如图 6.40 所示。

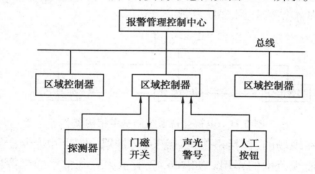

图 6.39　入侵报警系统原理图

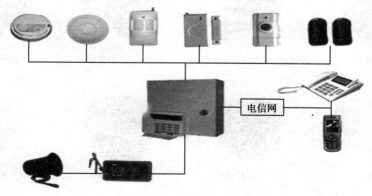

图 6.40　入侵报警系统实物原理图

（2）**防盗系统中使用的探测器**

防盗系统中使用的探测器的基本功能是感知外界、转换信息、发出信号。

①开关探测器：开关一般装在门窗上。

②玻璃破碎探测器：一般应用于玻璃门窗的防护。

此探测器易有误报，为了最大限度地降低误报，目前玻璃破碎报警采用了双探测技术。其特点是需要同时探测到破碎时产生的振荡和音频声响，才会产生报警信号。

③光束遮断式探测器。

④热感式红外线探测器。

⑤超声波物体移动探测器。

⑥振动探测器。

（3）**防盗报警控制系统的计算机管理**

1）系统管理

计算机将对系统中所有的设备进行管理。

2）报警后的自动处理

采用计算机后可设定自动处理程序。

3.视频监控系统

视频监控系统是利用视频技术探测、监视设防区域并实时显示、记录现场图像的电子系统或网络。通过遥控摄像机及其辅助设备（镜头、云台等）直接观看被监视场所的一切情况。

视频监控系统的基本结构如图 6.41 所示。

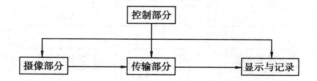

图 6.41　电视监视系统的基本结构图

摄像部分是安装在现场的，包括摄像机、镜头、防护罩、支架和电动云台。云台与摄像机配合使用能达到扩大监视范围的作用。如图 6.42 所示为一些常用的摄像机。

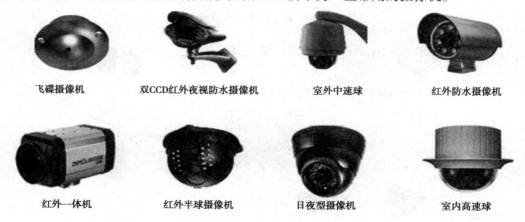

飞碟摄像机　　　双CCD红外夜视防水摄像机　　　室外中速球　　　红外防水摄像机

红外一体机　　　红外半球摄像机　　　日夜型摄像机　　　室内高速球

图 6.42　一些常用的摄像机

传输系统包括视频信号和控制信号的传输。

显示与记录设备是安装在控制室内的,主要有监视器、录像机和一些视频处理设备。

①视频切换器。可使我们用少量的监视器看多个监视点。

②多画面分割器。在一台监视器上观看多路摄像机信号。

③视频分配器。一路视频信号要送到多个显示与记录设备时,需要视频分配器。视频分配器的原理如图 6.43 所示。

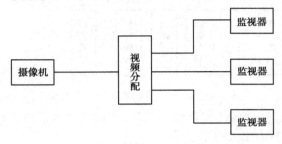

图 6.43　视频分配器的原理

控制设备的功能与实现如图 6.44 所示。

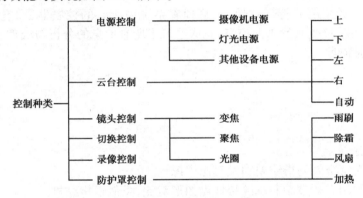

图 6.44　控制设备的功能与实现

高级的控制配有高级的伺服系统,云台可有很高的旋转速度,能很快地对准报警点,一台摄像机可起到几台摄像机的作用。

4.出入口控制系统

出入口控制系统是指采用电子与信息技术,识别、处理相关信息并驱动执行机构动作和指示,从而对需要控制的人员或物品在出入口的出入行为实施放行、拒绝、记录和报警等操作的设备或网络。它适用于银行、综合办公楼、物资库等场所的公共安全管理,也被称为门禁系统。其主要功能有控制进入和统计查询。控制进入指对已授权的人员,凭有效的卡片、代码或特征,允许其进入;对未授权人员(包括想混入的人)将拒绝其入内。统计查询指对某段时间内人员的进出状况,某人的出入情况,在场人员名单等资料实时统计、查询和打印输出。

（1）出入口控制系统的基本结构

出入口控制系统的基本结构如图 6.45 所示。

读卡机等接收人员输入的信息,再转换成电信号送到控制器中,控制器接收底层设备发

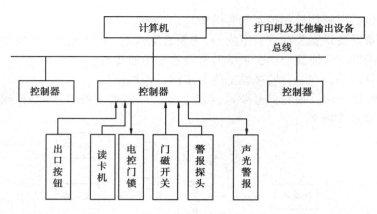

图 6.45　出入口控制系统的基本结构

来的信息,同自己存储的信息相比较以作出判断,然后再向底层电子门锁等发出处理信息,底层据此信号,完成开锁、闭锁等工作。

单个控制器就可组成一个简单的门禁系统。多个控制器通过通信网络同计算机连接起来就组成了整个建筑的门禁系统。

计算机装有门禁系统的管理软件,它管理着系统中所有的控制器,向它们发送控制命令,对它们进行设置,接受其发来的信息,完成系统中所有信息的分析与处理。

（2）**读卡机的种类**

①磁码卡。

②铁码卡。

③感应式卡。

④智能卡。

⑤生物辨识系统。

a.指纹机。用每个人的指纹差别做对比辨识。

b.掌纹机。利用人的掌型和掌纹特性做图形对比,类似于指纹机。

c.视网膜辨识机。利用光学摄像对比,比较每个人的视网膜血管分布的差异。

d.声音辨识。

生物辨识技术安全性极高,对视网膜的复制几乎是不可能的,因此应用在军政要害部门或者大银行的金库等处是比较合适的。

（3）**自动门**

设置自动门可使大门和分隔各单元区域的小门随时保持关闭状态,避免各区域噪声、气味相互影响,如卡片开关自动门、感应式开关自动门、触摸式开关自动门等。

（4）**出入口控制系统的计算机管理**

①系统管理。

②事件记录。

③报表生成。

④网间通信。

5.巡更子系统

巡更子系统的作用是在设防区域内的重要部位,确定保安人员巡逻路线,设置巡更站点。保安巡更人员携带巡更记录器,按指定的路线和规定的时间到达巡更点进行记录,将记录信息传送到安防管理中心,形成巡更数据库。管理人员可调阅、打印各保安巡更人员的工作情况,加强对保安人员的管理,从而实现人防与技防相结合。

6.停车场管理系统

停车场管理系统的结构图如图 6.46 所示。

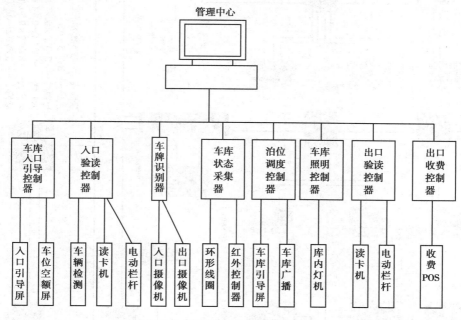

图 6.46　停车场管理系统的结构图

7.楼宇保安对讲系统

楼宇保安对讲系统也称访客对讲系统,又称对讲机-电控锁门保安系统。目前,它主要分为单对讲和可视对讲。可视对讲型保安系统一般由主机(室外机)、分机(室内机)、不间断电源和电控锁等组成,如图 6.47 所示。

8.安全防范系统的安装

安全防范系统的安装包括入侵报警系统、出入口控制系统、视频监控系统、访客对讲系统、电子巡更等各类设备的安装和系统调试内容。下面分别介绍各子系统的具体施工要求。

(1)入侵报警系统设备安装

各类探测器的安装,应根据所选产品的特性、警戒范围要求和环境影响等,确定设备的位置和高度;其底座和支架应固定牢固;导线连接应牢固可靠,外接部分不得外露,并留有适当余量。紧急按钮的安装位置应隐蔽,便于操作。探测器的安装如图 6.48 所示。

控制台、机柜(架)的安装应平稳,便于操作;在控制台、机柜(架)内安装的设备应有通风散热措施;控制室内所有线缆应根据设备安装位置设置电缆槽和进线孔,排列、捆扎整齐,并有编号和永久性标志;控制台、机柜(架)背面、侧面离墙净距离符合下列规定:

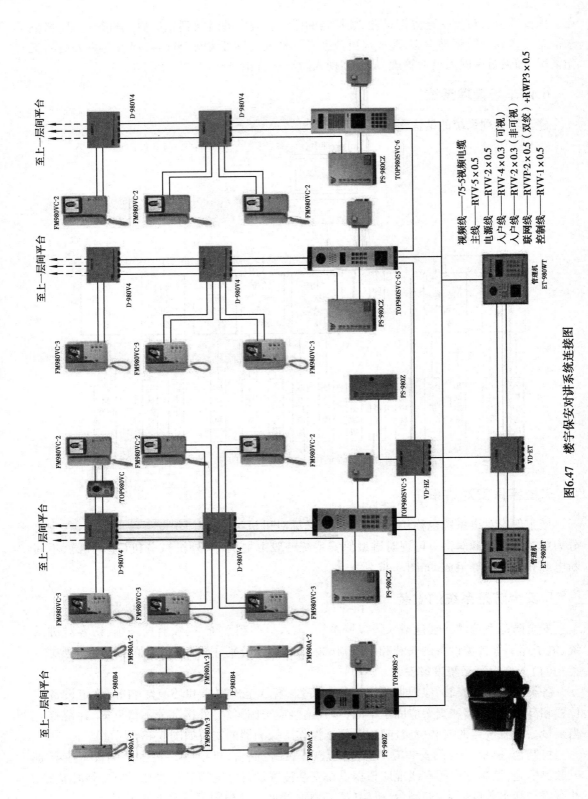

图6.47　楼宇保安对讲系统连接图

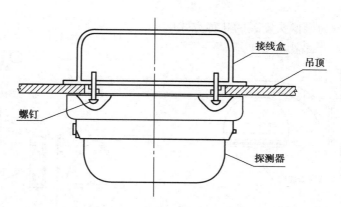

图6.48　探测器安装示意图

①控制台正面与墙的净距离不应小于 1.2 m,侧面与墙或其他设备的净距离,在主要走道不应小于 1.5 m,在次要走道不应小于 0.8 m。

②机架前的操作距离:单列布置时不应小于 1.5 m;双列布置时不应小于 2 m。

③机架背面和侧面与墙的净距离不应小于 0.8 m。

④机架的排列长度大于 4 m 时,其两端应设置宽度不小于 1 m 的通道。

⑤控制主机安装在墙上时,其底边距地面高度为 1.3~1.5 m,其靠近门轴的侧面距墙不应小于 0.5 m,正面操作距离不应小于 1.2 m。

(2)出入口控制系统设备安装

出入口控制系统各类识读装置的安装高度距地不宜高于 1.5 m,应安装牢固。感应式读卡机在安装时应注意可感应范围,不得靠近高频、强磁场。锁具安装应符合产品技术要求,启闭应灵活。控制设备的安装与入侵报警系统工程设备安装要求相同。

(3)视频监控系统设备安装

视频监控系统摄像机及其配套装置,如镜头、防护罩、支架、雨刷等应安装牢固,其信号线和电源线应分别引入,外露部分用软管保护,并且不影响云台的转动。解码器应安装在云台附近或吊顶内(需留有检修孔),云台转动无明显晃动,其转动角度范围应满足技术条件和系统设计要求。控制设备的安装与入侵报警系统工程设备安装要相同。摄像头支架安装方式如图 6.49 所示。

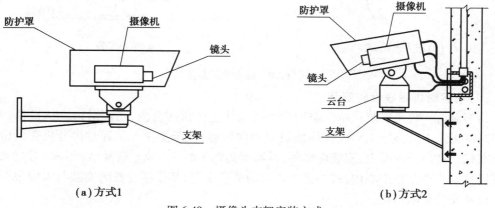

(a)方式1　　　　　　　　　　　　　　　(b)方式2

图6.49　摄像头支架安装方式

如图 6.50 所示为摄像头安装的几种方式。

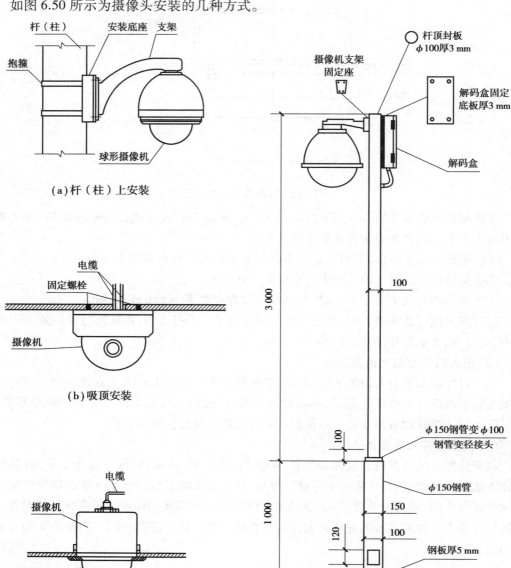

（a）杆（柱）上安装

（b）吸顶安装

（c）嵌入吊顶安装

（d）室外安装

图 6.50　摄像机示意图

（4）访客对讲系统设备安装

访客对讲主机可安装在单元防护门上或墙体主机预埋盒内,访客对讲主机操作面板的安装高度离地不宜高于 1.5 m,操作面板应面向访客,便于操作。访客对讲分机安装位置宜选择在住户室内的内墙上,安装应牢固,其高度离地 1.4~1.6 m。联网型（可视）对讲系统的管理机宜安装在监控中心内,或小区出入口的值班室内,其控制设备的安装与入侵报警系统工程设备安装要求相同。

（5）电子巡更系统设备安装

在线巡更或离线巡更的信息采集点（巡更点）的数目应符合设计与使用要求，安装高度离地 1.3~1.5 m。控制设备的安装与入侵报警系统工程设备安装要求相同。如图 6.51 所示为巡更系统前端设备安装示意图。

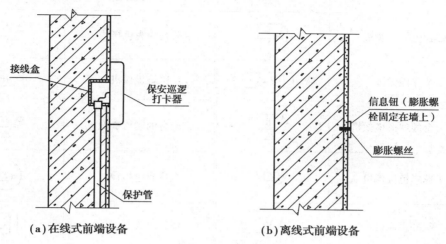

（a）在线式前端设备   （b）离线式前端设备

图 6.51   电子巡更系统前端设备安装示意图

（6）停车库（场）管理系统设备安装

停车库（场）管理系统设备安装包括读卡机（IC 卡机、磁卡机、出票读卡机、验卡票机）、挡车器、感应线圈及信号指示器等设备的安装。一入一出双向型停车库（场）设备定位尺寸示意图如图 6.52 所示，图中定位尺寸仅供参考，以工程实际选型为准。

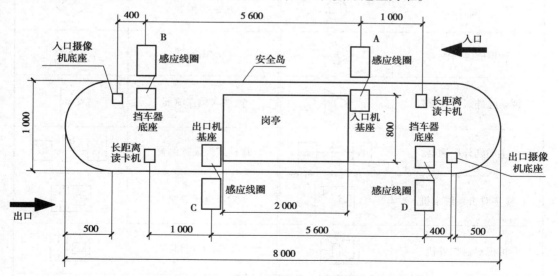

图 6.52   一入一出双向型停车库（场）设备定位尺寸示意图

9.安防系统常用电气符号

安防系统常用电气符号见表 6.9。

表 6.9　安防系统常用电气符号

电气设备	符　号	电气设备	符　号
摄像机	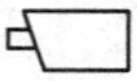	彩色摄像机	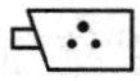
带云台的摄像机	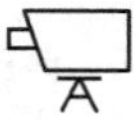	带云台的彩色摄像机	
半球摄像机	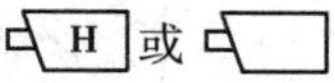 H 或	网络摄像机	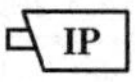 IP
带云台的球形摄像机	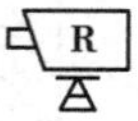 R	带云台的网络摄像机	 IP
半球彩色摄像机		全球彩色摄像机	
红外摄像机	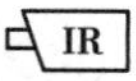 IR	保安巡逻打卡器	
视频服务器	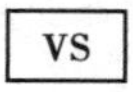 VS	录像机	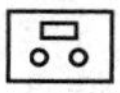
电视监视器		彩色电视监视器	
门磁开关		压敏探测器	 P
玻璃破碎探测器	 B	振动探测器	 A
被动红外入侵探测器	 IR	微波入侵探测器	 M
主动红外探测器	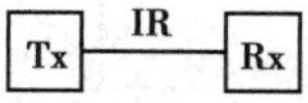 Tx IR Rx	遮挡式微波探测器	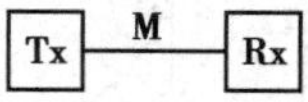 Tx M Rx
楼宇对讲系统主机	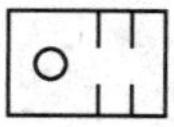	对讲电话分机	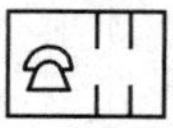
可视对讲户外机	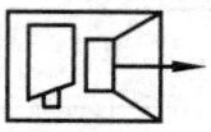	可视对讲机	
图像分割器	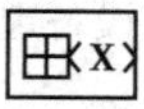 X	监视墙屏	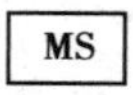 MS

电气设备	符号	电气设备	符号
视频分配器	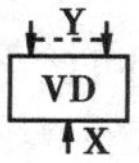 Y / VD / X	声、光报警器箱	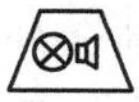 ⊗◁
指纹识别器		数字硬盘录像机	 DVR
人像识别器		报警控制主机	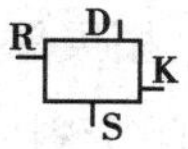 R D K / S
眼纹识别器		电控锁	 EL

任务实施

任务1、任务2的实施具体见任务引领。

任务3的实施如下：

①一层安防设备有固定彩色摄像机、半球彩色摄像机、球形彩色摄像机(其他各层自行分析)。

②控制主机设置在一层监控室内。其安装要求:控制台正面与墙的净距离不应小于1.2 m,侧面与墙或其他设备的净距离,在主要走道不应小于1.5 m,在次要走道不应小于0.8 m;机架前的操作距离不应小于1.5 m。

③线路的主要敷设方式有金属线槽和钢管配线两种。

任务拓展

知 识

一、填空题

1.现阶段安全技术防范常用的子系统主要包括_____、_____、出入口控制系统、电子巡更管理系统、_____及_____。

2.一般的报警控制器具有以下几方面的功能:_____、布防后的延时、_____及微机联网功能。

3.生物辨识系统包括_____、_____、_____及_____。

4.可视对讲型保安系统一般由_____、_____、_____、_____及_____等组成。

5.控制台正面与墙的净距离不应小于_____ m,侧面与墙或其他设备的净距离,在主要走道不应小于_____ m,在次要走道不应小于_____ m。

6.控制主机安装在墙上时,其底边距地面高度为_____ m,其靠近门轴的侧面距墙不应小于_____ m,正面操作距离不应小于_____ m。

7.控制主机机架前的操作距离:单列布置时不应小于_____m;双列布置时不应小于_____m。

8.访客对讲主机可安装在单元防护门上或墙体主机预埋盒内,访客对讲主机操作面板的安装高度离地不宜高于_____m,操作面板应面向访客,便于操作。

9.访客对讲分机安装位置宜选择在住户室内的内墙上,安装应牢固,其高度离地_____m。

10.在线巡更或离线巡更的信息采集点(巡更点)的数目应符合设计与使用要求,安装高度离地_____m。

二、拓展题

查阅资料,论述离线巡更系统和在线巡更系统。

技　能

识读某综合楼安防系统图及平面图(见电子资源)。

根据以上识图结果撰写识图报告,报告包括以下内容:

①安防系统的设计内容。

②安防系统的子系统。

③安防系统中采用的材料、设备、附件的种类以及型号。

任务4　建筑设备监控系统

任务导入

任务1:建筑设备监控系统由哪些部分组成? 各部分的监控功能是什么?

任务2:建筑设备监控系统有哪些安装要求?

任务3:识读某建筑设备监控系统工程的系统图及平面图(见电子资源),明确以下问题:

1.该建筑设备监控系统工程包含哪几个子系统?

2.DDC控制箱有哪几个? 安装的位置是什么?

3.线路采用的主要敷设方式有哪些?

任务引领

建筑设备监控系统是智能建筑中的一个主要子系统。它对建筑机电设备的运行状况及建筑环境参数进行自动测量、监视和优化控制,包括供配电、照明、给排水、采暖通风与空气调节、热源与热交换、冷冻和冷却水及电梯和自动扶梯等。建筑设备监控系统主要运用计算机控制技术和网络通信技术,组成分散控制、集中管理的管控一体化系统,能够随时检测、显示设备运行参数;监视、控制设备运行状态;根据外界条件、环境因素、负载变化等情况,自动调节设备使其运行于最佳工作状态;自动实现对供电、供热、供水等能源的调节与管理;提供一个安全、高效、便捷、节能、环保及健康的建筑环境。

1.建筑设备监控系统的组成

建筑设备监控系统从系统结构上可分为中央管理工作站、现场控制器、检测与控制仪表、通信网络及监控软件5个主要部分。根据不同的生产厂家,还有手持式监控终端、现场编程器等其他系统设备。Honeywell公司生产的EBI系统是一个由EBI中央站、Excel 5000控制器系列及通信网络等设备组成的建筑设备监控系统。其系统(二层网络结构)的组成如图6.53所示。

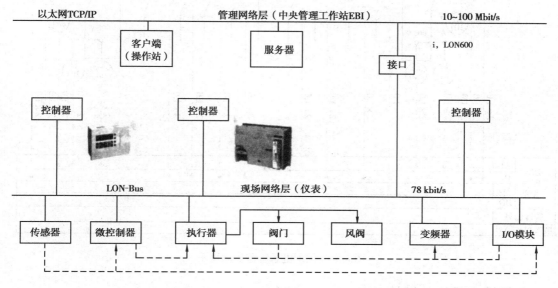

图6.53　EBI系统组成示意图(二层网络结构)

2.供配电系统的监控

由于供配电系统的特殊性,根据国家电力部门的要求,建筑设备监控系统通常对这一部分以系统和设备的运行监测为主,并辅以相应的事故、故障报警和开/关控制。其供配电系统监控原理,如图6.54所示。

建筑设备监控系统对供配电系统的监控管理功能包括以下4个方面:

①对配电系统运行参数进行实时检测,如电压、电流、功率、功率因数、频率、变压器温度等,为正常运行时计量管理和事故发生时的应急处理、故障原因分析等提供数据。

②对配电系统与相关电气设备运行状态,如高低压进线断路器、母线联络断路器等各种类型开关当前的分合闸状态,是否正常运行等进行实时监视,并提供电气系统运行状态画面;若发现故障,自动报警并显示故障位置及相关的电压、电流等参数。

③对建筑物内所有用电设备的用电量进行统计及电费计算与管理,如空调、电梯、给排水、消防设备等动力用电及照明用电和其他设备用电量的统计;进行用电量的时间与区域分析,为能源管理和经济运行提供支持;绘制用电负荷曲线如日负荷、年负荷曲线;进行自动抄表、输出用户电费单据等。

④进行各种电气设备的检修、保养维护管理,通过建立设备档案,包括设备配置、参数档案,设备运行、事故、检修档案,生成定期维修操作单并存档,避免维修操作时引起误报警等。

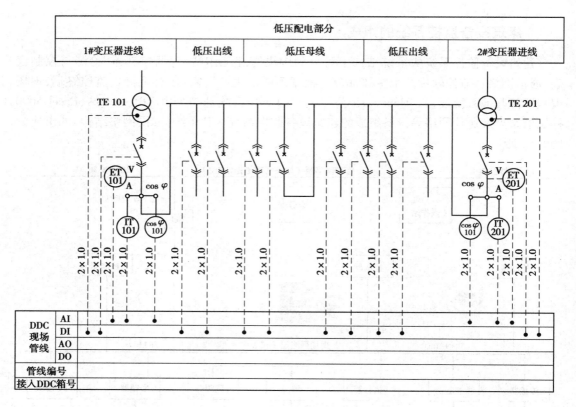

图 6.54　供配电系统监控原理图

3.给排水系统的监控

(1)给水系统的监控

以高位水箱给水方式为例,在高位水箱中,从上到下设置 4 个液位开关,分别为检测溢流水位(超高值)、停泵水位(高值)、启泵水位(低值)及低限报警水位(超低值)。DDC 控制器根据输入的液位开关信号来控制生活泵的启/停。当水箱液面低于泵的启动水位时,控制器送出信号启动生活泵,向高位水箱供水。当水箱液面升高并达到泵的停泵水位时,控制器送出信号停止生活泵。如果高位水箱液面已经达到停泵水位而生活泵不停止供水,使得液面继续上升达到溢流报警水位,控制器发出声光报警信号,提醒工作人员及时处理。同样,当高位水箱液面低于启泵水位而水泵没有及时启动,由于用户继续用水而使得水位下降并达到低限报警水位时,控制器发出报警信号,提醒工作人员及时处理。其监控原理图如图 6.55所示。

生活给水系统的监控功能如下:

①采用液位开关测量高位水箱液位,其高、低值控制给水泵启停,其超高、超低值用于报警。

②能够显示水泵运行状态,并进行故障报警。

③当生活给水泵故障时,备用泵能够自动投入运行。

④具有主、备用泵自动轮换工作方式。

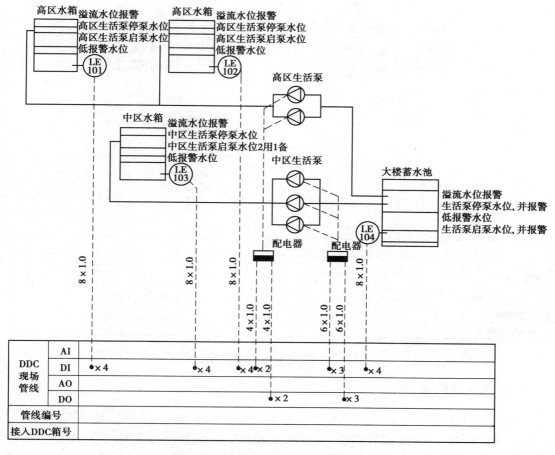

图 6.55　高位水箱给水方式监控原理图

⑤给水系统控制器能够实现手动、自动工况转换。

⑥监控系统能够在控制中心实现对现场设备的远程开/关控制。

(2)排水系统的监控

在污水池(集水坑)中,设置液位开关,分别监测停泵水位(低值)、启泵(高值)及溢流报警水位(超高值)。DDC 控制器根据液位开关的监测信号来控制排水泵的启/停,当污水池液位达到启泵水位时,控制器自动启动污水泵投入运行,将污水池的污水排出,污水池液位下降,当污水池液面降到停泵水位时,控制器送出信号自动停止污水泵运行。如果污水池液面达到启泵水位时,污水泵没有及时启动,污水池水位继续升高达到最高报警水位时,监控系统发出报警信号,提醒值班工作人员及时处理。其监控原理图如图 6.56 所示。

排水系统的监控功能如下:

①建筑物污水坑(池)设置液位开关测量水池水位,其上限信号用于启动排污泵,下限信号用于停泵,其超高值用于报警。

②能够显示污水泵运行状态,并进行故障报警。

③当污水泵故障时,备用泵能够自动投入运行。

④排水系统的控制器能够实现手动、自动工况转换。

⑤监控系统能够在控制中心实现对现场设备的远程开/关控制。

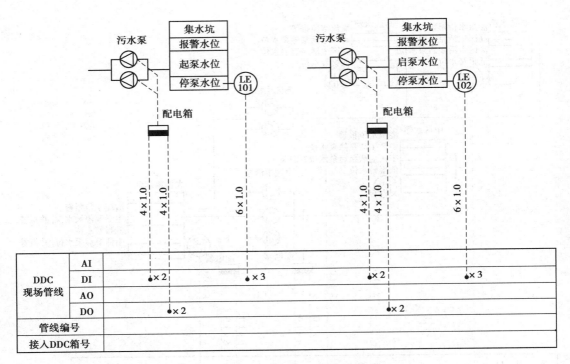

图 6.56　排水系统监控原理图

4.空调系统的监控

空调系统的控制对象主要是室内空气,包括对空气温度、湿度、品质以及气流组织等的控制,以满足室内人员的舒适性要求。它的控制规律复杂、监控点数众多,节能效果明显,是建筑设备中的控制难点。下面以简单的直流式新风机组为例,讲述空调系统的监控原理和监控功能。

(1)直流式新风机组的监控原理及仪表设置

直流式新风机组是用来集中处理室外新风的空气处理装置,它对室外进入的新风进行过滤及温、湿度控制后配送至各空调区域。直流式新风机组要负担新风和室内负荷,要控制的是室内温、湿度参数。直流式新风机组主要包括新风阀、空气过滤器、表冷器、加热器、加湿器、送风机及各种传感器和执行器等。典型的直流式新风机组监控原理如图 6.57 所示。

在上述监控过程中,新风机组运行参数监测、状态点监控及常用传感器设置的要点如下:

①送风温度的测量选用热电阻温度传感器,温度传感器安装在室内或风管。测量值送入 DDC 控制器的 AI 通道。

②送风湿度的测量选用输出为直流 4~20 mA 或 0~10 V 的电容湿度变送器,测量精度在相对湿度 30 %~70%时应为 3%,湿度变送器安装在室内或风管。测量值送入 DDC 控制器的 AI 通道。

③新风温度的测量取自安装在新风口上的温度传感器,一般采用风管空气温度传感器,送入 DDC 控制器的 AI 通道。

④新风湿度的测量取自安装在新风口上的湿度传感器,采用风管空气湿度传感器。新

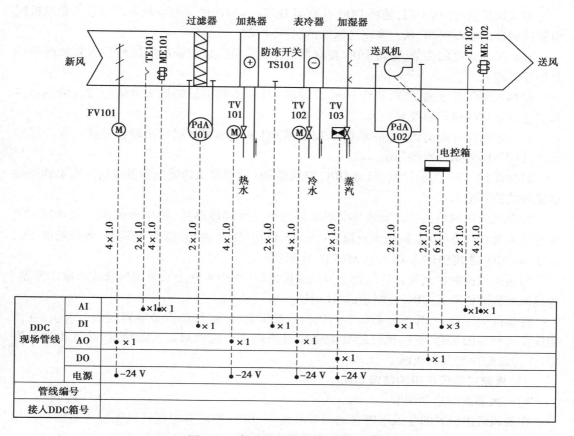

图 6.57　直流式新风机组监控原理图

风湿度测量值送入 DDC 控制器的 AI 通道。(建筑设备监控系统中,不是每个新风口都安装新风温、湿度传感器,只需要在有代表性的少数新风入口或室外适当的检测点安装,测量值可供整个建筑设备监控系统共用。)

⑤过滤网两侧差压的监测取自安装在过滤器两侧的空气压差开关的输出,采用压差开关监测过滤网两侧压差。空气压差开关在空调机组中用于过滤器积尘状态和风机运行状态的检测。在工程中,应注意合理选择量程、正确安装及报警值合理设定等问题。空气压差开关的输出送入 DDC 控制器的 DI 通道。

⑥防冻开关状态的监测取自安装在靠近加热器出风侧的防冻开关的输出,只在冬天气温低于 0 ℃ 的寒冷地区使用。防冻开关的报警动作温度通常设定为 5 ℃,低于 5 ℃时发出报警信号。防冻开关的输出送入 DDC 控制器的 DI 通道。

⑦送风机运行状态的监测可以用送风机配电柜内接触器的辅助触点,也可用取压点在风机前后的压差开关或安装在送风口的气流开关等检测元件进行监测。接触器的辅助触点或压差开关信号送入 DDC 控制器的 DI 通道。

⑧送风机故障的监测取自送风机配电柜内热继电器的辅助触点或电流继电器触点。热继电器或电流继电器的辅助触点信号送入 DDC 控制器的 DI 通道。

⑨送风机手动/自动工作状态的监测,取自送风机配电柜内手自动转换开关的辅助触点,其辅助触点信号送入 DDC 控制器的 DI 通道。

⑩送风机启/停的控制,是将 DDC 控制器 DO 通道输出的继电器触点信号接入新风机配电箱接触器的控制回路,从而实现送风机的启/停控制。

⑪新风阀开度的调节,是将 DDC 控制器 AO 通道模拟量的输出电信号接入新风阀驱动器的控制输入。

⑫热水阀门开度的调节,是将 DDC 控制器 AO 通道模拟量的输出电信号接入加热器热水二通调节阀的执行器控制输入口。

⑬冷水阀门开度的调节,是将 DDC 控制器 AO 通道模拟量的输出电信号接入表冷器冷水二通调节阀的执行器控制输入口。

⑭加湿阀门开/关的控制,是将 DDC 控制器 DO 通道输出的继电器触点信号输出到加湿电磁阀的控制输入口。

⑮空气质量的检测取自安装在空调区域的空气质量传感器(图中未画出),宜选用 CO_2 浓度输入为 $0\sim2.0\times10^{-3}$、输出为直流 $4\sim20$ mA 或 $0\sim10$ V 的 CO_2 浓度变送器,测量精度不低于 2 %。CO_2 浓度值输入 DDC 控制器的 AI 通道。

⑯送风风速的检测取自送风管上的风速传感器(图中未画出),采用风管式风速传感器。送风风速检测值输入 DDC 控制器的 AI 通道。

在具体的工程中,并不需要每个新风机组都配置新风温、湿度传感器或防冻开关;在洁净度要求较高的场合,新风机可能要配多级过滤网等。应该根据实际情况,统计出设备数量,作为选配控制器的依据。

(2)直流式新风机组的监控功能

1)送风温度的自动调节

在新风机组设置的送风温度自动调节系统中,DDC 控制器根据送风温度传感器测量值与设定值比较的偏差,按照预定的调节规律调节冷(热)水调节阀开度以控制冷(热)水量,使室内温度维持在设定值范围。

2)送风湿度的自动调节

在新风机组设置的送风湿度自动调节系统中,送风湿度传感器测量的湿度信号送入 DDC 控制器与室内湿度设定值比较,产生偏差,由控制器按 PI 规律调节加湿电动阀开度,以保持空调房间的相对湿度在设定值范围。

3)新风阀开度自动调节

根据新风的温湿度、房间的温湿度及焓值计算以及空气质量的要求,控制新风阀的开度,使系统在最佳的新风风量的状态下运行,以便达到节能的目的。

4)送风机与新风阀的连锁控制

启动连锁控制,即送风机启动→新风阀开启;停机连锁控制,即送风机停机→新风阀关闭。

5)过滤网堵塞报警

采用空气压差开关测量过滤器两端压差,当压差超限时,压差开关报警,表明过滤网两侧压差过大,过滤网积灰积尘、堵塞严重,需要清理、清洗。

6)寒冷地区加热器防冻保护

采用防霜冻开关监测加热器出风侧温度,当温度低于 5 ℃时报警,表明室外温度过低,应关闭新风阀,同时关闭风机,以免加热器温度进一步降低。

7)新风机组与消防系统的联动控制

当发生火灾时,火灾自动报警系统将联动控制信号送至相应的区域空调系统的配电箱,自动切断相应新风机组的电源,避免火灾的蔓延。

8)空气质量的自动控制

当房间中 CO_2、CO 浓度升高时,空气质量传感器输出信号到控制器,经计算,控制新风阀开度或变频调节送风机转速以增加新风量。

9)设备定时启/停与远程开/关控制

控制系统能够按照预定的运行时间表,实现新风机组的按时启/停;送风机启停控制有手动控制和自动控制两种方式,也就是在控制中心能实现对新风机组现场设备的远程控制。

10)新风机组参数的检测与显示

控制中心能够检测并显示送风温湿度、机组启停状态、阀门状态及新风过滤器两侧压差检测值和压差超限报警。

5.建筑设备监控系统的安装

建筑设备监控系统的安装分为施工准备、设备安装、系统调试 3 个阶段。

（1）**施工准备阶段**

1)材料、设备的准备

除了要进行材料进场检验和设备开箱检验外,温度、压力、流量、电量等计量器具(仪表)应按相关规定进行校验。电动阀的技术参数应符合设计要求,要进行抽样实验,检查阀体强度和阀芯泄露是否符合产品说明书的规定。

2)施工环境的准备

①建筑设备监控系统控制室、弱电间及相关设备机房土建施工完毕,机房有可靠的电压和接地端子排。

②空调机组、新风机组、送排风机组、冷却塔、换热器、水泵、管道及阀门安装完毕;给水(排水、消防)水泵、管道、阀门安装完毕;变配电设备、高低压配电柜、动力配电箱、照明配电箱安装完毕。

③做好建筑设备监控系统与建筑给排水、通风与空调、供配电系统、照明系统、电梯系统、建筑结构和建筑装饰装修等专业的工序交接和接口确认。

（2）**设备安装阶段**

建筑设备监控系统设备的安装包括控制台、网络控制器、服务器、工作站等控制中心设备;DDC 现场控制器箱;温度、湿度、压力、压差、流量空气质量等各类传感器;电动风阀、电动水阀、电磁阀等执行器。

1)控制中心设备的安装

控制台的安装应平稳牢固,便于操作维护;网络控制器一般安装在控制台内的机架上;服务器、工作站、打印机等设备按施工图要求进行布置安装;控制中心设备的电源线缆、通信线缆及控制线缆的连接要符合设计要求,配线应整齐,并避免交叉,同时做好线缆的标识,便于使用和维修。控制中心软件在安装后,要检验软件系统的可扩展性、可容错性和可维护性,还要检验网络安全的管理。

2)现场控制器箱的安装

现场控制器箱的安装应符合下列规定。

①现场控制器箱的安装位置宜靠近被控设备电控箱。

②现场控制器箱应安装牢固,不应倾斜;安装在轻质墙上时,应采取加固措施。

③现场控制器箱的高度不大于1 m时,宜采用壁挂安装,箱体中心距地面的高度不应小于1.4 m;现场控制器箱的高度大于1 m时,宜采用落地式安装,并应制作底座。

④现场控制器箱侧面与墙或其他设备的净距离不应小于0.8 m,正面操作距离不应小于1 m。

⑤现场控制器箱接线应按照接线图和设备说明书进行,配线应整齐,不宜交叉,并应固定牢靠,端部均应标明编号;箱内设备的接线图应贴于现场控制器箱体门板内侧。

⑥现场控制器应在系统调试前安装,防止其他专业交叉作业时被破坏。在调试前应妥善保管并采取防尘、防潮和防腐蚀措施。

如图6.58(a)所示现场控制器箱内线缆绑扎不整齐、开关电源未固定、各线缆未做标识、箱体上未附接线图。如图6.58(b)所示现场控制器箱箱内设备安装整齐、美观,各接线端都作好标识,并在箱体门板内侧粘贴接线图。

（a）错误安装　　　　　　　　　　（b）正确安装

图6.58　现场控制器安装

3)温湿度传感器的安装

①室内外温湿度传感器的安装应符合下列规定:室内温湿度传感器的安装位置宜距门、窗和出风口大于2 m;在同一区域内安装的室内温湿度传感器,距地高度应一致,高度差不应大于10 mm;室外温湿度传感器应有防风、防雨措施;室内外温湿度传感器均不应安装在阳光直射的地方,且应远离有较强振动、电磁干扰、潮湿的区域。

②风管型温湿度传感器应安装在风速平稳的直管段的下半部,能够及时准确地反映温湿度变化。

③水管温度传感器的安装应符合下列规定:应与管道相互垂直安装,轴线应与管道轴线垂直相交;感温段小于管道口径的1/2时,应安装在管道的侧面或底部;感温段大于管道口径的1/2时,可安装在管道的顶部。

温湿度传感器的产品外形及安装示意图如图6.59所示。

4)压力传感器和压差传感器(开关)的安装

①风管型压力传感器应安装在管道的上半部,并应在温、湿度传感器测温点的上游管段。

②水管型压力与压差传感器应安装在温度传感器的管道位置的上游管段,取压段小于管道口径的2/3时,应安装在管道的侧面或底部,否则可安装在管道的顶部。

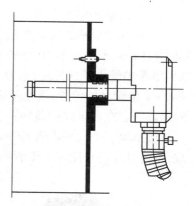

（a）风管温湿传感器　　　　（b）室内温湿度传感器　　　（c）风管温湿度传感器安装示意图

图 6.59　温湿度传感器

③风压压差开关安装高度不宜小于 0.5 m,安装完毕后应做密闭处理。

压力传感器和压差传感器(开关)的产品外形及剖面示意图如图 6.60 和图 6.61 所示。

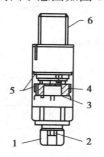

（a）压力传感器的外形　　　　（b）压力传感器剖面示意图

图 6.60　压力传感器

1—安装连接;2—介质泄漏保护;3—密封材料;4—陶瓷单元;

5—电子元件及电磁保护;6—电气连接(以快接头为例)

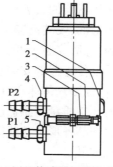

（a）压差传感器的外形　　　　（b）压差传感器剖面示意图

图 6.61　压差传感器

1—固定螺丝(禁松);2—密封;3—陶瓷元件;

4—P2 低压, 高真空;5—P1 高压, 低真空

5）水流量传感器和水流开关的安装

①水流量传感器的安装应符合下列规定：水管流量传感器的安装位置距阀门、管道缩径、弯管距离不应小于 10 倍的管道内径；水管流量传感器应安装在测压点上游并距测压点 3.5~5.5 倍管内径的位置；水管流量传感器应安装在温度传感器测温点的上游，距温度传感器 6~8 倍管径的位置；流量传感器信号的传输线宜采用屏蔽和带有绝缘护套的线缆，线缆的屏蔽层宜在现场控制器侧一点接地。

②水流开关应垂直安装在水平管段上。水流开关上标识的箭头方向应与水流方向一致，水流叶片的长度应大于管径的 1/2。水流开关的外形及安装接线图如图 6.62 所示。

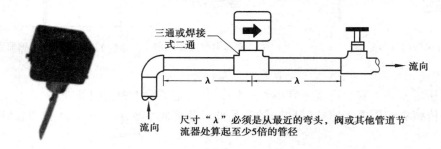

（a）水流开关的外形　　　　　　　　　　（b）水流开关安装示意图

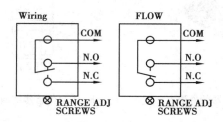

（c）水流开关接线图

图 6.62　水流开关

6）空气质量传感器的安装

①室内空气质量传感器的安装应符合下列规定：探测气体体积百分数轻的空气质量传感器应安装在房间的上部，安装高度不宜小于 1.8 m；探测气体体积百分数重的空气质量传感器应安装在房间的下部，安装高度不宜大于 1.2 m。

②风管式空气质量传感器的安装应符合下列规定：风管式空气质量传感器应安装在风管管道的水平直管段；探测气体体积百分数轻的空气质量传感器应安装在风管的上部；探测气体体积百分数重的空气质量传感器应安装在风管的下部。

空气质量传感器产品外形及接线图如图 6.63 所示。

7）风阀执行器的安装

风阀执行器的安装应符合下列规定：

①风阀执行器与风阀轴的连接应固定牢固。

②风阀的机械机构开闭应灵活，且不应有松动或卡涩现象。

③风阀执行器不能直接与风门挡板轴相连接时，可通过附件与挡板轴相连，但其附件装

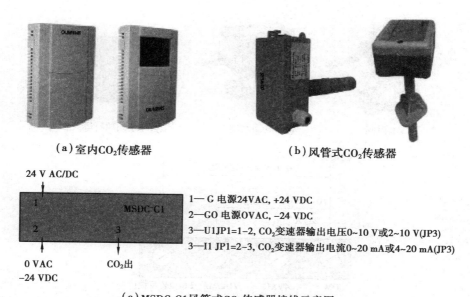

（a）室内CO_2传感器　　　　　　　　（b）风管式CO_2传感器

24 V AC/DC

MSDC-C1

1— G 电源24VAC，+24 VDC
2—GO 电源0VAC，−24 VDC
3—U1JP1=1−2，CO_2变速器输出电压0~10 V或2~10 V(JP3)
3—I1 JP1=2−3，CO_2变速器输出电流0~20 mA或4~20 mA(JP3)

0 VAC
−24 VDC

CO_2出

（c）MSDC-C1风管式CO_2传感器接线示意图

图 6.63　空气质量传感器

置应保证风阀执行器旋转角度的调整范围。

④风阀执行器的输出力矩应与风阀所需的力矩相匹配，并应符合设计要求。

⑤风阀执行器的开闭指示位应与风阀实际状况一致，风阀执行器宜面向便于观察的位置。

风阀执行器产品外形及风阀执行器的安装接线示意图如图 6.64 所示。

4Nm模拟量接线图：

24 VAC/DC　Y1　U
0~10 V
0~10 V

（a）风阀执行器　　　　（b）风阀执行器的安装位置图　　　（c）风阀执行器的安装
　产品外形　　　　　　　　　　　　　　　　　　　　　　　接线示意图

图 6.64　风阀执行器

8）电动水阀、电磁阀的安装

电动水阀、电磁阀的安装应符合下列规定：

①阀体上箭头的指向应与水流方向一致，并应垂直安装于水平管道上。

②阀门执行机构应安装牢固、传动应灵活，且不应有松动或卡涩现象；阀门应处于便于操作的位置。

③有阀位指示装置的阀门，其阀位指示装置应面向便于观察的位置。

电磁阀、电动水阀的产品外形及接线示意图如图 6.65 所示。

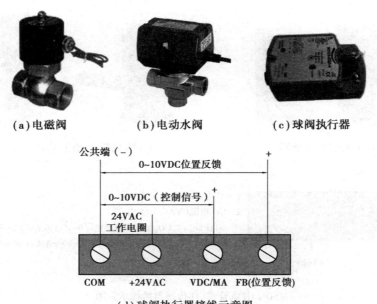

（a）电磁阀　　　　（b）电动水阀　　　　（c）球阀执行器

公共端（−）

0~10VDC位置反馈

0~10VDC（控制信号）

24VAC
工作电圈

COM　　+24VAC　　VDC/MA　FB(位置反馈)

（d）球阀执行器接线示意图

图 6.65　电磁阀、电动水阀

（3）系统调试阶段

系统调试前,技术人员要对建筑设备监控系统设备的规格、型号、数量进行检查,确保设备安装完毕,现场控制器程序编写完毕,线缆敷设和接线、系统设备供电与接地符合设计要求和产品说明书的规定。同时还要求受控设备本体调试完成并能正常运行。

系统调试的内容包括现场控制器的调试、冷热源系统的群控调试、空调机组的调试、风机盘管的调试、送排风机的调试、给排水系统的调试、变配电系统的调试、照明系统的调试及系统联调。

6.建筑设备监控系统常用图形符号

建筑设备监控系统常用图形符号见表 6.10 所示。

表 6.10　建筑设备监控系统设备常用图形符号

设备名称	符　号	设备名称	符　号
风机 （注:流向自圆弧段至直线段）		水泵 （注:流向自三角形底边至顶点）	
空气过滤器		电动调节风阀	
三位二通电磁阀		电动两通阀	

续表

设备名称	符　　号	设备名称	符　　号
电动三通阀		空气冷却器	
空气加热器		空气加热及冷却两用器	
空气加湿器		动力控制装置	
制冷机组	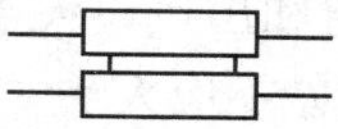	冷却塔	
直接数字控制器	DDC	温度传感器	T
湿度传感器	M 或 H	压力传感器	P
压差传感器	ΔP	液位变送器 （＊为位号）	LT
压力变送器 （＊为位号）	PT	温度变送器 （＊为位号）	TT
湿度变送器 （＊为位号）	MT 或 HT	压差变送器 （＊为位号）	PDT 或 ΔPT
电流变送器 （＊为位号）	IT	电压变送器 （＊为位号）	UT

任务实施

任务1、任务2的实施具体见任务引领。

任务3的实施如下：

①该建筑设备监控系统工程包含空调、给排水、照明及供配电4个系统的监控。

②DDC控制箱有12个。分别安装在相应楼层的弱电竖井内。

③线路采用的主要敷设方式是金属线槽和钢管配线。

任务拓展

知　识

填空题

1.建筑设备监控系统从系统结构上可分为：_____、现场控制器、_____、_____及监控软件 5 个主要部分。

2.建筑设备监控系统的安装分为_____、_____和_____ 3 个阶段。

3.现场控制器箱的高度不大于_____ m 时,宜采用壁挂安装,箱体中心距地面的高度不应小于_____ m;现场控制器箱的高度大于_____ m 时,宜采用落地式安装,并应制作底座。

4.现场控制器箱侧面与墙或其他设备的净距离不应小于_____ m,正面操作距离不应小于_____ m。

5.室内温湿度传感器的安装位置宜距门、窗和出风口大于_____ m;在同一区域内安装的室内温湿度传感器,距地高度应一致,高度差不应大于_____ mm。

6.风压压差开关安装高度不宜小于_____ m,安装完毕后应做密闭处理。

7.室内空气质量传感器的安装应符合下列规定:探测气体体积百分数轻的空气质量传感器应安装在房间的上部,安装高度不宜小于_____ m;探测气体体积百分数重的空气质量传感器应安装在房间的下部,安装高度不宜大于_____ m。

技　能

识读某综合楼建筑设备监控系统的系统图及平面图(见电子文档)。

根据识图结果撰写识图报告,报告包括以下内容:

(1)建筑设备监控系统的各个子系统的组成及监控原理。

(2)建筑设备监控系统采用的主要设备的种类以及型号。

项目 **7**

建筑设备安装及施工工艺三维虚拟仿真

三维虚拟仿真具有3大特性:沉浸性——具有以假乱真的存在技术;交互性——可实现人机交流;构想性——可根据需要开发不同的信息环境。建筑设备安装工序及其施工工艺的三维虚拟仿真教学可真实地再现施工现场,实现逼真的施工流程及工艺细节再现;也可做到无限循环,每个环节都可反复操作;还可对学生的学习过程进行实时考核,也能对信息进行统计分析。

任务 1　给水管道的连接与安装

任务导入

使用 VAS 2.0 三维施工工艺模拟仿真软件进行给水管道的连接与安装施工工艺三维仿真模拟。

任务引领

VAS 2.0 中使用的一个原则是老师在课堂上教给学生学习方法,学生通过虚拟仿真平台上的一个个实践任务去真正掌握知识点,并且学会在实践中如何应用。

登录服务器,找到给水管道的连接与安装模块,单击进入,如图 7.1 所示。

图 7.1　登录服务器,找到模块

任务实施

①课程概述,如图7.2所示。

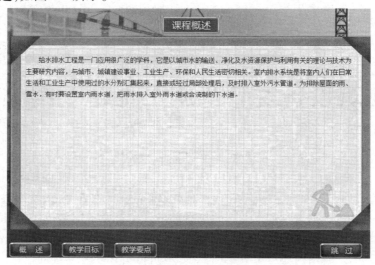

图7.2　课程描述界面

②施工准备。进行施工技术交底、安全技术交底、现场准备和资料准备,分别单击对应的按钮,如图7.3所示。

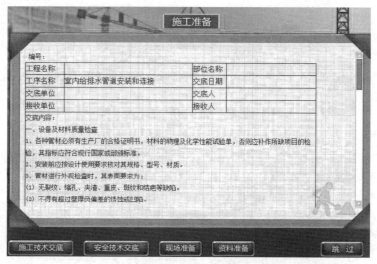

图7.3　施工准备界面

③管道加工模拟。本工序包括管道切断、管道调直、管道煨弯及管道套丝等步骤,分别单击右边的跳转按钮进入仿真界面,如图7.4、图7.5所示。

④干管安装模拟,如图7.6所示。

⑤立管安装模拟,如图7.7所示。

⑥支管安装模拟,如图7.8所示。

⑦管道水压试验模拟,如图7.9所示。

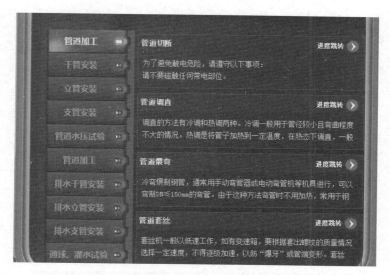

图 7.4 管道加工进度跳转界面

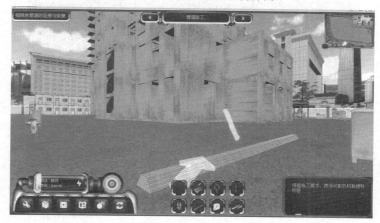

图 7.5 管道切断工艺实施界面

图 7.6 干管安装进度跳转界面

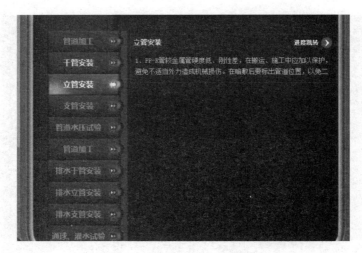

图 7.7　立管安装进度跳转界面

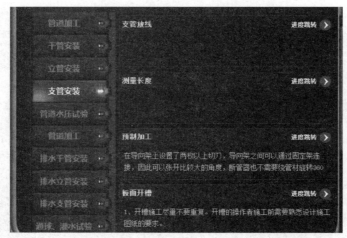

图 7.8　支管安装进度跳转界面

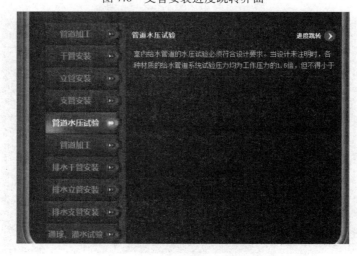

图 7.9　管道水压试验进度跳转界面

⑧依此进行排水管道加工、排水干管、立管、支管安装、通球、灌水试验等工序的模拟,如图 7.10—图 7.14 所示。

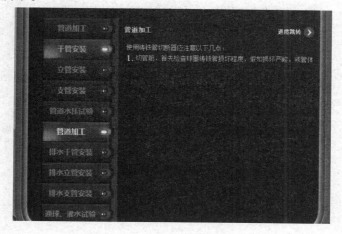

图 7.10　排水管道加工进度跳转界面

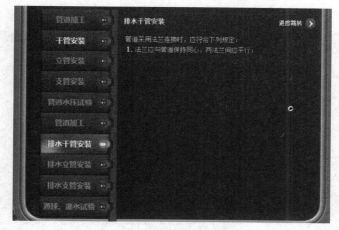

图 7.11　排水干管安装进度跳转界面

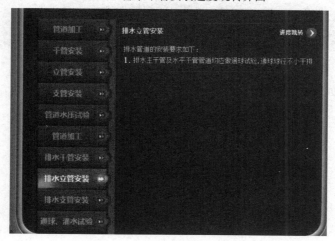

图 7.12　排水立管安装进度跳转界面

管道加工
干管安装
立管安装
支管安装
管道水压试验
管道加工
排水干管安装
排水立管安装
排水支管安装
通球、灌水试验
排水支管安装
进度跳转
管道的规格、尺寸公差、性能应符合国家有关标准规定和设计要求，进入施工现场时其外观质量应符合下列规定：

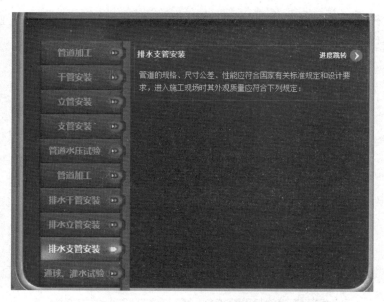

图 7.13　排水支管安装进度跳转界面

管道加工
干管安装
立管安装
支管安装
管道水压试验
管道加工
排水干管安装
排水立管安装
排水支管安装
通球、灌水试验
通球灌水试验
进度跳转
金属及复合管给水管道系统在试验压力下观测10 min，压力降不应大于0.02MPa，然后降到工作压力进行检查，应不渗不漏；塑料管给水

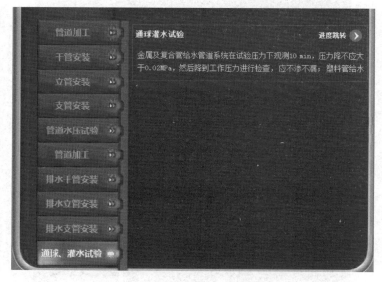

图 7.14　通球、灌水试验进度跳转界面

⑨课程回顾，如图 7.15 所示。

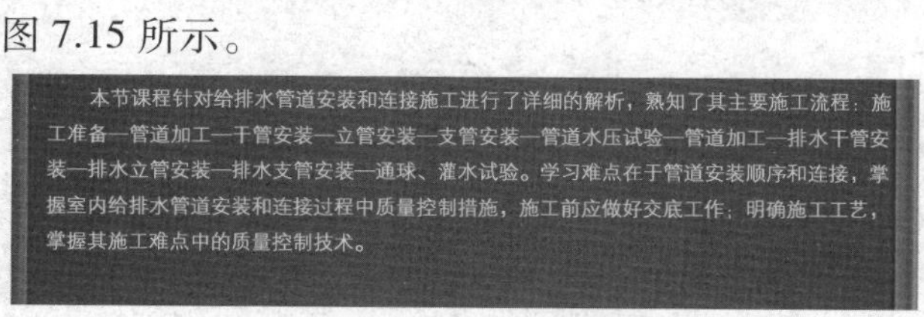

本节课程针对给排水管道安装和连接施工进行了详细的解析，熟知了其主要施工流程：施工准备—管道加工—干管安装—立管安装—支管安装—管道水压试验—管道加工—排水干管安装—排水立管安装—排水支管安装—通球、灌水试验。学习难点在于管道安装顺序和连接，掌握室内给排水管道安装和连接过程中质量控制措施，施工前应做好交底工作，明确施工工艺，掌握其施工难点中的质量控制技术。

图 7.15　课程内容回顾

任务拓展

完成该给排水内容下的其他模块的仿真练习。

任务2　管道定位、散热器定位施工工艺三维仿真

任务导入

使用 VAS 2.0 三维施工工艺模拟仿真软件进行管道定位、散热器定位施工工艺三维仿真模拟。

任务引领

VAS 2.0 中使用的一个原则是老师在课堂上教给学生学习方法,学生通过虚拟仿真平台上的一个个实践任务去真正掌握知识点,并且学会在实践中如何应用。

登录服务器,找到管道定位、散热器定位模块,单击进入,如图 7.16 所示。

图 7.16　登录服务器,找到模块

任务实施

①课程描述,如图 7.17 所示。

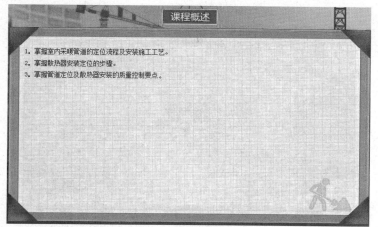

图 7.17　课程描述界面

②施工准备。进行施工技术交底、安全技术交底、现场准备和资料准备,分别单击对应

的按钮,如图 7.18 所示。

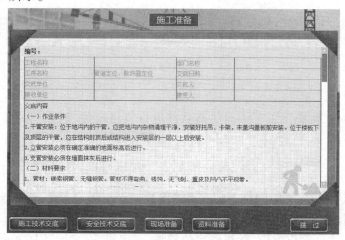

图 7.18　施工准备界面

③进行干管安装模拟。本工序中包括干管定位、弹线、安装吊杆等步骤,分别单击右边的跳转箭头进入模拟,如图 7.19、图 7.20 所示。

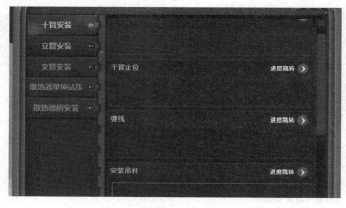

图 7.19　干管安装进度跳转界面

图 7.20　干管定位工艺模拟

④进行立管安装。本工序中包括核对、挂线、安装卡架、安装立管等步骤,分别单击右边

的跳转箭头进入模拟,如图 7.21 所示。

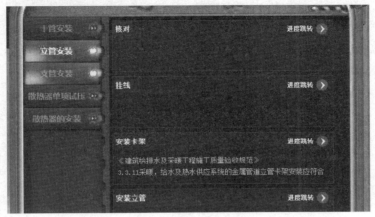

图 7.21　立管安装进度跳转界面

　　⑤支管安装模拟。本工序中包括安装前检查、配支管、校对、连接立管和支管等步骤,分别单击右边的跳转箭头进入模拟,如图 7.22 所示。

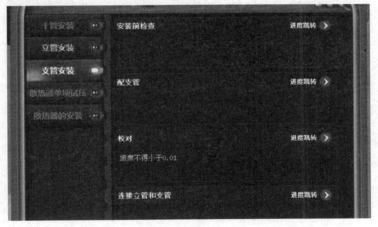

图 7.22　支管安装进度跳转界面

　　⑥散热器单项试压模拟,如图 7.23 所示。

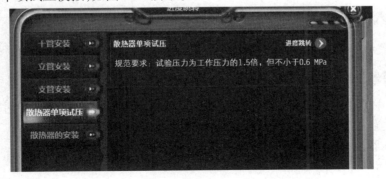

图 7.23　散热器单项试压进度跳转界面

　　⑦散热器安装模拟,如图 7.24 所示。

干管安装
立管安装
支管安装
散热器单项试压
散热器的安装
散热器定位
进度跳转
托钩定位
进度跳转
弹线
进度跳转
固定卡定位
进度跳转

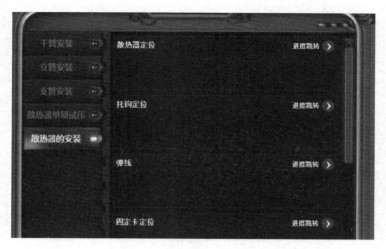

图 7.24　散热器安装进度跳转界面

⑧课程回顾,如图 7.25 所示。

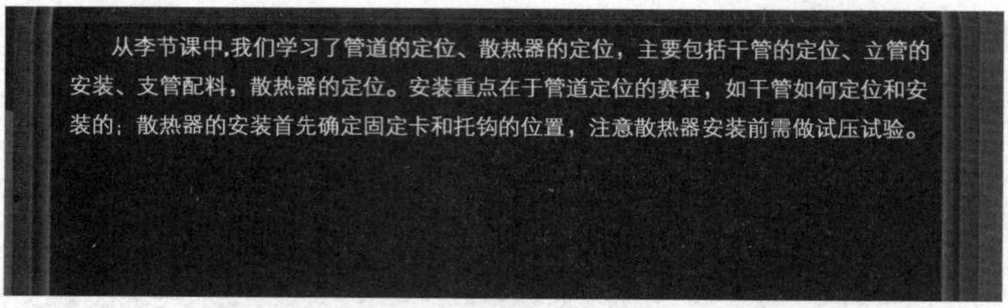

从李节课中,我们学习了管道的定位、散热器的定位，主要包括干管的定位、立管的安装、支管配料，散热器的定位。安装重点在于管道定位的赛程，如干管如何定位和安装的；散热器的安装首先确定固定卡和托钩的位置，注意散热器安装前需做试压试验。

图 7.25　课程回顾

任务拓展

完成暖通内容下其他模块的模拟仿真训练。

任务 3　室内电路施工工艺三维仿真模拟

任务导入

使用 VAS 2.0 三维施工工艺模拟仿真软件进行室内电路施工工艺三维仿真模拟。

任务引领

VAS 2.0 中使用的一个原则是老师在课堂上教给学生学习方法,学生通过虚拟仿真平台上的一个个实践任务去真正掌握知识点,并且学会在实践中如何应用。

登录服务器,找到室内电路施工模块,单击进入,如图 7.26 所示。

图 7.26　登录服务器,进入模块

任务实施

①进入课程开始界面,课程概述,如图 7.27 所示。

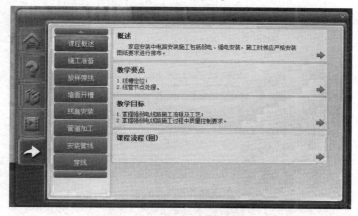

图 7.27　课程概述界面

②进行施工前的准备工作,进行施工技术交底、安全技术交底、现场准备及资源准备等工作,如图 7.28 所示。

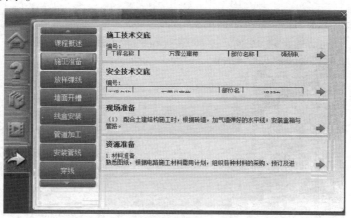

图 7.28　施工准备界面

③进行放样弹线。在这一工序中包括了找预埋线管、定位置、画点、线坠吊垂直、确定标高等工序。单击右边的箭头进入可进行相应的工序三维模拟,如图 7.29、图 7.30 所示。

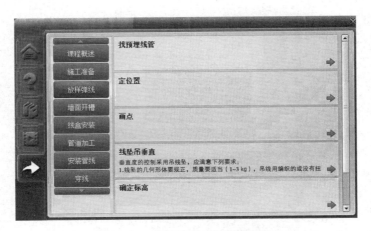

图 7.29　放样弹线进度跳转界面

图 7.30　找预埋线管模拟

④进行墙面开槽,如图 7.31 所示。

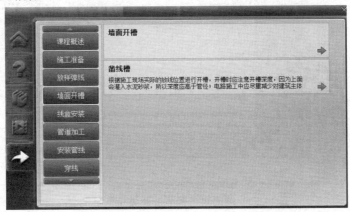

图 7.31　墙面开槽进度跳转界面

⑤进线盒安装,如图 7.32 所示。

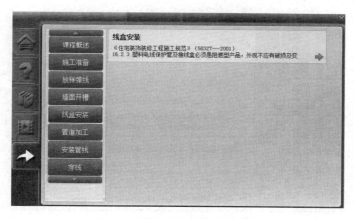

图 7.32　线盒安装进度跳转界面

⑥进行管道加工，如图 7.33 所示。

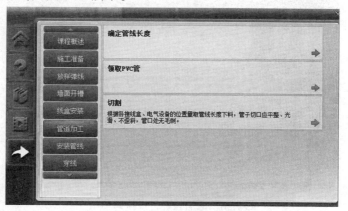

图 7.33　管道加工进度跳转界面

⑦进行安装管线模拟，如图 7.34 所示。

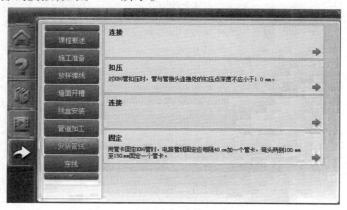

图 7.34　安装管线进度跳转界面

⑧进行穿线模拟，如图 7.35 所示。

⑨进行墙面修补模拟，如图 7.36 所示。

⑩课堂内容回顾，如图 7.37 所示。

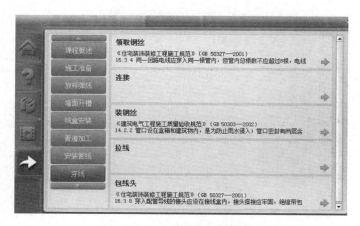

图 7.35　穿线进度跳转模拟

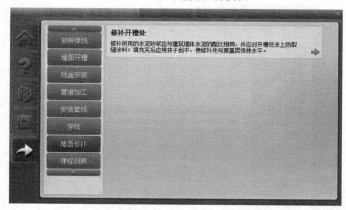

图 7.36　地面修补进度跳转模拟

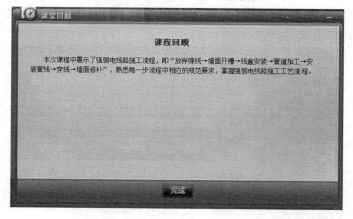

图 7.37　课程回顾

任务拓展

巩固本模块的内容,进一步熟悉施工工艺流程。

参考文献

［1］中华人民共和国住房和城乡建设部.GB/T 50106—2010 建筑给排水制图标准［S］.北京：建筑工业出版社,2010.

［2］中华人民共和国住房和城乡建设部.GB/T 50114—2010 暖通空调制图标准［S］.北京：建筑工业出版社,2010.

［3］中华人民共和国建设部.GB 50016—2006 建筑设计防火规范［S］.北京：中国计划出版社,2006.

［4］中华人民共和国住房和城乡建设部.GB 50617—2010 建筑电气照明装置施工与验收规范［S］.北京：中国计划出版社,2011.

［5］中华人民共和国住房和城乡建设部.GB 50057—2010 建筑物防雷设计规范［S］.北京：中国计划出版社,2011.

［6］汤万龙.建筑设备安装识图与施工工艺［M］.2 版.北京：中国建筑工业出版社,2010.

［7］文桂萍.建筑设备安装与识图［M］.北京：机械工业出版社,2010.

［8］李永喜,等.建筑设备工程［M］.武汉：湖北科学技术出版社,2012.

［9］周玲.建筑设备安装识图与施工工艺［M］.西安：西安交通大学出版社,2012.

［10］王守督,等.建筑设备工程［M］.西安：西安交通大学出版社,2012.

［11］中华人民共和国住房和城乡建设部.GB 50116—2013 火灾自动报警系统设计规范［S］.北京：中国计划出版社,2013.

［12］中国建筑标准设计研究院.火灾自动报警系统设计规范图示［M］.北京：中国计划出版社,2014.

［13］中华人民共和国住房和城乡建设部.GB 50053—2013 20 kV 及以下变电所设计规范［S］.北京：中国计划出版社,2014.

［14］中华人民共和国建设部.GB 50217—2007 电力工程电缆设计规范［S］.北京：中国计划出版社,2007.

［15］中华人民共和国住房和城乡建设部.GB 50606—2010 智能建筑工程施工规范［S］.北

京：中国计划出版社,2011.

[16] 中国建筑学会建筑电气分会.民用建筑电气设计规范实施指南[M].北京：中国电力出版社,2008.

[17] 刘福玲.建筑设备[M].北京:机械工业出版社,2014.

[18] 靳慧征,等.建筑设备基础知识与识图[M].2 版.北京:北京大学出版社,2014.